普通高等教育"十三五"规划教材

互换性与测量技术

主　编　史保萱　王淑慧　孟翠玉

副主编　杨春苗　张德军　王　慧

西安电子科技大学出版社

内 容 简 介

本书依据最新国家标准编写。主要内容包括：绪论、光滑圆柱体结合的互换性与检测、测量技术基础、几何公差与检测、表面粗糙度、光滑极限量规设计、滚动轴承的互换性、圆锥配合的互换性与检测、键和花键的互换性与检测、普通螺纹联接的互换性与检测、渐开线圆柱齿轮的互换性及检测、尺寸链等，共 12 章。每章有导读和习题与思考题。

本书可作为高等院校机械类、机电类、材料成型类、仪器仪表类、机电设备类等专业"互换性与测量技术"课程的教学用书，也可供机械设计制造工程技术人员参考。

图书在版编目(CIP)数据

互换性与测量技术/史保萱，王淑慧，孟翠玉主编．—西安：西安电子科技大学出版社，2018.2
ISBN 978 - 7 - 5606 - 4756 - 2

Ⅰ．① 互…　Ⅱ．① 史…　② 王…　③ 孟…　Ⅲ．① 零部件—互换性　② 零部件—测量技术
Ⅳ．① TG801

中国版本图书馆 CIP 数据核字(2017)第 295155 号

策　　划　刘小莉
责任编辑　马武装
出版发行　西安电子科技大学出版社(西安市太白南路 2 号)
电　　话　(029)88242885　88201467　　　邮　编　710071
网　　址　www. xduph. com　　电子邮箱　xdupfxb001@163.com
经　　销　新华书店
印刷单位　陕西华沐印刷科技有限责任公司
版　　次　2018 年 2 月第 1 版　2018 年 2 月第 1 次印刷
开　　本　787 毫米×1092 毫米　1/16　印张 18
字　　数　426 千字
印　　数　1~3000 册
定　　价　40.00 元

ISBN 978 - 7 - 5606 - 4756 - 2/TG

XDUP 5058001 - 1

＊＊＊如有印装问题可调换＊＊＊

前　言

　　"互换性与测量技术"是高等院校机械类、机电类和仪器仪表类等专业必修的主干技术基础课程之一，也是一门与机械工业发展紧密联系的基础学科。

　　本书是在广泛征求应用型本科院校专业人士意见的基础上，根据全国高等学校本科机械工程类专业教学指导委员会审批的教材编写大纲编写的。本书吸取了编者多年的教学实践经验以及对课程建设和改革的探索，充分了解机械类各专业和生产一线对互换性与测量技术的要求，注重国家标准的标注与通用量具的应用。

　　本书具有以下特点：

　　(1) 采用最新国标，严格遵循最新的国家标准，尤其是最重要的基础性国家标准——产品几何技术规范(GPS)(极限与配合，几何公差，表面粗糙度)。

　　(2) 重视基础知识的介绍，力求反映国内外的最新科研成果，尽量做到少而精，便于教学和学生自学。

　　(3) 突出了基本知识和基本理论的系统性、实用性和科学性，注重基本理论与生产设计、制造、检验等实践活动的有机结合，使学生在打好坚实的理论基础的同时，提高解决实际问题的能力。

　　本书共 12 章，主要内容包括绪论、光滑圆柱体结合的互换性与检测、测量技术基础、几何公差与检测、表面粗糙度、光滑极限量规设计、滚动轴承的互换性、圆锥配合的互换性与检测、键和花键的互换性与检测、普通螺纹联接的互换性与检测、渐开线圆柱齿轮的互换性与检测、尺寸链。

　　参加本书编写的有烟台南山学院史保萱(第 3、6、9 章和第 4 章 1、2 节)、王淑慧(第 5、8、10、11 章)、孟翠玉(第 1、2、7、12 章)、杨春苗(第 4 章 3、4、5 节)、张德军(第 4 章 6、7、8 节)、王慧(第 4 章 9、10、11 节)。本书由史保萱、王淑慧、孟翠玉担任主编，杨春苗、张德军、王慧担任副主编。

　　本书在编写过程中得到编者所在学校领导和老师的大力支持，并参考了有关文献资料，在此对各位领导、老师和有关文献资料的作者表示衷心感谢。

　　由于编者水平有限，编写时间仓促，书中难免有疏漏，恳请广大读者和同行专家批评指正。

编　者

2017.11

目 录

第1章 绪 论

1.1 本课程的研究对象、任务及基本特点

1.1.1 本课程的研究对象

"互换性与测量技术"是机械类及相关专业的一门重要专业基础课,是从基础课及其他专业基础课到专业课学习的桥梁,也是机械设计类课程与机械制造工艺类课程之间的纽带。

互换性与测量技术是从"精度"和"误差"两个方面对机械零部件的几何参数进行分析和研究的。在设计任何一台机器时,除了要进行运动分析、结构分析设计、强度刚度计算之外,还要进行精度设计,这是因为机器的精度直接影响其工作性能和寿命。随着科学技术的进步,对机器的机械精度要求和互换性要求会越来越高,机械加工也会愈加困难,这就要求必须解决机器的使用要求与制造工艺之间的矛盾,而互换性与测量技术正是解决这一矛盾的重要手段。

1.1.2 本课程的任务

本课程研究的主要内容是机械零部件的几何精度设计及其检测。几何精度设计主要通过课堂教学和课外作业来完成,测量技术主要通过实验课来完成。

学生在学习本课程之前,必须修完"机械制图"、"工程材料"和"机械原理"等课程。学生学完本课程后,应达到下列基本要求:

(1)掌握标准化和互换性的基本概念及有关的基本术语和定义。

(2)掌握相关国家标准的基本内容、特点和应用原则。

(3)初步会根据机器和零部件的功能要求设计和选用公差极限与配合。

(4)初步具备能在图样上正确标注和解释常见的公差要求的能力。

(5)了解各种典型几何参数的检测方法,会使用常用的计量器具。

(6)能根据生产实际需要设计光滑极限量规。

1.1.3 本课程的基本特点

本课程由"极限与配合"和"测量技术"两部分有机地组成。前者属标准化范畴,主要研究几何参数的精度设计;后者属工程计量学范畴,主要研究几何量测量技术的基本原理、测量方法和测量误差及数据处理。因此,本课程的特点是:概念性强,定义、术语多,涉及面广,符号、代号多,标准规定多,实践性强,对具体工程存在标准原则和合理应用的矛盾等。

1.2 互　换　性

1.2.1　互换性的概念

互换性是指事物之间可以相互替代的特性。互换性现象在工业及日常生活中经常见到。现代化生产的产品都是由众多专业化企业协作生产完成的。例如一辆家用轿车，通常有2500多个零部件，分别由几百多家专业工厂配套生产，而汽车生产公司仅生产发动机和车身及完成汽车的组装。在装配线上将来自各个专业工厂的各种零部件迅速组装成符合标准的各类型轿车，这就要求所有的零部件必须符合各自的技术性能指标。这种由不同专业工厂、不同工装设备条件、不同人员生产的零部件，可不经选择、修配或调整，就能装配成合格的产品，我们称这种零部件具有互换性。能够保证产品具有互换性的生产，便称之为遵循互换性原则的生产。由此可定义，制造业中的互换性是指按规定的几何、物理及其他质量参数的公差，制造技术装备的各个组成部分，使其在装配时，无需辅助加工和修配便能很好地满足使用和生产上的要求。手表、自行车、电视机等小家电中的零部件都具有互换性，若有损坏，只需换一个新的零部件即可正常使用。显然，制造业中的互换性表现在零部件的生产、使用、维修等不同阶段，即装配前无需选择、装配时无需修配或调整、装配后能满足设计、使用上的要求。互换性不仅与零部件的装配性能有关，而且涉及设计、制造及使用和成本等技术经济问题。

1.2.2　互换性的分类

按照零部件互换性的程度，互换性可分为以下两种：

(1) 完全互换性。完全互换性简称互换性，指同一规格的零部件在装配或更换时，无需挑选和修配就能满足使用要求。一般标准件，如螺钉、螺母、滚动轴承的内外圈、齿轮等都具有完全互换性，适合专业化生产和装配。

(2) 不完全互换性。不完全互换性也称为有限互换性，指产品装配精度要求较高时，若采用完全互换，将使零件尺寸公差较小，造成加工困难、成本高、生产率低，甚至无法加工。此时，为了加工方便，可放宽零件尺寸公差。待加工后，将零件按尺寸大小分为若干组，使每组零件之间的实际尺寸差别减小，装配时则按相应组进行。这样，既方便了加工，又满足了装配精度和使用要求，将零件仅仅在同组内互换，不同组不可互换，称为不完全互换或有限互换。如滚动轴承的内、外圈与滚珠间的互换性，通常采用分组装配，为不完全互换。

按照互换性用于标准部件或机构内部和外部，互换性可分为以下两种：

(1) 外互换。部件或机构与其相配件之间的互换性称外互换。如滚动轴承内圈与轴径的配合，外圈与机座孔的配合。一般来说，外互换用于厂外协作件的配合和使用中需要更换的零件及与标准件配合的零件。

(2) 内互换。部件或机构内部零件之间的互换性称内互换。如滚动轴承的内、外圈和滚珠为部件内部零件之间的配合。内互换一般装配精度要求高，在厂内组装，使用中不再更换内部零件。

通常，滚动轴承的外互换采用完全互换，其内互换由于组成零件的精度要求较高，应采用不完全互换。对于厂外协作件，即使是单件或小批量生产，也应采用完全互换；对于部件或机构制造厂内部的装配应采用不完全互换。具体采用何种互换，应根据产品精度要求、复杂程度、生产纲领、工装设备、使用要求、技术水平等因素综合考虑确定。

零部件能否互换，要看装配后产品是否达到使用要求。因此，具有互换性的零部件，一要满足零部件的几何参数达到零部件结合的要求，既称为几何参数互换性，又称为狭义互换性；二要使零部件的力学和化学性能满足产品的功能要求，既称为功能互换性，又称为广义互换性。本书主要讨论零件几何参数互换性。

1.2.3　互换性的作用

在制造业中，互换性在设计、制造、装配、使用等方面至关重要，已成为制造业重要的生产原则和有效的技术措施。其重要作用表现在以下几个方面：

（1）设计过程中，按照互换性要求设计产品，最适合选用具有互换性的标准零部件、通用件，使设计、计算、制图等工作大为简化，缩短了设计周期，加速了产品更新换代，且便于计算机辅助设计(CAD)。

（2）制造过程中，按照互换性原则组织生产，各个工件可同时分别加工，实现专业化协调生产，便于计算机辅助制造(CAM)，以提高产品质量和生产率，降低制造成本。

（3）装配过程中，由于零部件具有互换性，可提高装配质量，缩短装配周期，便于实现装配自动化，提高装配生产率。

（4）使用过程中，由于零部件具有互换性，若零部件磨损，可方便地用备件替换，从而缩短修理时间，节约修理费用，提高修理质量，延长机器的使用寿命。对重、大型技术装备和军用品的修复，具有互换性的零部件更具有重大意义。

随着科学技术的发展，现代制造业已由传统的生产方式发展到利用数控技术(NC，CNC)、计算机辅助设计(CAD)、计算机辅助制造(CAM)、计算机辅助制造工艺过程设计(CAPP)、柔性制造系统(FMS)、计算机集成制造系统(CIMS)等进行现代化生产。这些先进制造技术无一不对互换性提出严格的要求，也无一不遵循互换性原则。所以，互换性是现在和今后生产上不可缺少的生产原则和有效的技术措施。

1.2.4　互换性的实现

零部件在加工过程中，不可避免地要产生加工误差。因此，加工后的同一批、同一规格的零部件，它们之间相对应的实际几何参数不可能完全一样。实际上，为了保证几何参数的互换性，应把加工后的零部件的实际几何参数控制在产品性能所允许的"公差"内。

为了使零部件具有互换性，首先必须对几何要素提出公差要求，只有在公差要求范围内的合格零件才能实现互换。为了实现互换性生产，对各种公差要求必须具有统一的术语、协调的数据和正确的标注方式，使机械设计和机械制造人员具有共同的技术语言和依据，因此，必须制定公差标准。

有了公差标准，还要有相应的检测技术，在检测过程中必须保证计量基准和单位的统一。因此，制定和贯彻公差标准，合理进行几何精度设计，采用相应的检测技术措施，是实现互换性的必要条件。

在制造业实现互换性，就要严格按照统一的标准进行设计、制造、装配、检验等。因为现代制造业分工细、生产规模大、协作工厂多、互换性要求高，因此，必须严格按标准协调各个生产环节，才能使分散、局部生产部门和生产环节保持技术统一，使之成为一个有机的生产系统，以实现互换性生产。

1.3　标准化与优先数系

现代化工业生产的特点是规模大、协作单位多、互换性要求高。为了正确协调各生产部门和准确衔接各生产环节，必须有一种协调手段，使分散的局部的生产部门和生产环节保持必要的技术统一，成为一个有机的整体，以实现互换性生产。标准与标准化正是联系这种关系的主要途径和手段，是实现互换性的基础。

1.3.1　标准

标准可定义为是在一定的范围内获得最佳秩序，经协商一致制定并由公认机构批准，共同使用的和重复使用的一种规范性文件。标准是生产、建设和商品流通等工作中共同遵守的一种技术依据，由有关方面协调制定，经一定程序批准，并在一定范围内具有约束力。

标准的种类繁多，从不同角度可对标准进行分类，习惯上将标准分为三类：技术标准、管理标准和工作标准。本书仅介绍技术标准。

技术标准是指为科研、设计、制造、检验和工程技术、产品、技术设备等制定的标准，其面广，种类繁多，一般可归纳为以下几种：

（1）基础标准：指技术生产活动中最基本、最具有广泛指导意义的标准，也是最具有一般共性、通用性的标准，如机械制图、法定计量单位、优先数系、表面粗糙度、极限与配合和通用的名词术语等标准，本课程主要涉及的是基础标准。

（2）产品标准：对产品的类型、尺寸、主要性能参数、质量指标、试验方法、验收规则、包装、运输、使用、储存、安全、卫生、环保等制定的标准。如仪器、仪表和农用柴油机都有不同的、具体的产品标准。

（3）方法标准：指对试验、检验、分析、统计、测量等对象所制定的标准。如机械零件的测量方法、内燃机的台架试验方法、药品成分的检验方法等标准。

（4）安全卫生与环保标准：指关于技术设备、人身安全、卫生、环保等方面的标准。

技术标准是对产品和工程建设质量、规格及检验等方面所作的技术规定，按不同的级别颁布。我国的技术标准分三级：国家标准(GB)、行业(团体)标准、地方标准或企业标准。标准按适用领域、有效作用范围和发布权力不同，一般分为：国际标准(如 ISO、IEC 分别为国际标准化组织和国际电工委员会制定的标准)、区域标准(如 EN、ANST、DIN 分别为欧共体、美国和德国制定的标准)、国家标准、行业标准、地方标准和企业标准。

1.3.2　标准化

标准化是指制定、贯彻标准的全过程。它是组织现代化生产的重要手段，是国家现代化水平的重要标志之一。机械制造中的几何量测量公差与检测是建立在标准化基础上的，标准化是实现互换性的前提。

各国经济发展的过程表明，标准化是实现现代化的重要手段之一，也是反映现代化水平的重要标志之一。随着科技和经济的发展，我国的标准化工作成效日益提高，在发展产品种类、组织现代化生产、确保零部件互换性、提高产品质量、实现专业化协作生产、加强企业科学管理和产品售后服务等方面发挥了积极的作用，推动了技术、经济和社会的发展。

标准化是组织现代化生产的一个重要手段，是实现专业化协调生产的必要前提，是科学管理的重要组成部分。同时，它又是联系科研、生产、物流、使用等方面的纽带，是社会经济合理化的技术基础，还是发展经贸、提高产品在国际市场上竞争能力的技术保证。此外，在制造业，标准化是实现互换性生产的基础和前提。总之，标准化直接影响科技、生产、管理、贸易、安全卫生、环境保护等诸多方面，必须坚持贯彻执行标准，不断提高标准化水平。

1.3.3 优先数与优先数系

1. 优先数

制定公差标准以及设计零件的结构参数时，都需要通过数值表示。任何产品的参数值不仅与自身的技术特性有关，还直接或间接地影响与其配套系列产品的参数值，如螺母直径数值，影响并决定螺钉直径数值以及丝锥、螺纹量规、钻头等系列产品的直径数值。由于参数值间的关联产生的扩散称为"数值扩散"。为满足不同的需求，产品必然出现不同的规格，形成系列产品。产品数值的杂乱无章会给组织生产、协作配套、使用维修带来困难，故需对数值进行标准化，即为优先数。

2. 优先数系

优先数系是公比为 $\sqrt[5]{10}$、$\sqrt[10]{10}$、$\sqrt[20]{10}$ 和 $\sqrt[80]{10}$，且项值中含有 10 的整数幂的几何级数的常用圆整数。国家标准 GB/T321—2005《优先数与优先数系》与国际 ISO 推荐 R5、R10、R20、R40、R80 系列（R＝5、10、20、40、80）。前四个系列为常用系列，R80 为补充系列。优先数系基本系列常用值见表 1-1。

表1-1 优先数系基本系列常用值

R5	R10	R20	R40	R5	R10	R20	R40	R5	R10	R20	R40
1.00	1.00	1.00	1.00			2.24	2.24			5.00	5.00
			1.06				2.36				5.30
		1.12	1.12	2.50	2.50	2.50	2.50			5.60	5.60
			1.18				2.65				6.00
	1.25	1.25	1.25			2.80	2.80	6.30	6.30	6.30	6.30
			1.32				3.00				6.70
		1.40	1.40		3.15	3.15	3.15			7.10	7.10
			1.50				3.35				7.50
1.60	1.60	1.60	1.60			3.55	3.55			8.00	8.00
			1.70				3.75				8.50
		1.80	1.80	4.00	4.00	4.00	4.00			9.00	9.00
			1.90				4.25				9.50
	2.00	2.00	2.00			4.50	4.50	10.00	10.00	10.00	10.00
			2.12				4.75				

1.4　极限与配合标准以及检测技术的发展

1.4.1　极限与配合标准的发展概况

19 世纪初，资本主义机器大工业生产迅速发展。由于需要扩大互换性生产的规模和控制机器备件的供应，要求在工厂内部制订统一的公差与配合标准。于是，英国伦敦以生产剪羊毛机为主的纽瓦（Newall）公司率先制订和颁布了几何尺寸公差的"极限表"，建立了世界上最早的公差制。之后，英国于 1906 年和 1924 年颁布了国家标准（B. S. 27 和 B. S. 164）；美国于 1925 年出版了包括公差制的国家标准（A. S. A. B4a）。这些标准被看做是世界上初期的公差标准。德国的国家标准是在英、美初期公差制的基础上发展起来的。它采用了基孔制和基轴制，并提出了公差单位的概念，规定了 20℃ 为标准温度，将精度等级与配合分开。前苏联于 1929 年也颁布了"公差与配合"标准。

旧中国工业落后，无统一的公差标准。虽然于 1944 年颁布过中国标准（CIS），其内容完全套用 ISA 标准，但并未贯彻执行。新中国成立后，随着社会主义建设的蓬勃发展，在借鉴一些国家公差标准方面的经验之后，原第一机械工业部于 1955 年颁布了第一个公差与配合标准；1959 年，由国家科委正式颁布了国家标准 GB 159～174—59《公差与配合》。接着又陆续制定了各种结合件、传动件、表面形状和位置公差及表面光洁度等标准。1979年，我国恢复参加了 ISO 组织，并参照国际标准逐步修订了极限与配合等各项国家标准，使之适应我国工业不断发展的需要。随着我国科技与经济建设的发展和改革开放，特别是加入世贸组织（WTO）后，国际交流和全球化经济竞争日益加强，可以预见，极限与配合标准将会发挥更大的作用。

1.4.2　测量技术的发展概况

最早的公制长度单位米，是 1791 年由法国政府确定的，以通过巴黎的地球子午线的4000 万分之一为长度单位米，并制成 1 米的基准尺，该尺为世界上最早的米尺。而后，于1889 年在第一届国际计量大会上规定，以用铂铱金制成的具有刻度线的基准尺作为国际米原器。由于科技的发展，于 1960 年在第十一届国际计量大会上规定，采用氪的同位素 Kγ80 在真空中的波长定义米。后来，又于 1983 年第十七届国际计量大会上通过了以光速作为米的新定义，即目前所使用的公制长度单位米。长度基准的发展，导致测量器具的不断改进。自德国于 1926 年制造出小型工具显微镜和 1927 年生产出万能工具显微镜起，几何量测量技术便随着生产的发展而不断进步。例如，测量精度从 0.01 mm 提高到0.001 mm、0.1 μm、0.01 μm，甚至更高；测量范围由工具显微镜的两维空间发展到三坐标测量仪的三维空间；测量的尺寸范围从飞机机架到集成元件上的刻线；测量的自动化程度更是从人工对准、刻度尺读数发展到自动对准、计算机采集数据处理、自动显示、自动打印结果等。

旧中国没有计量仪器制造工厂。新中国成立后，随着科技和工业生产的发展，很快建造了一批量仪制造厂，分布在全国各大城市，成批生产诸如工具显微镜、干涉显微镜、三坐标测量仪、齿轮单啮仪、电动轮廓仪、接触式干涉仪、双管显微镜、立式光较计等仪器。

同时，在计量科学研究和计量管理方面，国家投入了大量的人力和物力，成立了完整的计量研究、制造、管理、鉴定、测量体系，并取得了令人瞩目的成绩。如于 1962 —1964 年建立了 Kγ86 长度基准，接着又先后制成激光光电光波比长仪、激光量块干涉仪、激光二坐标测量仪，使我国的线纹尺和量块的测量技术达到世界先进水平。我国小批生产的光栅丝杠动态检查仪和光栅式齿轮全误差测量仪等，也都进入了世界先进行列。随着我国科技的发展和综合国力的不断增强，计量工程技术将全面达到世界先进水平。

习题与思考题

1-1 什么是互换性？互换性有什么作用？列举互换性应用实例。

1-2 完全互换性与不完全互换性有何区别？各用于什么场合？

1-3 何谓标准化？标准化有何意义？

1-4 为何采用优先数系？

1-5 本课程的主要任务是什么？

第 2 章　光滑圆柱体结合的互换性与检测

本章导读

  理解有关尺寸、公差、偏差、配合等方面的术语、定义；

  掌握标准中有关标准公差、公差等级的规定；

  掌握标准中规定的 28 个基本偏差代号以及它们的分布规律；

  掌握公差带的概念和公差带图的画法，并能熟练查取标准公差和基本偏差表，正确进行有关计算；

  掌握标准中关于一般、常用和优先公差带与配合的规定；

  掌握标准中关于未注公差的线性尺寸的公差的规定；

  初步掌握极限与配合的正确选用，并能正确标注；

  掌握检测尺寸时计量器具的选择和验收极限的确定。

2.1　概　　述

  光滑圆柱体结合是由光滑的孔和轴构成的，是机械制造中最广泛应用的一种结合形式，它对机械产品的使用性能和寿命有很大的影响。孔、轴配合是机械工程当中重要的基础标准，它不仅适用于圆柱形孔、轴的配合，也适用于由单一尺寸确定的配合表面的配合。为了保证互换性，统一设计、制造、检验、使用和维修，特制定孔、轴的极限与配合的国家标准。

  为便于国际交流和采用国家标准的需要，我国颁布了一系列的国家标准，并对旧标准不断修订。新修订的孔、轴极限与配合标准由以下几部分组成：GB/T 1800.1—2009《产品几何技术规范（GPS）极限与配合第 1 部分：公差、偏差和配合的基础》；GB/T 1800.2—2009《产品几何技术规范（GPS）极限与配合第 2 部分：标准公差等级和孔、轴极限偏差表》；GB/T 1803—2009《产品几何技术规范（GPS）极限与配合公差带和配合的选择》；GB/T 1804—2000《一般公差 未注公差的线性和角度尺寸的公差》。

2.2　极限与配合的基本术语及定义

  极限与配合的基础术语及其定义是学习极限与配合的基础，也是从事机械设计与制造的人员在极限与配合方面的技术语言。

2.2.1　孔、轴的定义

孔通常指工件的圆柱形内表面，也包括非圆柱形内表面。圆柱形孔的直径尺寸用 D 表示。轴通常指工件的圆柱形外表面，也包括非圆柱形外表面。圆柱形轴的直径尺寸用 d 表示。

从孔和轴的定义中可知，孔并不一定是圆柱形的，可以是非圆柱形的，如图 2-1(a) 所示的六方孔、键槽等都可以理解为孔。同样，轴也并不一定是圆柱形的，同样可以是非圆柱形的，如图 2-1(b) 所示的六方体、键等都可以视为轴。

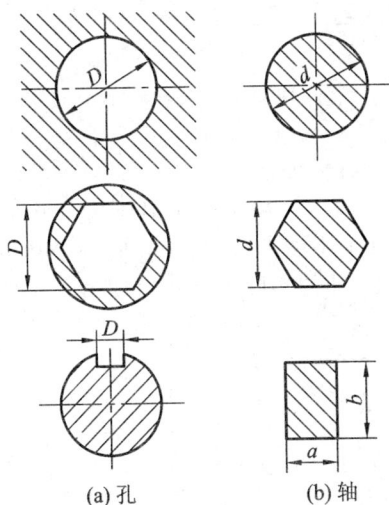

(a) 孔　　　　　　　　(b) 轴

图 2-1　孔、轴的示意图

孔和轴具有以下特点：

(1) 零件装配后，其结合形成包容和被包容的关系，凡包容面统称为孔，被包容面统称为轴；

(2) 在切削过程中，孔的尺寸由小变大，而轴的尺寸由大变小。

2.2.2　有关尺寸的术语及定义

1. 尺寸

用特定单位表示线性长度值的数字称为尺寸。尺寸由数值和特定单位两部分组成，如 50 mm，80 km 等。尺寸包括直径、半径、宽度、深度、高度、中心距等，不包括角度。但是，在技术图纸和一定范围内，规定共同单位（如技术图纸中的尺寸标注，以 mm 为单位）时，可以只写数字而不写单位。

2. 公称尺寸

设计根据使用要求，考虑零件的强度、刚度和结构，经过计算、圆整给定的尺寸称为公称尺寸。通常图样上标注的都是公称尺寸，如图 2-2 所示。为了减少定值刀具（如钻头、铰刀等)、量具(如量规)和型材的规格,国家标准已将尺寸标准化。因此,公称尺寸应尽量选取标准尺寸,即通过计算、实验或根据经验确定的尺寸一般应圆整到标准尺寸。孔的公称尺寸用"D"表示,轴的公称尺寸用"d"表示。

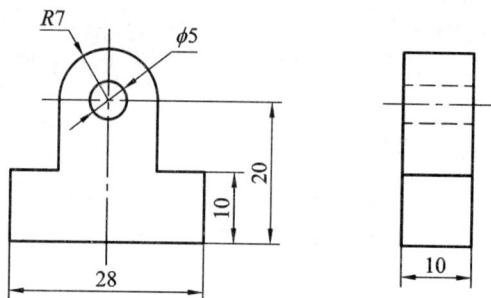

图 2-2 公称尺寸

3. 实际尺寸

通过测量获得的尺寸称实际尺寸。由于测量过程中存在测量误差,所以,测量的尺寸并非尺寸的真值。而零件本身也存在着形状误差,所以,同一表面上不同位置的实际尺寸也不一定相等,如图 2-3 所示。孔的实际尺寸用"D_a"表示,轴的实际尺寸用"d_a"表示。

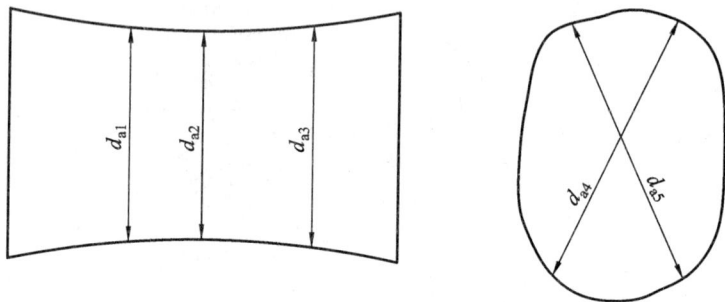

图 2-3 实际尺寸

4. 极限尺寸

孔或轴的尺寸允许变化的两个界限值,称为极限尺寸。在机械加工中,由于各种误差的存在,如机床的误差、刀具的误差、量具的误差,要把相同规格的零件都加工成同一尺寸是不可能的。因此,根据不同要求给实际尺寸一个变动范围,变动范围的两个界限值就是两个极限尺寸。孔或轴允许的最大极限尺寸称为上极限尺寸,孔或轴允许的最小极限尺寸称为下极限尺寸。孔的上、下极限尺寸分别用"D_{max}"、"D_{min}"表示,轴的上、下极限尺寸分别用"d_{max}"、"d_{min}"表示,如图 2-4 所示。

孔的公称尺寸为 $D=30$ mm,孔的上极限尺寸为 $D_{max}=30.021$ mm,孔的下极限尺寸为 $D_{min}=30$ mm,轴的公称尺寸为 $d=30$ mm,轴的上极限尺寸为 $d_{max}=29.993$ mm,轴的下极限尺寸为 $d_{min}=29.980$ mm。

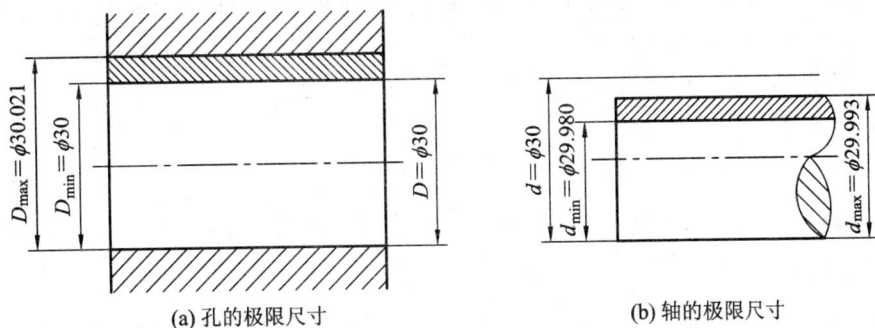

(a) 孔的极限尺寸　　　　　(b) 轴的极限尺寸

图 2-4 极限尺寸

2.2.3 有关偏差与公差的术语及定义

1. 偏差

某一尺寸(极限尺寸或实际尺寸)减去其公称尺寸所得的代数差称为尺寸偏差(简称偏差)。偏差包括极限偏差和实际偏差两种,极限偏差又分为上极限偏差和下极限偏差。偏差可能为正或负,也可能为零。

2. 极限偏差

极限尺寸减去公称尺寸所得的代数差称为极限偏差。由于极限尺寸有上极限尺寸和下极限尺寸之分,因而极限偏差有上极限偏差和下极限偏差之分。上极限尺寸减去公称尺寸所得的代数差称为上极限偏差;下极限尺寸减去公称尺寸所得的代数差称为下极限偏差。孔的上极限偏差用"ES"表示,轴的上极限偏差用"es"表示;孔的下极限偏差用"EI"表示,轴的下极限偏差用"ei"表示,如图 2-5 所示。使用偏差时,前面必须标上相应的"+"或"-"号,零除外。

$$ES = D_{max} - D \tag{2-1}$$

$$EI = D_{min} - D \tag{2-2}$$

$$es = d_{max} - d \tag{2-3}$$

$$ei = d_{min} - d \tag{2-4}$$

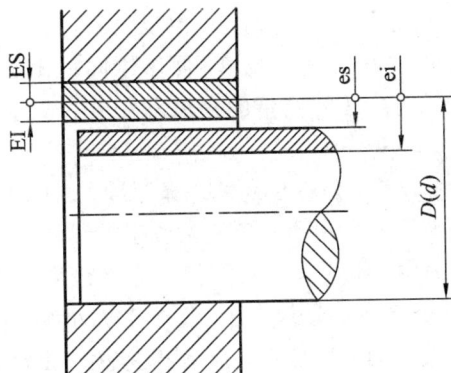

图 2-5 极限偏差

国标规定,上极限偏差标在公称尺寸的右上角,下极限偏差标在公称尺寸的右下角。为了使标注保持严密性,即使上偏差或下偏差为零,仍须标注,当上、下偏差值相等而符号相反时,为了简化标注,可标注为 40±0.008。

3. 实际偏差

实际尺寸减去公称尺寸所得的代数差称为实际偏差。

孔的实际偏差为:$Ea = D_a - D$;轴的实际偏差为:$ea = d_a - d$。

4. 尺寸公差

允许尺寸的变动范围称为尺寸公差(简称公差)。尺寸公差的数值等于上极限尺寸减去下极限尺寸之差的绝对值。孔和轴的尺寸公差分别用 T_h 和 T_s 表示,其表达式为

$$T_h = |D_{max} - D_{min}| = |ES - EI| \qquad (2-5)$$

$$T_s = |d_{max} - d_{min}| = |es - ei| \qquad (2-6)$$

公差是一个无正、负符号的绝对值,且不能为零,更不能为负值。公称尺寸、极限偏差及公差之间的关系如图 2-6 所示。

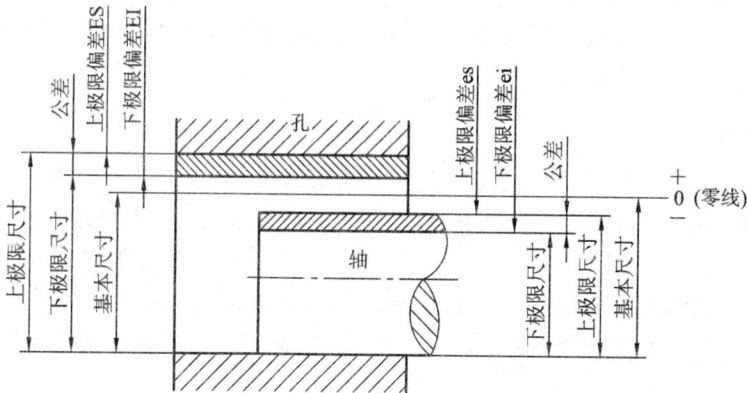

图 2-6　尺寸、偏差、公差之间的关系

应当指出,公差与偏差是两个不同的概念。公差表示制造精度的要求,反映加工难易程度;而偏差表示与公称尺寸偏离程度,它表示公差带的位置,影响配合松紧。

5. 公差带图

公差带图可清楚地表示尺寸、偏差和公差的相互关系,是一个非常有用的工具。由于公差、偏差的数值比公称尺寸数值小得太多,不便于用同一比例表示,为此,可只将公差值放大,画出公差带位置图,用尺寸公差带的高度和相互位置表示公差大小和配合性质,如图 2-7 所示。

(1)零线。在公差带图中,表示公称尺寸的一条直线,以此为基准确定偏差和公差,这条直线称为零线。正偏差位于零线的上方,负偏差位于零线的下方。

(2)公差带。在公差带图中,由代表上极限偏差和下极限偏差或上极限尺寸和下极限尺寸的两条直线所限定的一个区域。公差带由"公差带大小"和"公差带位置"两个要素决定。前者指公差带在零线垂直方向上的宽度,后者指公差带相对于零线的位置。公差带沿零线方向的长度可以适当选取。为了区别,一般在同一图中,孔和轴的公差带的剖面线相反,或疏密程度不同,或者在公差带方框里写上"孔"、"轴"。如图 2-7 所示。

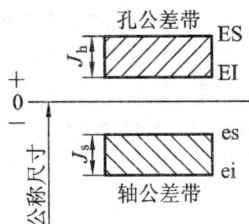

图 2-7　公差带图

6. 极限制

经标准化的公差与偏差制度称为极限制。为了使公差带标准化，国家标准《极限与配合》相应提出了标准公差和基本偏差两个术语。

7. 基本偏差

国家标准规定的用于标准化公差位置的上极限偏差或下极限偏差，称为基本偏差，一般为靠近零线或位于零线的那个极限偏差。如图 2-8 所示。

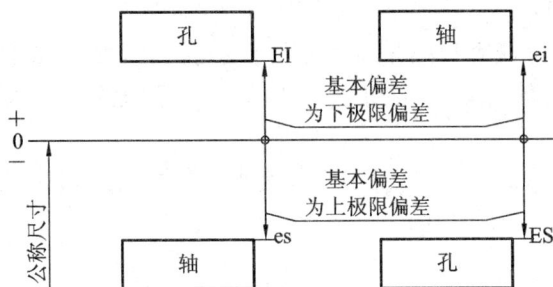

图 2-8　基本偏差图

8. 标准公差

国家标准中规定的，用以确定公差带大小的任一公差，称为标准公差。

例 2-1　已知某孔、轴的公称尺寸为 $\phi 25$ mm，孔的上极限尺寸为 $\phi 25.021$ mm，下极限尺寸为 $\phi 25$ mm；轴的上极限尺寸为 $\phi 24.980$ mm，下极限尺寸为 $\phi 24.967$ mm；求孔、轴的上、下极限偏差和公差，并画出公差带图。

解： 孔的极限偏差：

上极限偏差　$ES = D_{max} - D = (25.021 - 25)\,mm = +0.021$ mm

下极限偏差　$EI = D_{min} - D = (25 - 25)\,mm = 0$ mm

公差　$T_h = D_{max} - D_{min} = (25.021 - 25)\,mm = 0.021$ mm

轴的极限偏差：

上极限偏差　$es = d_{max} - d = (24.980 - 25) = -0.020$ mm

下极限偏差　$ei = d_{min} - d = (24.967 - 25) = -0.033$ mm

公差　$T_s = d_{max} - d_{min} = (24.980 - 24.967)\,mm = 0.013$ mm

公差带图如图 2-9 所示。

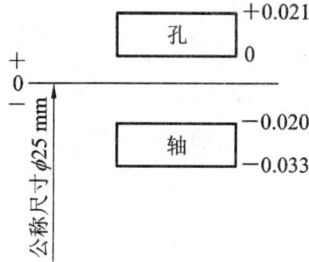

图 2 - 9   公差带图

2.2.4   有关配合的术语及定义

1. 配合

公称尺寸相同的、相互结合的孔和轴公差带之间的关系称为配合。相互配合的孔和轴的公称尺寸应相同；孔和轴公差带之间的不同关系决定了孔和轴结合的松紧程度，即孔和轴的配合性质。

2. 间隙与间隙配合

(1) 间隙。孔的尺寸减去相配合的轴的尺寸所得的代数差为正值时称为间隙。间隙数值前面应标"＋"号，如"＋0.05"。在孔与轴的配合中，间隙的存在是孔与轴能够相对运动的基本条件。

(2) 间隙配合。具有间隙(包括最小间隙等于零)的配合称为间隙配合。这时，孔的公差带应在轴的公差带的上方，如图 2 - 10 所示。

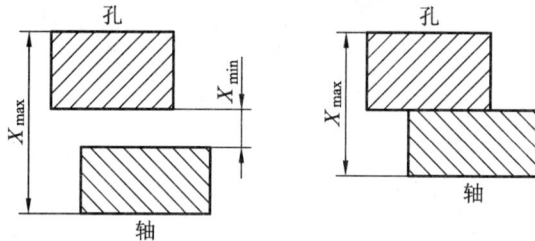

图 2 - 10   间隙配合

由于孔和轴的实际尺寸允许在其公差带内变动，因而其配合的间隙是变动的。当孔为上极限尺寸而与其相配的轴为下极限尺寸时，配合处于最松状态，此时的间隙称为最大间隙，用 X_{max} 表示。当孔为下极限尺寸而与其相配的轴为上极限尺寸时，配合处于最紧状态，此时的间隙称为最小间隙，用 X_{min} 表示，它们的平均值称为平均间隙，用 X_{av} 表示。以上关系用公式表示为：

$$X_{max} = D_{max} - d_{min} = ES - ei \qquad (2-7)$$

$$X_{min} = D_{min} - d_{max} = EI - es \qquad (2-8)$$

$$X_{av} = \frac{X_{max} + X_{min}}{2} \qquad (2-9)$$

例 2 - 2   已知 $\phi 40^{+0.025}_{0}$ mm 的孔与 $\phi 40^{-0.025}_{-0.050}$ mm 的轴配合，求最大间隙、最小间隙和平均间隙，并画出配合公差带图。

解　**方法一**　按极限尺寸计算：

$$D_{max} = D + ES = 40 + 0.025 = 40.025 \text{ mm}$$

$$D_{min} = D + EI = 40 + 0 = 40 \text{ mm}$$

$$D_{max} = d + es = 40 + (-0.025) = 39.975 \text{ mm}$$

$$d_{min} = d + ei = 40 + (-0.050) = 39.950 \text{ mm}$$

$$X_{max} = D_{max} - d_{min} = 40.025 - 39.950 = +0.075 \text{ mm}$$

$$X_{min} = D_{min} - d_{max} = 40 - 39.975 = +0.025 \text{ mm}$$

$$X_{av} = \frac{X_{max} + X_{min}}{2} = +0.050 \text{ mm}$$

方法二　按偏差计算：

$$X_{max} = D_{max} - d_{min} = ES - ei = +0.025 - (-0.050) = +0.075 \text{ mm}$$

$$X_{min} = D_{min} - d_{max} = EI - es = 0 - (-0.025) = +0.025 \text{ mm}$$

$$X_{av} = \frac{X_{max} + X_{min}}{2} = +0.050 \text{ mm}$$

公差带图如图 2-11 所示。

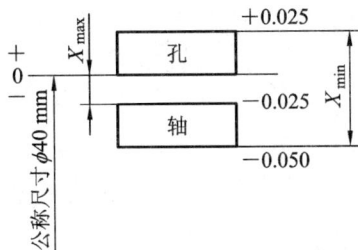

图 2-11　配合公差带图

两种方法的计算结果一样，但用偏差计算较方便。

3. 过盈与过盈配合

(1) 过盈。孔的尺寸减去轴的尺寸所得的代数差为负值时称为过盈。过盈数值前面应标上"－"号，如"－0.050"。由于过盈的存在，孔与轴配合后，可使零件之间传递载荷或固定位置。

(2) 过盈配合。具有过盈(包括最小过盈等于零)的配合称为过盈配合。过盈配合时孔的公差带在轴的公差带下方，如图 2-12 所示。

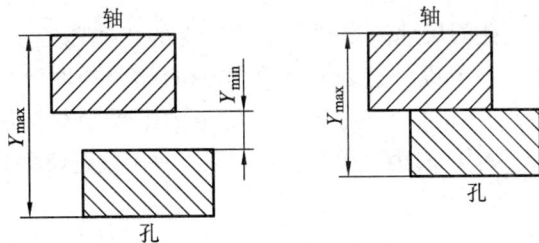

图 2-12　过盈配合

同样，由于孔和轴的实际尺寸允许在其公差带内变动，因而过盈是变动的。当孔为下极限尺寸而轴为上极限尺寸时，配合处于最紧状态，此时的过盈称为最大过盈，用"Y_{max}"表示。当孔为上极限尺寸，而与其相配的轴为下极限尺寸时，配合处于最松状态，此时的过盈称为最小过盈，用"Y_{min}"表示。它们的平均值称为平均过盈，用"Y_{av}"表示。以上关系可用公式表示如下：

$$Y_{max} = D_{min} - d_{max} = EI - es \tag{2-10}$$
$$Y_{min} = D_{max} - d_{min} = ES - ei \tag{2-11}$$
$$Y_{av} = \frac{Y_{max} + Y_{min}}{2} \tag{2-12}$$

从式(2-10)、式(2-11)可以看出，对过盈配合，最大过盈等于孔的下偏差减去轴的上偏差所得的代数差；最小过盈等于孔的上偏差减去轴的下偏差所得的代数差。最大过盈与最小过盈统称为极限过盈，它们表示过盈配合中允许过盈变动量的两个界限值。

例 2-3　已知 $\phi 40^{+0.025}_{0}$ mm 的孔与 $\phi 40^{+0.059}_{+0.043}$ mm 的轴配合是过盈配合，求最小过盈、最大过盈和平均过盈。

解：由公式(2-10)得
$$Y_{max} = EI - es = 0 - (+0.059) = -0.059 \text{ mm}$$
由公式(2-11)得
$$Y_{min} = ES - ei = +0.025 - (+0.043) = -0.018 \text{ mm}$$
由公式(2-12)得：
$$Y_{av} = \frac{Y_{max} + Y_{min}}{2} = -0.0385 \text{ mm}$$

配合公差带图如图 2-13 所示。

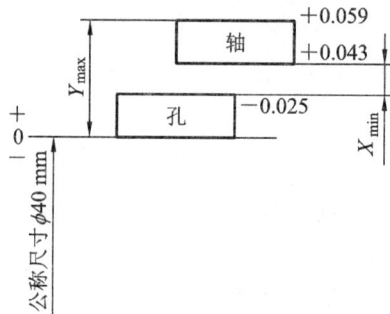

图 2-13　配合公差带图

零间隙和零过盈都是孔的尺寸减去轴的尺寸所得的代数差等于零的状态，那么，如何判断到底是零间隙还是零过盈呢？这要看此孔和轴的配合是间隙配合还是过盈配合。如 $EI-es=0$，而 $ES-ei>0$，此时为间隙配合，为零值的代数差表示最小间隙为零即零间隙；如 $ES-ei=0$，而 $EI-es<0$，此时为过盈配合，为零值的代数差表示最小过盈为零即零过盈。

4. 过渡配合

可能具有间隙或过盈的配合称为过渡配合。过渡配合是介于间隙配合与过盈配合之间的一种配合。过渡配合时，孔的公差带与轴的公差带相互交叠，如图 2-14 所示。

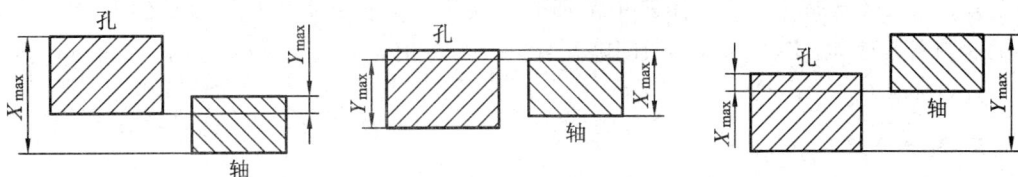

图 2-14　过渡配合

当孔的尺寸大于轴的尺寸时，具有间隙。当孔为上极限尺寸，而轴为下极限尺寸时，配合处于最松状态，此时的间隙为最大间隙。过渡配合中的最大间隙也可用公式(2-7)计算。当孔的尺寸小于轴的尺寸时，具有过盈。当孔为下极限尺寸，而轴为上极限尺寸时，配合处于最紧状态，此时的过盈为最大过盈。过渡配合中的最大过盈也可用公式(2-10)计算。它们的平均值是间隙，还是过盈，取决于平均值的符号，为正时，是平均间隙 X_{av}，为负时，是平均过盈 Y_{av}。计算公式如下：

$$X_{av}(\text{或 } Y_{av}) = \frac{X_{av} + Y_{av}}{2} \tag{2-13}$$

最大间隙和最大过盈是代表过渡配合松紧程度的特征值。过渡配合中，也可能出现孔的尺寸减轴的尺寸为零的情况。这个零值可称为零间隙，也可称为零过盈，但它不能代表过渡配合的性质特征。

例 2-4　已知 $\phi 40^{+0.025}_{0}$ mm 的孔与 $\phi 40^{+0.025}_{+0.009}$ mm 的轴相配合是过渡配合，求最大间隙、最大过盈和平均过盈(或间隙)。

解：由式(2-7)得

$$X_{max} = D_{max} - d_{min} = ES - ei = +0.025 - (+0.009) = +0.034 \text{ mm}$$

由式(2-10)得

$$Y_{max} = D_{min} - d_{max} = EI - es = 0 - (+0.025) = -0.025 \text{ mm}$$

由式(2-13)得

$$X_{av} = \frac{X_{max} + Y_{max}}{2} = \frac{+0.034 - 0.025}{2} = +0.0045 \text{ mm}$$

配合公差带图如图 2-15 所示。

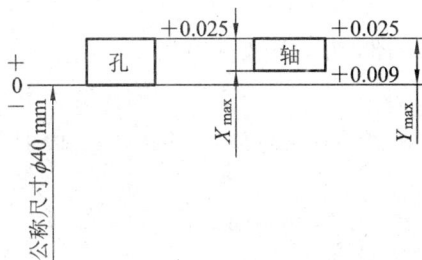

图 2-15　配合公差带图

如何根据图样上标注的孔、轴的极限偏差来判断配合性质是一个比较重要的问题。在配合中，只要保证孔的下偏差大于或等于轴的上偏差，就必然保证孔的上偏差大于轴的下偏差，即保证此配合为间隙配合。同样，在配合中，只要保证孔的上偏差小于或等于轴的下偏差，也就必然保证孔的下偏差小于轴的上偏差，即可保证此配合为过盈配合。所以，得出的判断条件为：EI≥es 时，为间隙配合；ES≤ei 时，为过盈配合。判断条件均不成立时，为过渡配合。

5. 配合公差

允许间隙或过盈的变动量称为配合公差，用符号 T_f 表示。配合公差一般是根据零部件配合部位的配合松紧变动的大小给出。某一配合的配合公差越大，则配合时形成的间隙或过盈可能出现的差别越大，也就是配合后产生的松紧差别的程度也越大，配合的精度越低。反之，配合公差越小，间隙或过盈可能出现的差别也越小，其松紧差别的程度也越小，配合的精度越高。

间隙配合的配合公差等于最大间隙与最小间隙的代数差的绝对值；过盈配合的配合公差等于最大过盈与最小过盈的代数差的绝对值；过渡配合的配合公差等于最大间隙与最大过盈的代数差的绝对值。用公式表示如下：

间隙配合

$$T_f = | X_{max} - X_{min} | \tag{2-14}$$

过盈配合

$$T_f = | Y_{max} - Y_{min} | \tag{2-15}$$

过渡配合

$$T_f = | X_{max} - Y_{min} | \tag{2-16}$$

配合公差等于相互配合的孔公差与轴公差之和，即

$$T_f = T_h + T_s \tag{2-17}$$

与尺寸公差相似，配合公差也是用绝对值定义的，因而没有正、负，而且其值也不可能为零。式(2-17)说明，配合公差和尺寸公差一样，总是大于零的，配合精度的高低是由相互配合的孔和轴的精度决定的。配合精度要求越高，孔和轴的精度要求也越高，加工越困难，加工成本越高；反之，孔和轴的加工越容易，加工成本越低。

例 2-5　若已知某配合的公称尺寸为 mm，配合公差 T_f=0.049mm，最大间隙 X_{max}=+0.019 mm，孔的公差 T_h=0.030 mm，轴的下偏差 ei=+0.011 mm，求孔和轴的极限偏差，画出该配合的尺寸公差带图，并说明配合类别。

解：由式(2-17)得

$$T_s = T_f - T_h = 0.049 - 0.030 = 0.019 \text{ mm}$$

$$ei = +0.011 \text{ mm}$$

$$es = T_s + ei = 0.019 + 0.011 = +0.030 \text{ mm}$$

由式(2-7)得

$$ES = X_{max} + ei = +0.019 + 0.011 = +0.030 \text{ mm}$$

$$EI = ES - T_h = +0.030 - 0.030 = 0$$

因为 ES>ei，EI<es，所以，此配合为过渡配合。

该配合的尺寸公差带图如图 2-16 所示。

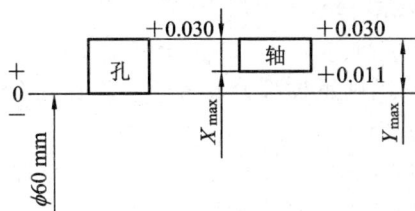

图 2-16 公差带图

6. 配合制

把公差和基本偏差标准化的制度称为极限制。配合制是同一极限制的孔和轴组成配合的一种制度，也叫基准制。GB/T 1800.1—2009 规定了两种平行的配合制：基孔制配合和基轴制配合。

（1）基孔制配合。

基孔制配合是指基本偏差为一定的孔的公差带与不同基本偏差的轴的公差带形成各种配合的一种制度，称为基孔制配合。基孔制配合的孔为基准孔，孔的公差带在零线上方，孔的最小极限尺寸等于公称尺寸，孔的下偏差 EI 为零，基准孔的代号为"H"，如图 2-17（a）所示。

（2）基轴制配合。

基轴制配合是指基本偏差为一定的轴的公差带与不同基本偏差的孔的公差带形成各种配合的一种制度，称为基轴制配合。基轴制配合的轴为基准轴，轴的公差带在零线下方，轴的最大极限尺寸等于公称尺寸，轴的上偏差 es 为零，基准轴的代号为"h"，如图 2-17（b）所示。

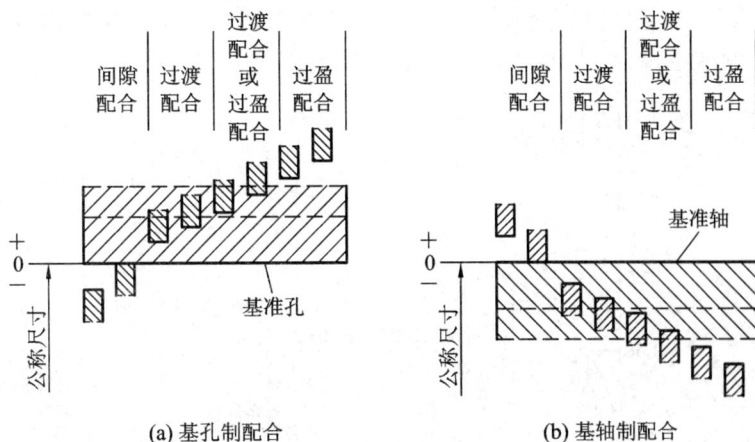

(a) 基孔制配合   (b) 基轴制配合

图 2-17 基孔制配合和基轴制配合

2.3 标准公差系列

标准公差系列是国家标准制定出的一系列标准公差数值，它由以下几个因素构成。

2.3.1　标准公差因子

标准公差因子(i, I)是用以确定标准公差的基本单位,该因子是公称尺寸的函数,是制定标准公差数值的基础。

在实际生产中,对公称尺寸相同的零件,可按公差大小评定其制造精度的高低,对公称尺寸不同的零件,评定其制造精度时就不能仅看公差大小。实际上,在相同的加工条件下,公称尺寸不同的零件加工后产生的加工误差也不同。例如,两根轴(见图 2-18),公差都是 25 μm,一根直径为 50 mm,另一根直径为 180 mm,哪根轴的尺寸精度高一些呢?

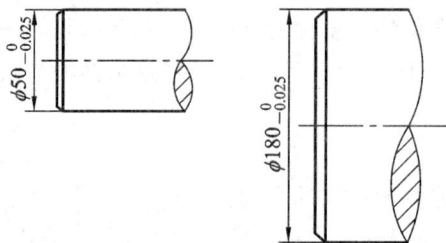

图 2-18　公差相同尺寸不同的轴

要比较,就必须要有一个单位,这个单位叫做标准公差因子(或公差单位)。它不是简单的长度单位 mm 或 μm,而是一个能反映尺寸误差规律的算术表达式。在≤500 mm 的尺寸范围内(见图 2-19),标准公差因子 i 按下式计算:

$$i = 0.45 \sqrt[3]{D} + 0.001D \qquad\qquad (2-17a)$$

式中:i——标准公差因子(公差单位),单位:μm;

D——公称尺寸分段的计算尺寸,单位:mm。

上式第一项主要反映加工误差,表示公差与公称尺寸符合立方抛物线规律;第二项反映的是测量误差的影响,主要是测量时温度的变化。

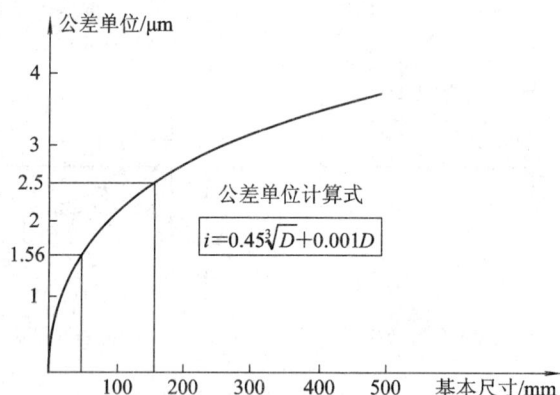

图 2-19　公差单位与公称尺寸的关系

但是,随着公称尺寸逐渐增大,第二项的影响越来越显著。对大尺寸而言,温度变化引起的误差随直径的增大呈线性关系。当公称尺寸为>500~3150 mm 时,标准公差因子(以 I 表示)按式(2-17b)计算:

$$I = 0.004D + 2.1 \qquad (2-17b)$$

当公称尺寸＞3150 mm 时，用式(2-17b)来计算标准公差，也不能完全反映误差出现的规律，但目前没有发现更加合理的公式，仍然用式(2-17b)来计算。

2.3.2　标准公差等级

确定尺寸精确程度的等级称为公差等级。不同零件和零件上不同部位的尺寸，对精确程度的要求往往不同。为了满足生产的需要，国家标准制定了 20 个公差等级，各级标准公差的代号分别为 IT01，IT0，IT1，IT2，…，IT18。IT01 精度最高，其余依次降低，标准公差值依次增大，见图 2-20。

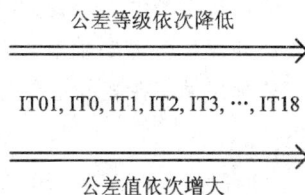

公差等级依次降低 →

IT01, IT0, IT1, IT2, IT3, …, IT18

公差值依次增大 →

图 2-20　公差等级与公差数值变化趋势图

在公称尺寸≤500 mm 的常用尺寸范围内，各级标准公差计算公式见表 2-1。在公称尺寸为＞500～3150 mm 的尺寸范围内，各级标准公差计算公式见表 2-2。对于 IT5～IT18，标准公差 IT 均按下式计算：

$$T = ai(I) \qquad (2-18)$$

式中：a——公差等级系数。

表 2-1　公称尺寸≤500 mm 的标准公差计算公式

公差等级	公式	公差等级	公式	公差等级	公式
IT01	$0.3 + 0.008D$	IT5	$7i$	IT12	$160i$
IT0	$0.5 + 0.012D$	IT6	$10i$	IT13	$250i$
IT1	$0.8 + 0.020D$	IT7	$16i$	IT14	$400i$
IT2	$(\mathrm{IT1})\left(\dfrac{\mathrm{IT5}}{\mathrm{IT1}}\right)^{1/4}$	IT8	$25i$	IT15	$640i$
		IT9	$40i$	IT16	$1000i$
IT3	$(\mathrm{IT1})\left(\dfrac{\mathrm{IT5}}{\mathrm{IT1}}\right)^{1/2}$	IT10	$64i$	IT17	$1600i$
IT4	$(\mathrm{IT1})\left(\dfrac{\mathrm{IT5}}{\mathrm{IT1}}\right)^{3/4}$	IT11	$100i$	IT18	$2500i$

表 2-2　公称尺寸＞500～3150 mm 的标准公差计算公式

公差等级	公式	公差等级	公式	公差等级	公式
IT01	$1I$	IT5	$7I$	IT12	$160I$
IT0	$\sqrt{2}I$	IT6	$10I$	IT13	$250I$
IT1	$2I$	IT7	$16I$	IT14	$400I$
IT2	$(\mathrm{IT1})\left(\dfrac{\mathrm{IT5}}{\mathrm{IT1}}\right)^{1/4}$	IT8	$25I$	IT15	$640I$
		IT9	$40I$	IT16	$1000I$
IT3	$(\mathrm{IT1})\left(\dfrac{\mathrm{IT5}}{\mathrm{IT1}}\right)^{1/2}$	IT10	$64I$	IT17	$1600I$
IT4	$(\mathrm{IT1})\left(\dfrac{\mathrm{IT5}}{\mathrm{IT1}}\right)^{3/4}$	IT11	$100I$	IT18	$2500I$

2.3.3　尺寸分段

根据标准公差和标准公差因子的计算公式，如果对每一个公称尺寸都计算出一个对应的公差值，就会产生一个庞大的公差数值表，将给实际应用带来很多困难。为了减少公差值的数目和简化公差数值表，方便实际应用，必须对公称尺寸进行分段。对同一尺寸段内的所有公称尺寸，在相同公差等级情况下规定相同的标准公差。公称尺寸分段见表 2-3。

表 2-3　公称尺寸分段表

主段落		中间段落		主段落		中间段落	
大于	至	大于	至	大于	至	大于	至
—	3	无细分段		250	315	250	280
3	6					280	315
6	10			315	400	315	355
						355	400
10	18	10	14	400	500	400	450
		14	18				
18	30	18	24	500	630	450	500
		24	30				
30	50	30	40	630	800	630	710
		40	50			710	800
50	80	50	65	800	1000	800	900
		65	80			900	1000
80	120	80	100	1250	1600	1250	1400
		100	120			1400	1600
120	180	120	140	1600	2000	1600	1800
		140	160			1800	2000
		160	180				
180	250	180	200	2000	2500	2000	2240
		200	225			2240	2500
		225	250	2500	3150	2500	2800
						2800	3150

计算标准公差时，公差单位算式中 D 取尺寸段首尾两个尺寸的几何平均值。例如，对 $30\sim 50\ \text{mm}$ 尺寸段，$D\approx 38.73\ \text{mm}$。凡属于这一尺寸段的任一公称尺寸，其标准公差均以 $D=38.73\ \text{mm}$ 进行计算。实践证明，这样计算的公差值差别不大，有利于生产应用，简化了公差表格。标准公差数值见表 2-4。

表 2-4　标准公差数值表

公称尺寸 /mm		公 差 等 级																		
		IT0	IT01	IT1	IT2	IT3	IT4	IT5	IT6	IT7	IT8	IT9	IT10	IT11	IT12	IT13	IT14	IT15	IT16	IT17	IT18
大于	至	μm														mm					
—	3	0.3	0.5	0.8	1.2	2	3	4	6	10	14	25	40	60	100	0.14	0.25	0.40	0.60	1.0	1.4
3	6	0.4	0.6	1	1.5	2.5	4	5	8	12	18	30	48	75	120	0.18	0.30	0.48	0.75	1.2	1.8
6	10	0.4	0.6	1	1.5	2.5	4	6	9	15	22	36	58	90	150	0.22	0.36	0.58	0.90	1.5	2.2
10	18	0.5	0.8	1.2	2	3	5	8	11	18	27	43	70	110	180	0.23	0.47	0.70	1.10	1.8	2.7
18	30	0.6	1	1.5	2.5	4	6	9	13	21	33	52	84	130	210	0.33	0.52	0.84	1.30	2.1	3.5
30	50	0.6	1	1.5	2.5	4	7	11	16	25	39	62	100	160	250	0.39	0.62	1.00	1.60	2.5	3.9
50	80	0.8	1.2	2	3	5	8	13	19	30	46	74	120	190	300	0.46	0.74	1.20	1.90	3.0	4.6
80	120	1	1.5	2.5	4	6	10	15	22	35	54	87	140	220	350	0.54	0.87	1.40	2.20	3.5	5.4
120	180	1.2	2	3.5	5	8	12	18	25	40	63	100	160	250	400	0.63	1.00	1.60	2.50	4.0	6.3
180	250	2	3	4.5	7	10	14	20	29	46	72	115	185	290	460	0.72	1.15	1.85	2.90	4.6	7.2
250	315	2.5	4	6	8	12	16	23	32	52	81	130	210	320	520	0.81	1.30	2.10	3.20	5.2	8.1
315	400	3	5	7	9	13	18	25	36	57	89	140	230	360	570	0.89	1.40	2.30	3.60	5.7	8.9
400	500	4	6	8	10	15	20	27	40	63	97	155	250	400	630	0.97	1.55	2.50	4.00	6.3	9.7
500	630	4.5	6	9	11	16	22	32	44	70	110	175	280	440	700	1.10	1.75	2.8	4.4	7.0	11.0
630	800	5	7	10	13	18	25	36	50	80	125	200	320	500	800	1.25	2.0	3.2	5.0	8.0	12.5
800	1000	5.5	8	11	15	21	29	40	56	90	140	230	360	560	900	1.40	2.3	3.6	5.6	9.0	14.0
1000	1250	6.5	9	13	18	24	33	47	66	105	165	260	420	660	1050	1.65	2.6	4.2	6.6	10.5	6.5
1250	1600	8	11	15	21	29	39	55	78	125	195	310	500	780	1250	1.95	3.1	5.0	7.8	12.5	19.5
1600	2000	9	13	18	25	35	46	65	92	150	230	370	600	920	1500	2.30	3.7	6.0	9.2	15.0	23.0
2000	2500	11	15	22	30	41	55	78	110	175	280	440	700	1100	1750	2.80	4.4	7.0	11.0	17.5	28.0
2500	3150	13	18	26	36	50	68	96	135	210	330	540	860	1350	2100	3.30	5.4	8.6	13.5	21.0	33.0
3150	4000	16	23	33	45	60	84	115	165	20	410	660	1050	1650	2600	4.10	6.6	10.5	16.5	26.0	41.0
4000	5000	20	28	40	55	74	100	140	200	280	500	800	1300	2000	3200	5.00	8.0	13.0	20.0	32.0	50.0
5000	6300	25	35	49	67	92	125	170	250	400	620	980	1550	2500	4000	6.20	9.8	15.5	25.0	40.0	62.0
6300	8000	31	43	62	84	115	155	215	310	490	760	1200	1950	3100	4900	7.60	12.0	19.5	31.0	49.0	76.0
8000	10000	33	53	76	105	140	195	270	380	940	1500	2400	3800	6000		9.40	15.0	24.0	38.0	60.0	94.0

注：1. 公称尺寸大于 500 mm 的 IT1～IT5 的标准公差数值为试行值。

　　2. 公称尺寸小于或等于 1 mm 时，无 IT14～IT18。

现在来比较上面两根轴的精度。根据表 2-4 可得：公差都是 0.025 mm 时，mm 的轴公差等级是 IT6，mm 的轴公差等级是 IT7。所以，直径为 180 mm 的轴精度比直径为 50 mm 的轴精度高。因此可以得出，零件精度的高低不仅与公差的大小有关，还与零件尺寸有关。

2.4　基本偏差系列

基本偏差确定了公差带的位置，从而确定了配合的性质。为了满足各种不同配合的需要，并满足生产的要求，必须设置若干基本偏差并将其标准化。标准化的基本偏差组成基本偏差系列。国标对孔和轴各规定了 28 个基本偏差。

2.4.1　基本偏差代号及其特点

基本偏差是指靠近零线或位于零线上的那个极限偏差，它是用来确定公差带位置的参数。为了满足各种不同配合的需要，国家标准对孔和轴分别规定了 28 种基本偏差代号。用拉丁字母表示，大写代表孔的基本偏差，小写代表轴的基本偏差。在 26 个拉丁字母中，易与其他代号混淆的 I、L、O、Q、W(i、l、o、q、w)5 个字母除外。再加上 7 个双写字母 CD、EF、FG、ZA、ZB、ZC、JS(cd、ef、fg、za、zb、zc、js)表示的，共有 28 个代号，见表 2-5。这 28 个代号基本构成了孔和轴的基本偏差系列。

表 2-5　孔、轴基本偏差代号

孔	A	B	C	D	E	F	G	H	J	K	M	N	P	R	S	T	U	V	X	Y	Z
			CD		EF	FG		JS													ZA ZB ZC
轴	a	b	c	d	e	f	g	h	j	k	m	n	p	r	s	t	u	v	x	y	z
			cd		ef	fg		js													za zb zc

图 2-21 是基本偏差系列图，表示公称尺寸相同的 28 种孔、轴的基本偏差相对于零线的位置关系。图中所画公差带是开口的，这是因为基本偏差只表示公差带的位置，不表示公差带的大小，开口端的极限偏差由公差等级来决定。因此，任何一个公差带都用基本偏差代号和公差等级数字表示。如孔公差带 H7、P8，轴公差带 h6、m7。

从基本偏差系列图可以看出：

(1) 对于孔：A～H 的基本偏差为下偏差 EI，除 H 基本偏差为零外，其余均为正值，其绝对值依次减小，J～ZC 的基本偏差为上偏差 ES，除 J、K 和 M、N 外，其余皆为负值，其绝对值依次增大。

(2) 对于轴：a～h 的基本偏差为上偏差 es，除 h 基本偏差为零外，其余均为负值，其绝对值依次减小；j～zc 的基本偏差为下偏差 ei，除 j 和 k(当代号为 k 时，IT＜3 或 IT＞7 时，基本偏差为零)外，其余皆为正值，其绝对值依次增大。

(3) 代号 JS 和 js 在各公差等级中完全对称，因此，基本偏差可为上偏差(数值＋IT/2)，也可为下偏差(数值－IT/2)。JS 和 js 将逐渐取代近似对称偏差 J 和 j。所以，在国家标准中，孔仅保留了 J6、J7、J8，轴仅保留了 j5、j6、j7、j8 等。

(4) 代号 K、M、N 随公差等级不同各有两种(个别尺寸段的某些等级中有三种)基本偏差数值。

上述特点归纳如表 2-6。

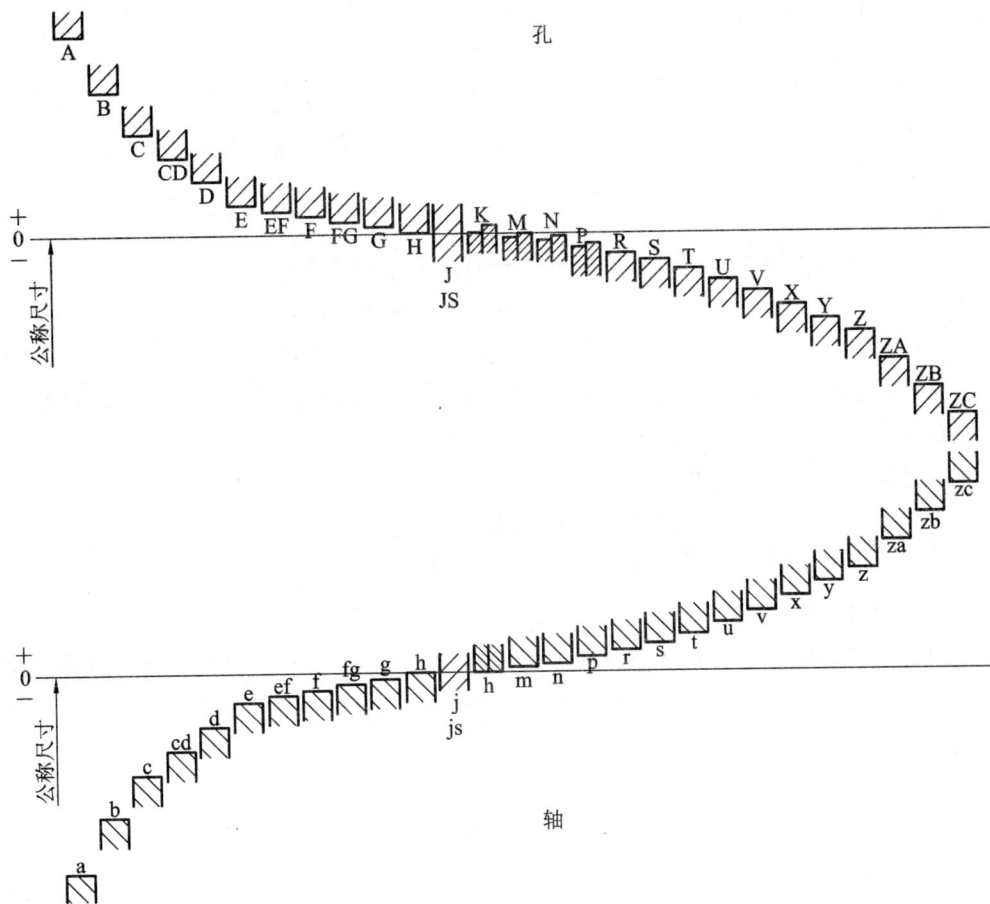

图 2-21　基本偏差系列

表 2-6　孔、轴基本偏差代号及特点

孔或轴		基 本 偏 差	备 注
孔	下偏差	A、B、C、CD、D、E、EF、FG、G、H	H 为基准孔，它的下偏差为零
	上偏差或下偏差	JS＝±IT/2	
	上偏差	J、K、M、N、P、R、S、T、U、V、X、Y、Z、ZA、ZB、ZC	
轴	下偏差	a、b、c、cd、d、e、ef、fg、g、h	h 为基准孔，它的上偏差为零
	上偏差或下偏差	js＝±IT/2	
	上偏差	J、k、m、n、p、r、s、t、u、v、x、y、z、za、zb、zc	

2.4.2　孔和轴的基本偏差

1. 轴的基本偏差数值

轴的基本偏差数值是以基孔制配合为基础，按照各种配合要求，再根据生产实践经验和统计分析结果所得出的一系列公式，经计算后圆整尾数而得出的。轴的基本偏差数值见表 2 - 7。

当轴的基本偏差确定后，轴的另一个基本偏差可根据下列公式计算

$$ei = es - IT \quad （公差带在零线以下）\tag{2-19}$$
$$es = ei + IT \quad （公差带在零线以上）\tag{2-20}$$

例 2 - 6　根据标准公差数值表（表 2 - 4）和轴的基本偏差数值表（表 2 - 7），确定 $\phi50f6$ 的极限偏差。

解：查表 2 - 4 得：轴的标准公差 IT6 = 16 μm

查表 2 - 7 得：轴的基本偏差为上极限偏差 es = -25 μm

轴的另一个极限偏差为下极限偏差 ei = es - IT6 = (-25-16)μm = -41 μm

2. 孔的基本偏差数值

孔的基本偏差数值是由同名轴的基本偏差换算得到的。换算原则为：同名配合的配合性质不变，即基孔制的配合（如 $\phi30H9/f9$、$\phi40H7/g6$）变成同名基轴制的配合（如 $\phi30F9/h9$、$\phi40G7/h6$）时，其配合性质（极限间隙或极限过盈）不变。根据上述原则，孔的基本偏差按以下两种规则换算：

（1）通用规则用同一字母表示的孔、轴的基本偏差的绝对值相等，符号相反。孔的基本偏差是轴的基本偏差相对于零线的倒影。即

$$EI = - es（适用于 A—H）\tag{2-21}$$
$$ES = - ei（适用于同级配合的 K—ZC）\tag{2-22}$$

通用规则的应用范围如下：公称尺寸≤500 mm 的所有公差等级的 A—H，标准公差大于 IT8 的 K、M、N 和标准公差大于 IT7 的 P - ZC 。但也有例外，对于公称尺寸大于 3 mm，标准公差大于 IT8 的 N，其基本偏差 ES = 0。

（2）特殊规则对于公称尺寸≤500 mm，且标准公差≤IT8 的 J、K、M、N 和标准公差 ≤IT7 的 P - ZC 的孔，其基本偏差 ES 采用特殊规则换算，即 ES 与同名轴的基本偏差 ei 的符号相反，而绝对值相差一个 Δ 值。这是因为在较高的公差等级中，同一公差等级的孔比轴加工困难，因而常采用孔比轴低一级的配合，并要求两种基准制所形成的配合性质相同。即

$$ES = - ei + \Delta\tag{2-23}$$
$$\Delta = ITn - ITn - 1\tag{2-24}$$

孔的另一个极限偏差可根据孔的基本偏差数值和标准公差值按下列关系式计算：

$$EI = ES - IT（公差带在零线以下）\tag{2-25}$$
$$ES = EI + IT（公差带在零线以上）\tag{2-26}$$

根据上述换算规则，可得到尺寸≤500 mm 孔的基本偏差数值。表 2 - 8 给出了尺寸≤500 mm 的孔的基本偏差数值。

表 2 - 7　轴的基本偏差数值表（摘自 GB/T 1800.1－2009）　　　　μm

公称尺寸 /mm		基本偏差数值											js
		上极限偏差 es											
大于	至	a	b	c	cd	d	e	ef	f	fg	g	h	
		所有标准公差等级											
—	3	-270	-140	-60	-34	-20	-14	-10	-6	-4	-2	0	偏差等于 $\pm\dfrac{\mathrm{IT}n}{2}$，式中 $\mathrm{IT}n$ 是 IT 的数值
3	6	-270	-140	-70	-46	-30	-20	-14	-10	-6	-4	0	
6	10	-280	-150	-80	-56	-40	-25	-18	-13	-8	-5	0	
10	14	-290	-150	-95	—	-50	-32	—	-16	—	-6	0	
14	18												
18	24	-300	-160	-110	—	-65	-40	—	-20	—	-7	0	
24	30												
30	40	-310	-170	-120	—	-80	-50	—	-25	—	-9	0	
40	50	-320	-180	-130									
50	65	-340	-190	-140	—	-100	-60	—	-30	—	-10	0	
65	80	-360	-200	-150									
80	100	-380	-220	-170	—	-120	-72	—	-36	—	-12	0	
100	120	-410	-240	-180									
120	140	-460	-260	-200	—	-145	-85	—	-43	—	-14	0	
140	160	-520	-280	-210									
160	180	-580	-310	-230									
180	200	-660	-340	-240	—	-170	-100	—	-50	—	-15	0	
200	225	-740	-380	-260									
225	250	-820	-420	-280									
250	280	-920	-480	-300	—	-190	-110	—	-56	—	-17	0	
280	315	-1050	-540	-330									
315	355	-1200	-600	-360		-210	-125	—	-62	—	-18	0	
355	400	-1350	-680	-400									
400	450	-1500	-760	-440	—	-230	-135	—	-68	—	-20	0	
450	500	-1650	-840	-480									

续表

μm

公称尺寸/mm 大于	至	j			k		m	n	p	r	s	t	u	v	x	y	z	za	zb	zc

基本偏差数值 — 下极限偏差 ei

大于	至	j (5、6)	j (7)	j (8)	k (4~7)	k (≤3, >7)	m	n	p	r	s	t	u	v	x	y	z	za	zb	zc
—	3	−2	−4	−6	0	0	+2	+4	+6	+10	+14	—	+18	—	+20	—	+26	+32	+40	+60
3	6	−2	−4	—	+1	0	+4	+8	+12	+15	+19	—	+23	—	+28	—	+35	+42	+50	+80
6	10	−2	−5	—	+1	0	+6	+10	+15	+19	+23	—	+28	—	+34	—	+42	+52	+67	+97
10	14	−3	−6	—	+1	0	+7	+12	+18	+23	+28	—	+33	—	+40	—	+50	+64	+90	+130
14	18	−3	−6	—	+1	0	+7	+12	+18	+23	+28	—	+33	+39	+45	—	+60	+77	+108	+150
18	24	−4	−8	—	+2	0	+8	+15	+22	+28	+35	—	+41	+47	+54	+63	+73	+98	+136	+188
24	30	−4	−8	—	+2	0	+8	+15	+22	+28	+35	+41	+48	+55	+64	+75	+88	+118	+160	+218
30	40	−5	−10	—	+2	0	+9	+17	+26	+34	+43	+48	+60	+68	+80	+94	+112	+148	+200	+274
40	50	−5	−10	—	+2	0	+9	+17	+26	+34	+43	+54	+70	+81	+97	+114	+136	+180	+242	+325
50	65	−7	−12	—	+2	0	+11	+20	+32	+41	+53	+66	+87	+102	+122	+144	+172	+226	+300	+405
65	80	−7	−12	—	+2	0	+11	+20	+32	+43	+59	+75	+102	+120	+146	+174	+210	+274	+360	+480
80	100	−9	−15	—	+3	0	+13	+23	+37	+51	+71	+91	+124	+146	+178	+214	+258	+335	+445	+585
100	120	−9	−15	—	+3	0	+13	+23	+37	+54	+79	+104	+144	+172	+210	+254	+310	+400	+525	+690
120	140	−11	−18	—	+3	0	+15	+27	+43	+63	+92	+122	+170	+202	+248	+300	+365	+470	+620	+800
140	160	−11	−18	—	+3	0	+15	+27	+43	+65	+100	+134	+190	+228	+280	+340	+415	+535	+700	+900
160	180	−11	−18	—	+3	0	+15	+27	+43	+68	+108	+146	+210	+252	+310	+380	+465	+600	+780	+1000
180	200	−13	−21	—	+4	0	+17	+31	+50	+77	+122	+166	+236	+284	+350	+425	+520	+670	+880	+1150
200	225	−13	−21	—	+4	0	+17	+31	+50	+80	+130	+180	+258	+310	+385	+470	+575	+740	+960	+1250
225	250	−13	−21	—	+4	0	+17	+31	+50	+84	+140	+196	+284	+340	+425	+520	+640	+820	+1050	+1350
250	280	−16	−26	—	+4	0	+20	+34	+56	+94	+158	+218	+315	+385	+475	+580	+710	+920	+1200	+1550
280	315	−16	−26	—	+4	0	+20	+34	+56	+98	+170	+240	+350	+425	+525	+650	+790	+1000	+1300	+1700
315	355	−18	−28	—	+4	0	+21	+37	+62	+108	+190	+268	+390	+475	+590	+730	+900	+1150	+1500	+1900
355	400	−18	−28	—	+4	0	+21	+37	+62	+114	+208	+294	+435	+530	+660	+820	+1000	+1300	+1650	+2100
400	450	−20	−32	—	+5	0	+23	+40	+68	+126	+232	+330	+490	+595	+740	+920	+1100	+1450	+1850	+2400
450	500	−20	−32	—	+5	0	+23	+40	+68	+132	+252	+360	+540	+660	+820	+1000	+1250	+1600	+2100	+2600

注：1. 公称尺寸小于或等于 1 mm 时，基本偏差 a 和 b 均不采用。

2. 对于公差带 js7～js11，若 ITn 值是奇数，则偏差 $= \pm \dfrac{ITn-1}{2}$。

表 2 - 8　孔的基本偏差数值表(摘自 GB/T 1800.1—2009)　μm

公称尺寸/mm 大于	至	基本偏差数值 下极限偏差 EI											JS	上极限偏差 ES J			K		M		N		P~ZC
		A	B	C	CD	D	E	EF	F	FG	G	H		6	7	8	≤8	>8	≤8	>8	≤8	>8	≤7
		所有标准公差等级																					
—	3	+270	+140	+60	+34	+20	+14	+10	+6	+4	+2	0	偏差等于 $\pm\dfrac{ITn}{2}$，式中 ITn 是 IT 的数值	+2	+4	+6	0	0	−2	−2	−4	−4	在大于 IT7 的相应数值上增加一个 Δ 值
3	6	+270	+140	+70	+46	+30	+20	+14	+10	+6	+4	0		+5	+6	+10	−1+Δ	—	−4+Δ	−4	−8+Δ	0	
6	10	+280	+150	+80	+56	+40	+25	+18	+13	+8	+5	0		+5	+8	+12	−1+Δ	—	−6+Δ	−6	−10+Δ	0	
10	14	+290	+150	+95	—	+50	+32	—	+16	—	+6	0		+6	+10	+15	−1+Δ	—	−7+Δ	−7	−12+Δ	0	
14	18	+290	+150	+95	—	+50	+32	—	+16	—	+6	0		+6	+10	+15	−1+Δ	—	−7+Δ	−7	−12+Δ	0	
18	24	+300	+160	+110	—	+65	+40	—	+20	—	+7	0		+8	+12	+20	−2+Δ	—	−8+Δ	−8	−15+Δ	0	
24	30	+300	+160	+110	—	+65	+40	—	+20	—	+7	0		+8	+12	+20	−2+Δ	—	−8+Δ	−8	−15+Δ	0	
30	40	+310	+170	+120	—	+80	+50	—	+25	—	+9	0		+10	+14	+24	−2+Δ	—	−9+Δ	−9	−17+Δ	0	
40	50	+320	+180	+130	—	+80	+50	—	+25	—	+9	0		+10	+14	+24	−2+Δ	—	−9+Δ	−9	−17+Δ	0	
50	65	+340	+190	+140	—	+100	+60	—	+30	—	+10	0		+13	+18	+28	−2+Δ	—	−11+Δ	−11	−20+Δ	0	
65	80	+360	+200	+150	—	+100	+60	—	+30	—	+10	0		+13	+18	+28	−2+Δ	—	−11+Δ	−11	−20+Δ	0	
80	100	+380	+220	+170	—	+120	+72	—	+36	—	+12	0		+16	+22	+34	−3+Δ	—	−13+Δ	−13	−23+Δ	0	
100	120	+410	+240	+180	—	+120	+72	—	+36	—	+12	0		+16	+22	+34	−3+Δ	—	−13+Δ	−13	−23+Δ	0	
120	140	+460	+260	+200	—	+145	+85	—	+43	—	+14	0		+18	+26	+41	−3+Δ	—	−15+Δ	−15	−27+Δ	0	
140	160	+520	+280	+210	—	+145	+85	—	+43	—	+14	0		+18	+26	+41	−3+Δ	—	−15+Δ	−15	−27+Δ	0	
160	180	+580	+310	+230	—	+145	+85	—	+43	—	+14	0		+18	+26	+41	−3+Δ	—	−15+Δ	−15	−27+Δ	0	
180	200	+660	+340	+240	—	+170	+100	—	+50	—	+15	0		+22	+30	+47	−4+Δ	—	−17+Δ	−17	−31+Δ	0	
200	225	+740	+380	+260	—	+170	+100	—	+50	—	+15	0		+22	+30	+47	−4+Δ	—	−17+Δ	−17	−31+Δ	0	
225	250	+820	+420	+280	—	+170	+100	—	+50	—	+15	0		+22	+30	+47	−4+Δ	—	−17+Δ	−17	−31+Δ	0	
250	280	+920	+480	+300	—	+190	+110	—	+56	—	+17	0		+25	+36	+55	−4+Δ	—	−20+Δ	−20	−34+Δ	0	
280	315	+1050	+540	+330	—	+190	+110	—	+56	—	+17	0		+25	+36	+55	−4+Δ	—	−20+Δ	−20	−34+Δ	0	
315	355	+1200	+600	+360	—	+210	+125	—	+62	—	+18	0		+29	+39	+60	−4+Δ	—	−21+Δ	−21	−37+Δ	0	
355	400	+1350	+680	+400	—	+210	+125	—	+62	—	+18	0		+29	+39	+60	−4+Δ	—	−21+Δ	−21	−37+Δ	0	
400	450	+1500	+760	+440	—	+230	+135	—	+68	—	+20	0		+33	+43	+66	−5+Δ	—	−23+Δ	−23	−40+Δ	0	
450	500	+1650	+840	+480	—	+230	+135	—	+68	—	+20	0		+33	+43	+66	−5+Δ	—	−23+Δ	−23	−40+Δ	0	

续表
μm

公称尺寸/mm		基本偏差数值												Δ①					
		上极限偏差 ES																	
		P	R	S	T	U	V	X	Y	Z	ZA	ZB	ZC						
大于	至	>7 级												3	4	5	6	7	8
—	3	-6	-10	-14	—	-18	—	-20	—	-26	-32	-40	-60	0	0	0	0	0	0
3	6	-12	-15	-19	—	-23	—	-28	—	-35	-42	-50	-80	1	1.5	1	3	4	6
6	10	-15	-19	-23	—	-28	—	-34	—	-42	-52	-67	-97	1	1.5	2	3	6	7
10	14	-18	-23	-28	—	-33	—	-40	—	-50	-64	-90	-130	1	2	3	3	7	9
14	18						-39	-45	—	-60	-77	-108	-150						
18	24	-22	-28	-35	—	-41	-47	-54	-63	-73	-98	-136	-188	1.5	2	3	4	8	12
24	30				-41	-48	-55	-64	-75	-88	-118	-160	-218						
30	40	-26	-34	-43	-48	-60	-68	-80	-94	-112	-148	-200	-274	1.5	3	4	5	9	14
40	50				-54	-70	-81	-97	-114	-136	-180	-242	-325						
50	65	-32	-41	-53	-66	-87	-102	-122	-144	-172	-226	-300	-405	2	3	5	6	11	16
65	80		-43	-59	-75	-102	-120	-146	-174	-210	-274	-360	-480						
80	100	-37	-51	-71	-91	-124	-146	-178	-214	-258	-335	-445	-585	2	4	5	7	13	19
100	120		-54	-79	-104	-144	-172	-210	-254	-310	-400	-525	-690						
120	140	-43	-63	-92	-122	-170	-202	-248	-300	-365	-470	-620	-800	3	4	6	7	15	23
140	160		-65	-100	-134	-190	-228	-280	-340	-415	-535	-700	-900						
160	180		-68	-108	-146	-210	-252	-310	-380	-465	-600	-780	-1000						
180	200	-50	-77	-122	-166	-236	-284	-350	-425	-520	-670	-880	-1150	3	4	6	9	17	26
200	225		-80	-130	-180	-258	-310	-385	-470	-575	-740	-960	-1250						
225	250		-84	-140	-196	-284	-340	-425	-520	-640	-820	-1050	-1350						
250	280	-56	-94	-158	-218	-315	-385	-475	-580	-710	-920	-1200	-1550	4	4	7	9	20	29
280	315		-98	-170	-240	-350	-425	-525	-650	-790	-1000	-1300	-1700						
315	355	-62	-108	-190	-268	-390	-475	-590	-730	-900	-1150	-1500	-1900	4	5	7	11	21	32
355	400		-114	-208	-294	-435	-530	-660	-820	-1000	-1300	-1650	-2100						
400	450	-68	-126	-232	-330	-490	-595	-740	-920	-1100	-1450	-1850	-2400	5	5	7	13	23	34
450	500		-132	-252	-360	-540	-660	-820	-1000	-1250	-1600	-2100	-2600						

注：1. 公称尺寸小于或等于 1 mm 时，基本偏差 A 和 B 及大于 IT8 的 N 均不采用。

2. 标准公差≤8 级的 K、M、N 及≤7 级的 P~ZC 时，从表的右侧选取 Δ 值。例：大于 18~30 mm 的 P7，Δ=8，因此 ES=-14。

3. 在公差带 JS7~JS11，若 ITn 数值为奇数，则取偏差$=\pm\dfrac{ITn-1}{2}$。

4. 特殊情况：当公称尺寸大于 250~315 mm 时，M6 的 ES=-9 μm(代替 -11 μm)。

例 2 - 7　试用查表法确定 $\phi50H7/p6$ 和 $\phi50P7/h6$ 的孔、轴极限偏差,计算两种配合的极限过盈,并作出公差带图进行比较。

解:(1)查标准公差数值表 2 - 4 得:IT6＝16 μm,IT7＝25 μm。

(2)查表确定孔、轴的基本偏差。

孔:查表 2 - 8,H 的基本偏差 EI＝0 μm,

　　　P 的基本偏差 ES ＝ － 26 μm＋Δ ＝ (－ 26＋9)μm ＝ － 0.017 mm

轴:查表 2 - 7,p 的基本偏差 ei＝＋26 μm ＝＋0.026 mm,h 的基本偏差 es＝0。

(3)计算孔、轴的另一个极限偏差。

孔:H7 的另一个极限偏差 ES＝EI＋IT7＝(0＋0.025)mm＝＋0.025 mm

　　P7 的另一个极限偏差 EI＝ES－IT7＝(－ 0.017 － 0.025)mm＝ － 0.042 mm

轴:p6 的另一个极限偏差 es＝ei＋IT6＝(＋0.026＋0.016)mm＝＋0.042 mm

　　h6 的另一个极限偏差 ei＝es－IT6＝(0 － 0.016)mm＝ － 0.016 mm

由上述计算得出: $\phi50H7＝\phi50^{+0.025}_{0}$, $\phi50p6＝\phi50^{+0.042}_{+0.026}$

　　　　　　　　$\phi50P7＝\phi50^{-0.017}_{-0.042}$, $\phi50h6＝\phi50^{0}_{-0.016}$

(4)计算极限过盈。

$\phi50H7/p6$ 的极限过盈:

$$Y_{max} ＝ EI － es ＝ (0 － 0.042)mm ＝ － 0.042 \text{ mm}$$

$$Y_{min} ＝ ES － ei ＝ (＋0.025 － 0.026)mm ＝ － 0.001 \text{ mm}$$

$\phi50P7/h6$ 的极限过盈:

$$Y_{max} ＝ EI － es ＝ (－ 0.042 － 0)mm ＝ － 0.042 \text{ mm}$$

$$Y_{min} ＝ ES － ei ＝ (－ 0.017 － 0.016)mm ＝ － 0.001 \text{ mm}$$

通过计算可知,两组配合分别是基孔制的过盈配合和基轴制的配合,其极限过盈相同,所以 $\phi50H7/p6$ 和 $\phi50P7/h6$ 的配合性质相同。

(5)画出配合公差带图。

配合公差带图如图 2 - 22 所示。

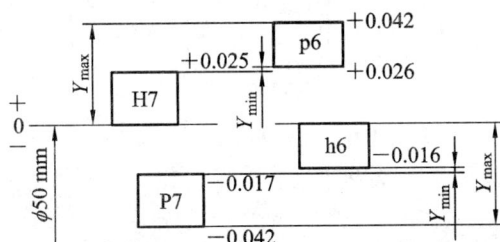

图 2 - 22　配合公差带图

例 2 - 8　已知孔、轴配合的公称尺寸为 $\phi50$ mm,配合公差 $T_f＝41$ μm,$X_{max}＝$ ＋66 μm,孔的公差 $T_h＝25$ μm,轴的下极限偏差 ei＝＋41 μm,求孔、轴的其他极限偏差,画出配合尺寸公差带图。

解:由配合公差公式 $T_f＝T_h＋T_s$ 得

　　　　　　　轴的公差 $T_s ＝ T_f － T_h ＝ (41 － 25)\mu$m ＝ 16 μm

由轴的公差公式 $T_s＝es－ei$ 得

　　　　轴的上极限偏差 es $= T_s +$ ei $= (16+41)\mu$m $= +57\ \mu$m

由最大间隙公式 $X_{max} =$ ES$-$ei 得

　　　　孔的上极限偏差 ES $= X_{max} +$ ei $= (66+41)\mu$m $= +107\ \mu$m

由孔的公差公式 $T_h =$ ES$-$EI 得

　　　　孔的下极限偏差 EI $=$ ES$-T_h = (107-25)\mu$m $= +82\ \mu$m

所以得出:孔,轴配合公差带图(见图 2-23)。

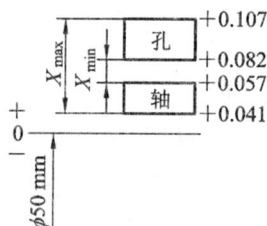

图 2-23　孔、轴配合公差带图

2.4.3　极限与配合在图样上的标注

　　零件图上,一般标注为下列几种,如图 2-24 所示。

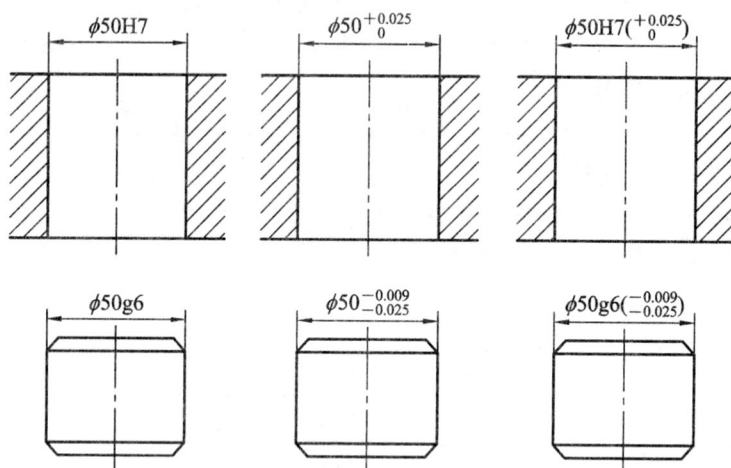

图 2-24　孔、轴公差带在零件图上的标注

　　(1) 在公称尺寸后标注所要求的公差带,如 ϕ50H7、ϕ50g6。

　　(2) 在公称尺寸后标注所要求的公差带对应的偏差值,如 $\phi50^{+0.025}_{0}$、$\phi50^{-0.009}_{-0.025}$。

　　(3) 在公称尺寸后标注所要求的公差带和对应的偏差值,如 $\phi50$H7$(^{+0.025}_{0})$,$\phi50$g6$(^{-0.009}_{-0.025})$。

　　(4) 对称偏差表示为:$\phi10$Js5(±0.003)。

　　装配图上,在公称尺寸后标注孔、轴的公差带,如图 2-25 所示。国家标准规定孔、轴公差带写成分数形式,分子为孔公差带,分母为轴公差带。如 ϕ50H7/g6 或 ϕ50。

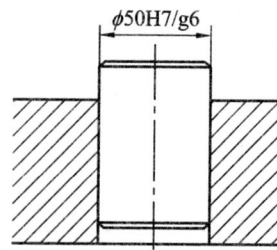

图 2-25　孔、轴公差带在
装配图上的标注

2.5　国家标准规定的公差带与配合

国家标准 20 个公差等级和 28 种基本偏差，如将任一基本偏差与任一标准公差组合，在公称尺寸≤500 mm 范围内，孔公差带有 $20 \times 27 + 3$（J6、J7、J8）$= 543$ 个，轴公差带有 $20 \times 27 + 4$（j5、j6、j7、j8）$= 544$ 个。如此多的公差带都使用显然是不经济的，因为它必然导致定值刀具和量具规格的繁多。

2.5.1　常用尺寸段公差与配合

根据生产实际情况，国家标准规定了一般、常用和优先的轴公差带共 116 种，如图 2-26 所示。图中方框内的 59 种为常用公差带，圆圈内的 13 种为优先公差带。

```
                                            h1        js1
                                            h2        js2
                                            h3        js3
                              g4    h4       js4  k4  m4  n4  p4  r4  s4
                        f5    g5    h5    j5 js5  k5  m5  n5  p5  r5  s5  t5   u5 v5 x5 y5 z5
                  e6    f6   (g6)  (h6)   j6 js6 (k6) m6 (n6)(p6) r6 (s6) t6  (u6)v6 x6 y6 z6
            d7    e7   (f7)   g7   (h7)   j7 js7  k7  m7  n7  p7  r7  s7  t7   u7 v7 x7 y7 z7
      c8    d8    e8   (f8)   g8    h8       js8  k8  m8  n8  p8  r8  s8  t8   u8 v8 x8 y8 z8
a9    b9    c9   (d9)  e9    f9           (h9)    js9
a10   b10   c10   d10  e10                 h10    js10
a11   b11  (c11)  d11                     (h11)   js11
a12   b12   c12                           h12     js12
a13   b13   c13                           h13     js13
```

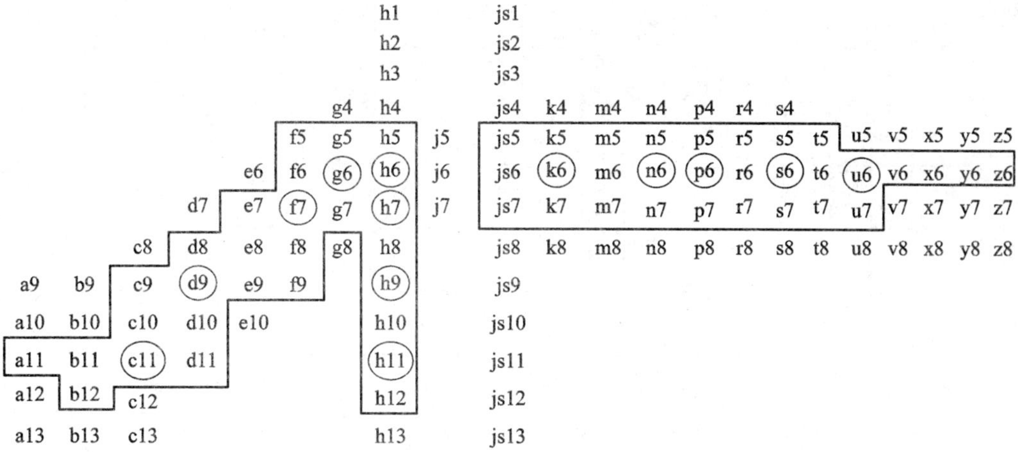

图 2-26　一般、常用和优先的轴用公差带

国家标准规定了一般、常用和优先的孔公差带共 105 种，如图 2-27 所示。图中方框内的 44 种为常用公差带，圆圈内的 13 种为优先公差带。

```
                                            H1        JS1
                                            H2        JS2
                                            H3        JS3
                              G5    H5       JS4  K4  M4
                                            H5       JS5  K5  M5  N5  P5  R5  S5
                        F6    G6    H6    J6 JS6  K6  M6  N6  P6  R6  S6  T6   U6 V6 X6 Y6 Z6
                  D7    E7    F7   (G7)  (H7)   J7 JS7 (K7) M7 (N7)(P7) R7 (S7)T7 (U7)V7 X7 Y7 Z7
            C8    D8    E8   (E8)   G8   (H8)   J8 JS8  K8  M8  N8  P8  R8  S8  T8  U8 V8 X8 Y8 Z8
A9    B9    C9   (D9)  E9    F9          (H9)    JS9               N9  P9
A10   B10   C10   D10  E10               H10     JS10
A11   B11  (C11)  D11                   (H11)    JS11
A12   B12   C12                          H12     JS12
                                         H13     JS13
```

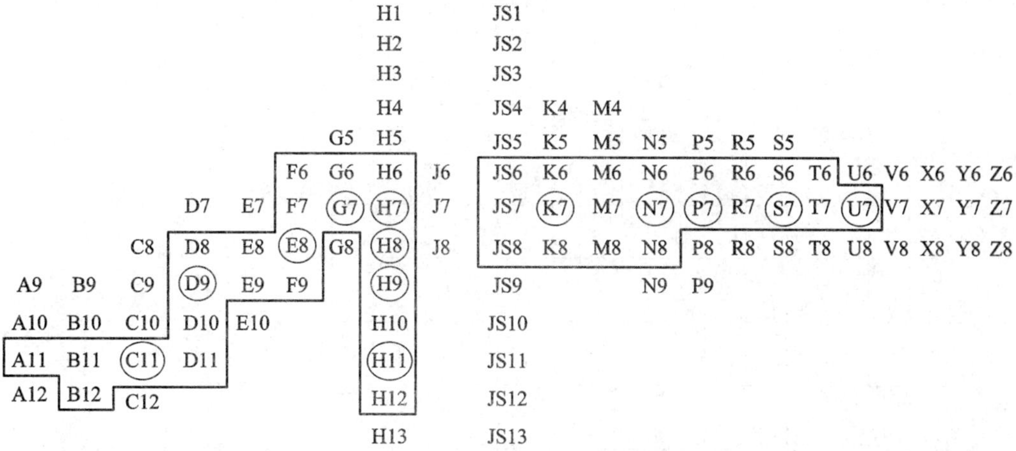

图 2-27　一般、常用和优先的孔用公差带

选用公差带时，应按优先、常用、一般公差带的顺序选取。若一般公差带中也没有满

足要求的公差带，则按国家标准规定的标准公差和基本偏差组成的公差带来选取，还可考虑用延伸和插入的方法来确定新的公差带。

对于配合，国标规定基孔制常用配合 59 种，优先配合 13 种，见表 2 - 9。基轴制常用配合 47 种，优先配合 13 种，见表 2 - 10。

表 2 - 9　基孔制优先、常用配合

基准孔	轴																				
	a	b	c	d	e	f	g	h	js	k	m	n	p	r	s	t	u	v	x	y	z
	间隙配合								过渡配合			过盈配合									
H6						$\frac{H6}{f5}$	$\frac{H6}{g5}$	$\frac{H6}{h5}$	$\frac{H6}{js5}$	$\frac{H6}{k5}$	$\frac{H6}{m5}$	$\frac{H6}{n5}$	$\frac{H6}{p5}$	$\frac{H6}{r5}$	$\frac{H6}{s5}$	$\frac{H6}{t5}$					
H7						$\frac{H7}{f6}$▼	$\frac{H7}{g6}$	$\frac{H7}{h6}$▼	$\frac{H7}{js6}$	$\frac{H7}{k6}$▼	$\frac{H7}{m6}$	$\frac{H7}{n6}$▼	$\frac{H7}{p6}$▼	$\frac{H7}{r6}$	$\frac{H7}{s6}$▼	$\frac{H7}{t6}$	$\frac{H7}{u6}$▼	$\frac{H7}{v6}$	$\frac{H7}{x6}$	$\frac{H7}{y6}$	$\frac{H7}{z6}$
H8					$\frac{H8}{e7}$	$\frac{H8}{f7}$	$\frac{H8}{g7}$	$\frac{H8}{h7}$	$\frac{H8}{js7}$	$\frac{H8}{k7}$	$\frac{H8}{m7}$	$\frac{H8}{n7}$	$\frac{H8}{p7}$	$\frac{H8}{r7}$	$\frac{H8}{s7}$	$\frac{H8}{t7}$	$\frac{H8}{u7}$				
				$\frac{H8}{d8}$	$\frac{H8}{e8}$	$\frac{H8}{f8}$		$\frac{H8}{h8}$													
H9			$\frac{H9}{c9}$	$\frac{H9}{d9}$▼	$\frac{H9}{e9}$	$\frac{H9}{f9}$		$\frac{H9}{h9}$▼													
H10			$\frac{H10}{c10}$	$\frac{H10}{d10}$				$\frac{H10}{h10}$													
h11	$\frac{H11}{a11}$	$\frac{H11}{b11}$	$\frac{H11}{c11}$▼	$\frac{H11}{d11}$				$\frac{H11}{h11}$▼													
H12		$\frac{H12}{b12}$						$\frac{H12}{h12}$													

注：1. $\frac{H6}{n5}$、$\frac{H7}{p6}$在基本尺寸小于等于 3 mm 和$\frac{H8}{r7}$在基本尺寸小于等于 100 mm 时，为过渡配合；

　　2. 标注▼的配合为优先配合。

表 2 - 10　基轴制优先、常用配合

基准轴	孔																				
	A	B	C	D	E	F	G	H	JS	K	M	N	P	R	S	T	U	V	X	Y	Z
	间隙配合								过渡配合			过盈配合									
h5						$\frac{F6}{h5}$	$\frac{G6}{h5}$	$\frac{H6}{h5}$	$\frac{JS6}{h5}$	$\frac{K6}{h5}$	$\frac{M6}{h5}$	$\frac{N6}{h5}$	$\frac{P6}{h5}$	$\frac{R6}{h5}$	$\frac{S6}{h5}$	$\frac{T6}{h5}$					
h6						$\frac{F7}{h6}$▼	$\frac{G7}{h6}$▼	$\frac{H7}{h6}$▼	$\frac{JS7}{h6}$	$\frac{K7}{h6}$▼	$\frac{M7}{h6}$	$\frac{N7}{h6}$▼	$\frac{P7}{h6}$▼	$\frac{R7}{h6}$	$\frac{S7}{h6}$▼	$\frac{T7}{h6}$	$\frac{U7}{h6}$▼				
h7					$\frac{E8}{h7}$	$\frac{F8}{h7}$		$\frac{H8}{h7}$▼	$\frac{JS8}{h7}$	$\frac{K8}{h7}$	$\frac{M8}{h7}$	$\frac{N8}{h7}$									
h8				$\frac{D8}{h8}$	$\frac{E8}{h8}$	$\frac{F8}{h8}$		$\frac{H8}{h8}$													
h9				$\frac{D9}{h9}$	$\frac{E9}{h9}$	$\frac{F9}{h9}$		$\frac{H9}{h9}$													
h10				$\frac{D10}{h10}$				$\frac{H10}{h10}$													
h11	$\frac{A11}{h11}$	$\frac{B11}{h11}$	$\frac{C11}{h11}$▼	$\frac{D11}{h11}$				$\frac{H11}{h11}$													
h12		$\frac{B12}{h12}$						$\frac{H12}{h12}$													

注：带▼的配合为优先配合。

2.5.2　一般公差——线性尺寸的未注公差

　　未注公差(也叫一般公差)是指在普通工艺条件下，普通机床设备一般加工能力就可达到的公差，它包括线性和角度的尺寸公差。在正常维护和操作情况下，它代表车间一般加工精度。

　　未注公差可简化制图，使图样清晰易读；节省图样设计的时间，设计人员只要熟悉未注公差的有关规定并加以应用，可不必考虑其公差值；未注公差在保证车间的正常精度下，一般不用检验；未注公差可突出图样上标注的公差，在加工和检验时可以引起足够的重视。

　　国家标准 GB/T 1804—2000 对线性尺寸的一般公差规定了四个公差等级，即精密级f、中等级m、粗糙级c、最粗级v。对适用尺寸也采用了较大的分段，具体数值见表 2-11。f、m、c、v 四个等级分别相当于 IT12、IT14、IT16、IT17。倒圆半径与倒角高度尺寸的极限偏差数值见表 2-12。角度尺寸的极限偏差数值见表 2-13。

表 2-11　线性尺寸的极限偏差数值　　　mm

公差等级	尺 寸 分 段							
	0.5~3	>3~6	>6~30	>30~120	>120~400	>400~1000	>1000~2000	>2000~4000
f(精密级)	±0.05	±0.05	±0.1	±0.15	±0.2	±0.3	±0.5	—
m(中等级)	±0.1	±0.1	±0.2	±0.3	±0.5	±0.8	±1.2	±2
c(粗糙级)	±0.2	±0.3	±0.5	±0.8	±1.2	±2	±3	±4
v(最粗级)	—	±0.5	±1	±1.5	±2.5	±4	±6	±8

表 2-12　倒圆半径与倒角高度尺寸的极限偏差数值　　　mm

公差等级	尺 寸 分 段			
	0.5~3	>3~6	>6~30	>30
f(精密级)	±0.2	±0.5	±1	±2
m(中等级)				
c(粗糙级)	±0.4	±1	±2	±4
v(最粗级)				

表 2-13　角度尺寸的极限偏差数值　　　mm

公差等级	长 度 分 段				
	~10	>10~50	>50~120	>120~400	>400
f(精密级)	±1°	±30′	±20′	±10′	±5′
m(中等级)					
c(粗糙级)	±1°30′	±1°	±30′	±15′	±10′
v(最粗级)	±3°	±2°	±1°	±30′	±20′

　　线性尺寸一般公差主要用于较低精度的非配合尺寸。采用一般公差的尺寸，在该尺寸后不标注出极限偏差。只有当要素的功能允许一个比一般公差更大的公差且采用该公差比一般公差更为经济时，其相应的极限偏差才要在尺寸后注出。

　　采用 GB/T 1804—2000 规定的一般公差，在图样、技术文件或标准中用该标准号和公差等级符号表示。例如，选用中等级 m 时，表示为 GB/T 1804—m。

2.6　极限与配合的选择与应用

合理选用极限与配合是机械设计与制造中的一项重要工作，对提高产品的性能、质量以及降低成本都有重要影响。选择极限与配合，既要掌握有关极限与配合的国家标准，又要对产品的技术要求、工作条件以及生产制造条件进行全面分析，还要通过生产实践和科学实验不断积累经验，才能逐步提高合理选择极限与配合的能力。极限与配合的选用主要包括配合制、公差等级和配合种类的选择。

极限与配合国家标准的应用，就是如何根据使用要求正确、合理地选择符合标准规定的孔、轴公差带和公差带位置。即在公称尺寸确定之后，合理选择公差等级、配合制和配合种类（基本偏差）。

选择公差与配合的基本原则是经济地满足使用性能要求，并获得最佳技术经济效益。满足使用性能要求是第一位的，这是产品质量的保证。在满足产品使用性能要求的基础上，充分考虑生产、使用和维护的经济性。

2.6.1　基准制的选择

选择基准制时，应从零件的结构、工艺性和经济性等方面进行综合分析，从而合理地确定基准制。

1. 一般情况下优先选用基孔制

设计时，为了减少定值刀具、量具的规格和种类，便于生产，提高经济性，应优先选用基孔制。

2. 选用基轴制的情况

（1）机械制造中，采用具有一定公差等级的冷拉圆钢，其外径不用切削加工即能满足使用要求时，应选择基轴制。这在技术上、经济上都是合理的。

（2）由于结构上的特点，宜采用基轴制。如图 2-28(a)所示为发动机的活塞销轴与连杆铜套孔和活塞孔之间的配合，根据工作要求，活塞销轴与活塞孔应为过渡配合，而活塞

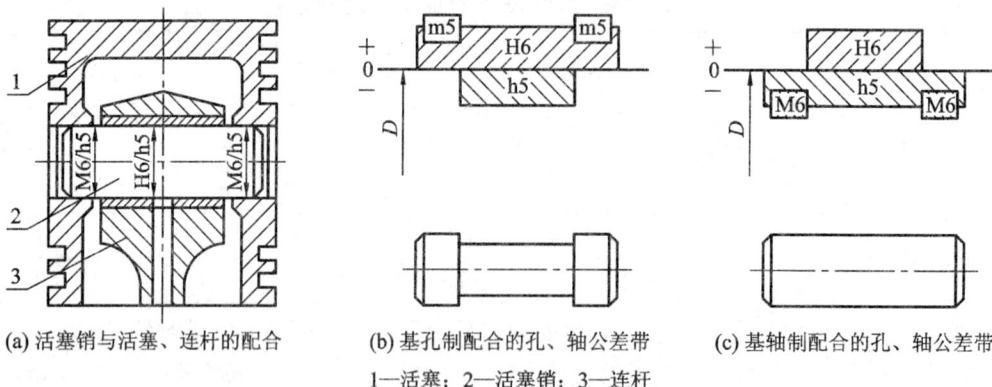

(a) 活塞销与活塞、连杆的配合　　　(b) 基孔制配合的孔、轴公差带　　　(c) 基轴制配合的孔、轴公差带
1—活塞；2—活塞销；3—连杆

图 2-28　活塞销与活塞、连杆的配合及孔、轴公差带

销与连杆之间由于有相对运动应为间隙配合。若采用基孔制配合，如图 2 - 28(b)所示，销轴将做成阶梯状，这样既不便于加工，又不利于装配。若采用基轴制配合，如图 2 - 28(c)所示，销轴做成光轴，则既方便加工，又利于装配。

3. 与标准件配合时，应以标准件为基准件来确定基准制

与标准件或标准部件配合的孔或轴，必须以标准件为基准件来选择配合制。例如，与滚动轴承内圈配合的轴应选用基孔制，而与滚动轴承外圈外径相配合的外壳孔应选用基轴制。

4. 特殊需要时可采用非基孔、基轴制配合

非基孔、基轴制配合是指由不包含基本偏差 H、h 的任一孔、轴公差带组成的配合。如图 2 - 29 所示为轴承座孔同时与滚动轴承和端盖的配合，滚动轴承是标准件，它与轴承座孔的配合应为基轴制过渡配合，选轴承座孔公差带为 φ52J7，而轴承座孔与端盖的配合应为较低精度的间隙配合，轴承座孔公差带已定为 J7，现在只能对端盖选定一个位于 J7 下方的公差带，以形成所要求的间隙配合。考虑到端盖的性能要求和加工的经济性，采用 f9 的公差带，最后确定端盖与轴承座孔之间的配合为 φ52J7/f9。

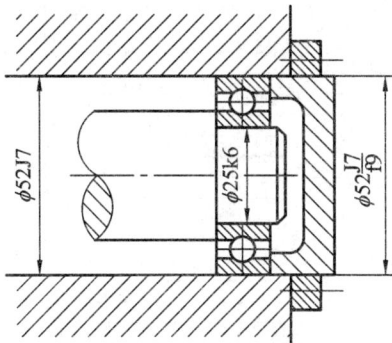

图 2 - 29　非基孔、基轴制选择示例

2.6.2　公差等级的选择

公差等级选择的原则，在满足使用要求的前提下应尽量将公差等级选低，以取得较好的经济效益。但准确地选定公差等级却是十分困难的。公差等级过低，将不能满足使用性能和保证产品质量；公差等级过高，生产成本将成倍增加，显然不符合经济性要求。因此，应综合考虑各方面的因素，才能正确合理地确定公差等级。

由于精度设计尚处于以经验设计为主的阶段，故一般公差等级的选择主要采用类比法。对于某些特别重要的配合，可用计算法进行精确设计，以确定孔、轴的公差等级。

考虑孔、轴工艺等价性，即孔、轴加工难易程度相同。公称尺寸≤500 mm，T_h≤IT8 时，孔 T_h 比轴 T_s 低一级，当 T_h≥IT8 时，孔 T_h 与轴 T_s 取同级。

考虑相关件和相配件的精度。如齿轮孔与轴的配合，其公差等级取决于齿轮的精度等级；滚动轴承与轴和外壳孔的公差等级取决于轴承的精度等级。

考虑加工件的经济性。对于一些精度要求不高的配合，孔、轴的公差等级可以相差 2~3 级，如图 2 - 29 中轴承端盖和轴承座孔的配合 φ52J7/f9，它们的公差等级相差为 2 级。

具体的公差等级的选择，可参考国家标准推荐的公差等级的应用范围，见表 2 - 14；可参考各种加工方法所能达到的合理加工精度，见表 2-15。

表 2-14　各公差等级应用范围

公差等级	应　用　范　围
IT01～IT1	高精度量块和其他精密尺寸标准块的公差
IT2～IT5	用于特别精密零件的配合
IT5～IT12	用于配合尺寸公差。IT5 的轴和 IT6 的孔用于高精度和重要的配合处
IT6	用于要求精密配合的情况
IT7～IT8	用于一般精度要求的配合
IT9～IT10	用于一般要求的配合或精度要求较高的键宽与键槽宽的配合
IT11～IT12	用于不重要的配合
IT12～IT18	用于未注尺寸公差的尺寸精度

表 2-15　各种加工方法的加工精度等级

加工方法	公差等级（IT）																			
	01	0	1	2	3	4	5	6	7	8	9	10	11	12	13	14	15	16	17	18
研磨	■	■	■	■	■	■	■													
珩磨						■	■	■												
圆磨							■	■	■	■										
平磨							■	■	■	■										
金刚石车							■	■	■											
金刚石镗							■	■	■											
拉削							■	■	■	■										
铰孔								■	■	■	■	■								
车									■	■	■	■	■							
镗									■	■	■	■	■							
铣										■	■	■	■							
刨、插												■	■							
钻												■	■	■						
液压、挤压										■	■	■	■							
冲压												■	■	■	■	■				
压铸													■	■	■	■				
粉末冶金成形								■	■	■										
粉末冶金烧结									■	■	■									
砂型铸造																	■	■		
锻造																■	■	■		

2.6.3　配合的选用

配合的选择主要是根据使用要求确定配合种类和配合代号。

1. 配合类别的选择

配合类别的选择主要是根据使用要求选择间隙配合、过盈配合和过渡配合三种配合类型之一。当相配合的孔、轴间有相对运动时,选择间隙配合;当相配合的孔、轴间无相对运动时,不经常拆卸,而需要传递一定的扭矩,选择过盈配合;当相配合的孔、轴间无相对运动,而需要经常拆卸时,选择过渡配合。

2. 配合代号的选择

配合代号的选择是指在确定了基准制和标准公差等级后,确定与基准件配合的轴或孔的基本偏差代号。

(1) 配合种类选择的基本方法。

配合种类的选择通常有三种,分别是计算法、试验法和类比法。

计算法是根据一定的理论和公式,经过计算得出所需的间隙或过盈,计算结果也是一个近似值,实际中还需要经过试验来确定;试验法是对产品性能影响很大的一些配合,常用试验法来确定最佳的间隙或过盈,这种方法要进行大量试验,成本比较高;类比法是参照类似的经过生产实践验证的机械,分析零件的工作条件及使用要求,以它们为样本来选择配合种类,类比法是机械设计中最常用的方法。使用类比法设计时,各种基本偏差的选择可参考表 2 - 16 来选择。

表 2 - 16　各种基本偏差的特性及应用

配合	基本偏差	特性及应用
间隙配合	A(B)b(B)	可得到特大的间隙,应用很少。主要用于工作温度高、热变形大的零件之间的配合
	c(C)	可得到很大的间隙,一般用于缓慢、松弛的动配合。用于工作条件差(如农用机械受力易变形,或方便装配而需有较大的间隙时。推荐使用配合 H11/c11。其较高等级的配合 H8/c7 适用较高温度的动配合,比如内燃机排气阀和导管的配合
	d(D)	对应于 IT7~IT11,用于较松的转动配合,比如密封盖、滑轮、空转带轮与轴的配合,也用大直径的滑动轴承配合
	e(E)	对应于 IT7~IT9,用于要求有明显的间隙,易于转动的轴承配合,比如大跨距轴承和多支点轴承等处的配合。e轴适用于高等级的、大的、高速、重载支承,比如内燃机主要轴承、大型电动机、涡轮发动机、凸轮轴承等的配合为 H8/e7
	f(F)	对应于 IT6~IT8 的普通转动配合,广泛用于温度影响小,普通润滑和润滑脂润滑的支承,例如小电动机、主轴箱、泵等的转轴和滑动轴承的配合
	g(G)	多与 IT5~IT7 对应,形成很小间隙的配合轻载装置的转动配合,其他场合不推荐使用转动配合,也用于插销的定位配合,例如,滑阀、连杆销精密连杆轴承等
	h(H)	对应于 IT4~IT7,作为普通定位配合,多用于没有相对运动的零件。在温度、变形影响小的场合也用

续表

配合	基本偏差	特性及应用
过渡配合	js(JS)	对应于 IT4～IT7,用于平均间隙小的过渡配合和略有过盈的定位配合,比如联轴节、齿圈和轮毂的配合。用木槌装配
	k(K)	对应于 IT4～IT7,用于平均间隙接近零的配合和稍有过盈的定位配合。用木槌装配
	m(M)	对应于 IT4～IT7,用于平均间隙较小的配合和精密定位配合。用木槌装配
	n(N)	对应于 IT4～IT7,用于平均过盈较大和紧密组件的配合,一般得不到间隙。用木槌和压力机装配
过盈配合	p(P)	用于小的过盈配合,p 与 H6 和 H7 形成过盈配合,与 H8 形成过渡配合,对非铁零件为较轻的压入配合。当要求容易拆卸,对于钢、铸铁或铜、钢组件装配时标准压入装配
	r(R)	对钢铁类零件是中等打入配合,对于非钢铁类零件是轻打入配合,可以较方便地进行拆卸。与 H8 配合时,直径大于 100 mm 为过盈配合,小于 100 mm,为过渡配合
	s(S)	用于钢和铁制零件的永久性和半永久性装配,能产生相当大的结合力。当用轻合金等弹性材料时,配合性质相当于钢铁类零件的 p 轴。为保护配合表面,需用热胀冷缩法进行装配
	t(T)	用于过盈量较大的配合,对钢铁类零件适合作永久性结合,不需要键可传递力矩。用热胀冷缩法装配
	u(U)	过盈量很大,需验算在最大过盈量时工件是否损坏。用热胀冷缩法装配
	v(V)、x(X)、y(Y)、z(Z)	一般不推荐使用

(2) 标准规定的公差带的优先、常用和一般的配合。

在选用配合时应尽量选择国家标准中规定的公差带和配合。在实际设计中,应该首先采用优先配合(优先配合的选用说明见表 2-17),当优先配合不能满足要求时,再从常用配合中选择,常用配合不能满足要求时,再选择一般的配合。在特殊情况下,可根据国家标准的规定,用标准公差系列和基本偏差系列组成配合,以满足特殊的要求。

表 2-17   优先配和的选用

优先配合		说　明
基孔制	基轴制	
$\dfrac{H11}{c11}$	$\dfrac{C11}{h11}$	间隙很大,常用于很松转速低的动配合,也用于装配方便的松配合
$\dfrac{H9}{d9}$	$\dfrac{D9}{h9}$	用于间隙很大的自由转动配合,也用于非主要精度要求时,或是温度变化大,转速高和轴颈压力很大的时候

续表

优先配合		说　　明
基孔制	基轴制	
$\dfrac{H8}{f7}$	$\dfrac{F8}{h7}$	用于间隙不大的转动配合,也用于中等转速与中等轴颈压力的精确传动和较容易的中等定位配合
$\dfrac{H7}{g6}$	$\dfrac{G7}{h6}$	用于小间隙的滑动配合,也用于不能转动,但可自由移动和能滑动并能精密定位配合
$\dfrac{H7}{h6}$	$\dfrac{H7}{h6}$	用于在工作时没有相对运动,但装拆很方便的间隙定位配合
$\dfrac{H8}{h7}$	$\dfrac{H8}{h7}$	
$\dfrac{H9}{h9}$	$\dfrac{H9}{h9}$	
$\dfrac{H11}{h11}$	$\dfrac{H11}{h11}$	
$\dfrac{H7}{k6}$	$\dfrac{K7}{h6}$	用于精密定位的过渡配合
$\dfrac{H7}{u6}$	$\dfrac{U7}{h6}$	有较大过盈的更精密定位的过盈配合
$\dfrac{H7}{n6}$	$\dfrac{N7}{h6}$	用于定位精度很重要的小过盈配合,并且能以最好的定位精度达到部件的刚性和对中性要求
$\dfrac{H7}{p6}$	$\dfrac{P7}{h6}$	用于普通钢件压入配合和薄壁件的冷缩配合
$\dfrac{H7}{s6}$	$\dfrac{S7}{h6}$	用于可承受高压入力零件的压入配合和不适宜承受大压入力的冷缩配合

例 2－9　某配合的公称尺寸为 $\phi40$ mm,要求间隙在 $0.022 \sim 0.066$ mm 之间,试确定孔和轴的公差等级和配合种类。

解:(1) 选择基准制。

因为无特殊要求,所以优先选用基孔制配合,$EI = 0$。

(2) 由公式(2－14)、(2－17)得:$T_f = T_h + T_s = |X_{max} - X_{min}|$。

根据使用要求,$T_f' = |0.066 - 0.022|$ mm $= 0.044$ mm $= 44$ μm。

所选孔、轴公差之和 $T_h + T_s$ 应等于或小于并最接近于 T_f'。

查表 2－4 得:孔、轴公差等级介于 IT6 和 IT7 之间,因为 IT6 和 IT7 属于高的公差等级,所以一般取孔比轴低一级,故选孔公差等级 IT7,$T_h = 25$ μm;轴公差等级 IT6,$T_s = 16$ μm,则配合公差 $T_f = T_h + T_s = 25$ μm $+ 16$ μm $= 41$ μm,小于并最接近于 T_f',满足使用要求。

(3) 确定孔、轴公差带代号。

因为是基孔制配合,孔公差等级 IT7,所以孔公差带为 $\phi40\text{H}7(^{+0.025}_{0})$。

又因为是间隙配合,$X_{min}=\text{EI}-\text{es}=0-\text{es}=-\text{es}$,由已知条件 $X'_{min}=+22\ \mu\text{m}$ 得:$\text{es}\geqslant-22$,$-\text{es}\geqslant+22\ \mu\text{m}$,则 $\text{es}\leqslant-22\ \mu\text{m}$。

查表 2-7 得:轴的基本偏差 f,其 $\text{es}=-25\ \mu\text{m}$,$\text{ei}=\text{es}-Ts=(-25-16)\ \mu\text{m}=-41\ \mu\text{m}$,所以轴的公差带为 $\phi40\text{f}6(^{-0.025}_{-0.041})$。

(4) 验证设计结果。

以上所选孔、轴配合为 $\phi40\text{H}7/\text{f}6$。

最大间隙 $=(+25-(-41))\mu\text{m}=+66\ \mu\text{m}=+0.066\ \text{mm}$

最小间隙 $=(0-(-25))\mu\text{m}=+25\ \mu\text{m}=+0.025\ \text{mm}$

故间隙在 $0.022\sim0.066\ \text{mm}$ 之间,设计结果满足使用要求。

由以上分析可知,所选配合 $\phi40\text{H}7/\text{f}6$ 是适宜的。公差带图如图 2-30 所示。

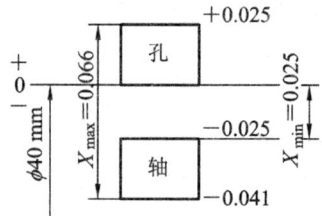

图 2-30 公差带图

2.7 尺 寸 的 检 测

2.7.1 概述

"公差与配合"制度的建立,给互换性生产创造了条件。但是,为了使零件符合图样规定的精度要求,除了要保证加工零件所用的设备和工艺装备具有足够的精度和稳定性外,质量检验也是一个十分重要的问题。而质量检验的关键是确定合适的质量验收标准及正确选用测量器具。为此,我国制定了《光滑工件尺寸的检验》(GB/T 3177—2009)国家标准。

加工完的工件其实际尺寸应位于最大和最小极限尺寸之间,包括实际尺寸正好等于最大或最小极限尺寸,都应该认为是合格的。但由于测量误差的存在,实际尺寸并非工件尺寸的真值,特别是实际尺寸在极限尺寸附近时,加上形状误差的影响极易造成错误判断。

把不合格工件判为合格品为"误收";而把合格工件判为废品为"误废"。因此,如果只根据测量结果是否超出图样给定的极限尺寸来判断其合格性,有可能会造成误收或误废。为防止受测量误差的影响而使工件的实际尺寸超出两个极限尺寸范围,必须规定验收极限。GB/T 3177—2009 用于普通计量器具进行光滑工件尺寸检验,适用于车间的计量器具(如游标卡尺、千分尺和比较仪等)。它主要包括两个内容:根据工件的公称尺寸和公差等级确定工件的验收极限;根据工件公差等级选择计量器具。

2.7.2 验收极限

验收极限是检验工件尺寸时判断其合格与否的尺寸界限。标准中规定了两种方式的验收极限。

1. 方式一:内缩的验收极限

如图 2-31 所示。该方式规定验收极限是从工件的最大实体极限(MML)和最小实体极限(LML)分别向工件公差带内移动一个安全裕度 A 来确定。A 值按工件公差(T)的 1/10

确定，见表 2 - 18。

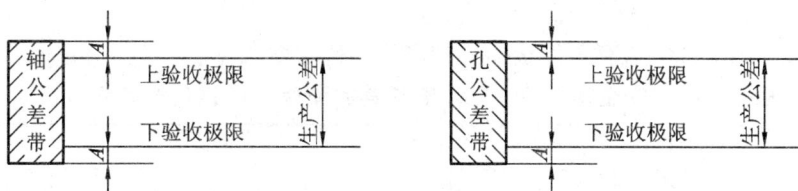

图 2 - 31　验收极限示意图

孔尺寸的验收极限：

$$上验收极限 = 最小实体尺寸 - 安全裕度(A)$$
$$下验收极限 = 最大实体尺寸 + 安全裕度(A)$$

轴尺寸的验收极限：

$$上验收极限 = 最大实体尺寸 - 安全裕度(A)$$
$$下验收极限 = 最小实体尺寸 + 安全裕度(A)$$

按内缩方案验收工件，并合理的选择内缩的安全裕度 A，将会没有或很少有误收，并能将误废量控制在所要求的范围内。

2. 方式二：不内缩的验收极限

验收极限等于规定的最大实体尺寸和最小实体尺寸，即安全裕度 $A=0$。此方案使误收和误废都有可能发生。

《光滑工件尺寸的检验》标准确定的验收原则是：所用验收方法应只接收位于规定的极限尺寸之内的工件，位于规定的极限尺寸之外的工件应拒收。为此需要根据被测工件的精度高低和相应的极限尺寸，确定其安全裕度(A)和验收极限。

3. 验收极限方式的选择

验收极限方式的选择要结合尺寸功能要求及其重要程度、尺寸公差等级、测量不确定度和工艺能力等因素综合考虑。

(1) 对遵循包容要求的尺寸、公差等级高的尺寸，其验收极限按内缩方式确定；

(2) 当工艺能力指数≥1 时，其验收极限可以按不内缩方式确定；但对遵循包容要求的尺寸，其最大实体极限一边的验收极限仍应按内缩方式确定。

工艺能力指数值是工件公差值 T 与加工设备工艺能力 $C\sigma$ 的比值。C 为常数，当工件尺寸遵循正态分布时 $C=\sigma$，σ 为加工设备的标准偏差，其数值等于 $T/6\sigma$。

(3) 对偏态分布的尺寸，其验收极限可以仅对尺寸偏向的一边按内缩方式确定。

(4) 对非配合和一般公差的尺寸，其验收极限按不内缩方式确定。

2.7.3　计量器具的选择

选择时，应使所选用的计量器具的测量不确定度 u_1' 数值等于或小于选定的 u_1 值。即：$u_1' \leqslant u_1$。计量器具的测量不确定度允许值 u_1 按测量不确定度 u_1 与工件公差的比值分档：对 IT6～IT11 的分为 Ⅰ、Ⅱ、Ⅲ 三档，对 IT12～IT18 的分为 Ⅰ、Ⅱ 两档。测量不确定度 u_1 的 Ⅰ、Ⅱ、Ⅲ 三档值，分别为工件公差的 1/10、1/6、1/4。计量器具的测量不确定度允许值 u 约为测量不确定度 u 的 0.9 倍，其三档数值列于表 2 - 18。

　　计量器具的测量不确定度允许值 u_1 的选定，一般情况下，优先选用Ⅰ档，其次用Ⅱ档、Ⅲ档。

　　表2-19～表2-21为有关计量器具的测量不确定度。

表2-18　安全裕度(A)与计量器具的测量不确定度允许值(u_1)　　μm

公差等级		IT6					IT7					IT8					IT9				
公称尺寸/mm		T	A	u_1			T	A	u_1			T	A	u_1			T	A	u_1		
大于	至			Ⅰ	Ⅱ	Ⅲ			Ⅰ	Ⅱ	Ⅲ			Ⅰ	Ⅱ	Ⅲ			Ⅰ	Ⅱ	Ⅲ
—	3	6	0.6	0.54	0.9	1.4	10	1.0	0.9	1.5	2.3	14	1.4	1.3	2.1	3.2	25	2.5	2.3	3.8	5.6
3	6	8	0.8	0.72	1.2	1.8	12	1.2	1.1	1.8	2.7	18	1.8	1.6	2.7	4.1	30	3.0	2.7	4.5	6.8
6	10	9	0.9	0.81	1.4	2.0	15	1.5	1.4	2.3	3.4	22	2.2	2.0	3.3	5.0	36	3.6	3.3	5.4	8.1
10	18	11	1.1	1.0	1.7	2.5	18	1.8	1.7	2.7	4.1	27	2.7	2.4	4.1	6.1	43	4.3	3.9	6.5	9.7
18	30	13	1.3	1.2	2.0	2.9	21	2.1	1.9	3.2	4.7	33	3.3	3.0	5.0	7.4	52	5.2	4.7	7.8	12
30	50	16	1.6	1.4	2.4	3.6	25	2.5	2.3	3.8	5.6	39	3.9	3.5	5.9	8.8	62	6.2	5.6	9.3	14
50	80	19	1.9	1.7	2.9	4.3	30	3.0	2.7	4.5	6.8	46	4.6	4.1	6.9	10	74	7.4	6.7	11	17
80	120	22	2.2	2.0	3.3	5.0	35	3.5	3.2	5.3	7.9	54	5.4	4.9	8.1	12	87	8.7	7.8	13	20
120	180	25	2.5	2.3	3.8	5.6	40	4.0	3.6	6.0	9.0	63	6.3	5.7	9.5	14	100	10	9.0	15	23
180	250	29	2.9	2.6	4.4	6.5	46	4.6	4.1	6.9	10	72	7.2	6.5	11	16	115	12	10	17	26
250	315	32	3.2	2.9	4.8	7.2	52	5.2	4.7	7.8	12	81	8.1	7.3	12	18	130	13	12	19	29
315	400	36	3.6	3.2	5.4	8.1	57	5.7	5.1	8.4	13	89	8.9	8.0	13	20	140	14	13	21	32
400	500	40	4.0	3.6	6.0	9.0	63	6.3	5.7	9.5	14	97	9.7	8.7	15	22	155	16	14	23	35

公差等级		IT10					IT11					IT12				IT13			
公称尺寸/mm		T	A	u_1			T	A	u_1			T	A	u_1		T	A	u_1	
大于	至			Ⅰ	Ⅱ	Ⅲ			Ⅰ	Ⅱ	Ⅲ			Ⅰ	Ⅱ			Ⅰ	Ⅱ
—	3	40	4.0	3.6	6.0	9.0	60	6.0	5.4	9.0	14	100	10	9.0	15	140	14	13	21
3	6	48	4.8	4.3	7.2	11	75	7.5	6.8	11	17	120	12	11	18	180	18	16	27
6	10	58	5.8	5.2	8.7	13	90	9.0	8.1	14	20	150	15	14	23	220	22	20	33
10	18	70	7.0	6.3	11	16	110	11	10	17	25	180	18	16	27	270	27	24	41
18	30	84	8.4	7.6	13	19	130	13	12	20	29	210	21	19	32	330	33	30	50
30	50	100	10	9.0	15	23	160	16	14	24	36	250	25	23	38	390	39	35	59
50	80	120	12	11	18	27	190	19	17	29	43	300	30	27	45	460	46	41	69
80	120	140	14	13	21	32	220	22	20	33	50	350	35	32	53	540	54	49	81
120	180	160	16	15	24	36	250	25	23	38	56	400	40	36	60	630	63	57	95
180	250	185	18	17	28	42	290	29	26	44	65	460	46	41	69	720	72	65	110
250	315	210	21	19	32	47	320	32	29	48	72	520	52	47	78	810	81	73	120
315	400	230	23	21	35	52	360	36	32	54	81	570	57	51	80	890	89	80	130
400	500	250	25	23	38	56	400	40	36	60	90	630	63	57	95	970	97	87	150

表 2-19　千分尺和游标卡尺的测量不确定度　　　　mm

尺寸范围		计量器具类型			
		分度值为 0.01 的外径千分尺	分度值为 0.01 的内径千分尺	分度值为 0.02 的游标卡尺	分度值为 0.05 的游标卡尺
大于	至	测量不确定度			
0	50	0.004			
50	100	0.005	0.008		0.050
100	150	0.006			
150	200	0.007		0.020	
200	250	0.008	0.013		
250	300	0.009			
300	350	0.010			0.100
350	400	0.011	0.020		
400	450	0.012			
450	500	0.013	0.025		
500	600				
600	700		0.030		
700	1000				0.150

注：当采用比较测量时，千分尺的不确定度可小于本表规定的数值，一般可减小 40%。

表 2-20　比较仪的测量不确定度　　　　mm

尺寸范围		所使用的计量器具			
		分度值为 0.0005（相当于放大倍数为 2000）的比较仪	分度值为 0.001（相当于放大倍数为 1000）的比较仪	分度值为 0.002（相当于放大倍数为 400）的比较仪	分度值为 0.005（相当于放大倍数为 250）的比较仪
大于	至	测量不确定度			
—	25	0.0006	0.0010	0.0017	
25	40	0.0007			
40	65	0.0008	0.0011	0.0018	0.0039
65	90				
90	115	0.0009	0.0012	0.0019	
115	165	0.0010	0.0013		
165	215	0.0012	0.0014	0.0020	
215	265	0.0014	0.0016	0.0021	0.0035
265	315	0.0016	0.0017	0.0022	

注：测量时，所使用的标准器由 4 块 1 级（或 4 等两块）组成。

表 2 - 21　指示表的测量不确定度　　　　　　　　　　　　　　mm

尺寸范围		所使用的计量器具			
		分度值为 0.001 mm 的千分表(0 级在全程范围内，1 级在 0.2 mm 内)；分度值为 0.002 mm 的千分尺在 1 转范围内	分度值为0.001 mm，0.002 mm，0.005 mm 的千分表(1 级在全程范围内)；分度值为 0.01 mm 的百分表(0 级在任意 1 mm 内)	分度值为 0.01 mm 的百分表(0 级在全程范围内，1 级在任意 1 mm 内)	分度值为 0.01 mm 的百分表(1 级在全程范围内)
大于	至	测量不确定度			
—	25	0.005	0.010	0.018	0.030
25	40	0.005	0.010	0.018	0.030
40	65	0.005	0.010	0.018	0.030
65	90	0.005	0.010	0.018	0.030
90	115	0.005	0.010	0.018	0.030
115	165	0.006	0.010	0.018	0.030
165	215	0.006	0.010	0.018	0.030
215	265	0.006	0.010	0.018	0.030
265	315	0.006	0.010	0.018	0.030

例 2 - 10　被测工件为 $\phi45$ mm，试确定验收极限并选择合适的测量器具。并分析该轴可否使用分度值为 0.01 mm 的外径千分尺进行比较法测量验收。

解：① 确定验收极限。该轴精度要求为 IT8 级，采用包容要求，故验收极限按内缩方案确定。从表 2 - 19 确定安全裕度 A 和测量器具的不确定度允许值 u_1。

该工件的公差为 0.039 mm，由表 2 - 19 查得 $A = 0.0039$ mm，$u_1 = 0.0035$ mm。其上、下验收极限为

上验收极限 $= d_{max} - A = (45 - 0.025 - 0.0039)\,\text{mm} = 44.9711\ \text{mm}$

下验收极限 $= d_{min} + A = (45 - 0.064 + 0.0039)\,\text{mm} = 44.9399\ \text{mm}$

② 选择测量器具。按工件公称尺寸 45 mm，从表 2 - 20 查得分度值为 0.005 mm 的比较仪不确定度 u_1' 为 0.0030 mm，小于允许值 u_1 为 0.0035 mm，故能满足使用要求。

当现有测量器具的不确定度 u_1' 达不到小于或等于 I 档允许值 u_1 时，可选用表 2 - 19 中的第 II 档 u_1 值，重新选择测量器具，依次类推。第 II 档 u_1 值满足不了要求时，可选用第 III 档 $\mu 1$ 值。

③ 当没有比较仪时，由表 2 - 20 选用分度值为 0.01 mm 的外径千分尺，其不确定度 u_1' 为 0.004 mm，大于允许值 u_1 为 0.0035 mm，显然用分度值为 0.01 mm 的外径千分尺采用绝对测量法，不能满足测量要求。

④ 用分度值为 0.01 mm 的外径千分尺进行比较测量时，使用 45 mm 量块作为标准器(标准器的形状与轴的形状不相同)，千分尺的不确定度可降为原来的 60%，即减小到

0.004×60%＝0.0024 mm，小于允许值 u_1。所以用分度值为 0.01 mm 外径千分尺进行比较测量，可满足测量精度。

结论：该轴既可使用分度值为 0.005 mm 的比较仪进行比较法测量，还可使用分度值为 0.01 mm 的外径千分尺进行比较法测量，此时验收极限不变。

习题与思考题

2-1　公称尺寸、极限尺寸、实际尺寸和作用尺寸有何区别和联系？

2-2　尺寸公差、极限偏差和实际偏差有何区别和联系？

2-3　配合分为几类？各种配合中孔、轴公差带的相对位置分别有什么特点？配合公差与相互配合的孔轴公差之间有什么关系？

2-4　什么叫标准公差？什么叫基本偏差？它们与公差带有何联系？

2-5　什么是标准公差因子？为什么要规定公差因子？

2-6　试分析尺寸分段的必要性和可能性？

2-7　什么是基准制？为什么要规定基准制？

2-8　计算孔的基本偏差为什么有通用规则和特殊规则之分？它们分别是如何规定的？

2-9　什么是线性尺寸的未注公差？它分为几个等级？线性尺寸的未注公差如何表示？

2-10　选择基准制时，为什么优先采用基孔制？在什么情况下采用基轴制？

2-11　公差等级的选用应考虑那些问题？

2-12　间隙配合、过盈配合与过渡配合各适用于什么场合？每类配合在选定松紧程度时应考虑哪些因素？

2-13　配合的选择应考虑哪些问题？

2-14　判断题(对的在括号内填上"√"，错的填上"×")

(1) 过渡配合的孔、轴结合，由于有些可能得到间隙，有些可能得到过盈，因此过渡配合可能是间隙配合，也可能是过盈配合。(　　)

(2) 孔与轴的加工精度越高，其配合精度越高。(　　)

(3) 一般说来，零件的实际尺寸愈接近公称尺寸愈好。(　　)

(4) 某配合的最大间隙等于＋20 μm，配合公差等于 30 μm，那么该配合一定是过渡配合。(　　)

(5) 配合的松紧程度取决于标准公差的大小。(　　)

(6) 公称尺寸是设计给定的尺寸，因此零件的实际尺寸越接近公称尺寸，则其精度越高。(　　)

(7) 公差，可以说是零件尺寸允许的最大偏差。(　　)

(8) 尺寸的基本偏差可正可负，一般都取正值。(　　)

(9) 公差值越小的零件，越难加工。(　　)

(10) 孔的基本偏差通常是正值，轴的基本偏差通常为负值。(　　)

2-15　选择题。

(1) 尺寸 ϕ48F6 中，"F"代表(　　)。

A. 尺寸公差带代号　　　B. 公差等级代号　　　C. 基本偏差代号　　　D. 配合代号

(2) $\phi30js8$ 的尺寸公差带图和尺寸零线的关系是(　　　)。

A. 在零线上方　　　　B. 在零线下方　　　　C. 对称于零线　　　D. 不确定

(3) $\phi65g6$ 和(　　)组成工艺等价的基孔制间隙配合。

A. $\phi65H5$　　　　　B. $\phi65H6$　　　　　C. $\phi65H7$　　　D. $\phi65G7$

(4) 下列配合中最松的配合是(　　　)。

A. H8/g7　　　　　　B. H7/r6　　　　　　C. M8/h7　　　D. R7/h6

(5) $\phi45F8$ 和 $\phi45H8$ 的尺寸公差带图(　　　)。

A. 宽度不一样　　　　　　　　　　　　B. 相对零线的位置不一样

C. 宽度和相对零线的位置都不一样　　　D. 宽度和相对零线的位置都一样

(6) 通常采用(　　)选择配合类别。

A. 计算法　　　　　B. 试验法　　　　　C. 类比法　　　D. 任意方法

(7) 公差带的选用顺序是尽量选择(　　　)代号。

A. 一般　　　　　　B. 常用　　　　　　C. 优先　　　D. 随便

(8) 如图 2-32 所示，尺寸 $\phi28$ 属于(　　　)。

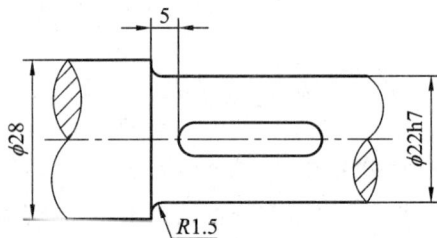

图 2-32　习题 2.15(8)

A. 重要配合尺寸　　　B. 一般配合尺寸　　　C. 一般公差尺寸　　　D. 没有公差要求

2-16　根据下列表格中已知数据，填写表中各空格。

序号	尺寸标准	基本尺寸	极限尺寸		极限偏差		公差
			最大	最小	上偏差	下偏差	
1	孔 $\phi40^{+0.039}_{0}$						
2	轴		$\phi60.041$			+0.011	
3	孔	$\phi15$			+0.017		0.011
4	轴	$\phi90$		$\phi89.978$			0.022

2-17　查表确定下列公差带的极限偏差。

(1) $\phi50d8$　　　(2) $\phi90r8$　　　(3) $\phi40n6$

(4) $\phi40R7$　　　(5) 50D9　　　(6) $\phi30M7$

2-18　某配合的公称尺寸是 $\phi30$ mm，要求装配后的间隙在(+0.018~+0.088)mm 范围内，试按照基孔制配合确定它们的配合代号。

2-19　试计算孔与轴配合中的极限间隙(或极限过盈)，并指明配合性质。

2-20　已知配合 $\phi18M8/h7$ 和 $\phi18H8/js7$ 中孔、轴的公差分别为 IT7＝0.018 mm，IT8＝0.027 mm，$\phi18M8$ 孔的基本偏差为＋0.002，试分别计算这两个配合的极限间隙或极限过盈，并分别绘制出它们的孔、轴公差带示意图。

2-21　用通用测量器具测量 $\phi100H8Ⓔ$ 和 $\phi100f7Ⓔ$，试分别确定孔、轴的验收极限，选择测量器具，画出孔、轴公差带示意图。

第3章　测量技术基础

本章导读

　　了解测量的基本概念及其四要素；

　　了解尺寸传递的概念；

　　学习尺寸传递中的重要介质——量块的基本知识；

　　掌握计量器具的分类及常用的度量指标；

　　掌握测量方法的分类及特点；

　　掌握测量误差的概念。

3.1　概　　述

　　在生产和科学实验中，经常需要对各种量进行测量。所谓测量，就是把被测量与具有计量单位的标准量进行比较，从而确定被测量量值的过程。

　　测量中，假设 L 为被测量值，E 为采用的计量单位，那么，它们的比值为

$$q = \frac{L}{E} \tag{3-1}$$

　　式(3-1)表明，在被测量值一定的情况下，比值的大小完全取决于所采用的计量单位，且成反比关系。同时，计量单位的选择取决于被测量值所要求的精确程度，因此，经比较而确定的被测量值为 $L = qE$。由此可知，任何一个测量过程，必须有被测的对象和所采用的计量单位，还有测量的方法和测量的精确度。因此，测量过程包括测量对象、计量单位、测量方法及测量精确度四个因素。测量方法是指测量时所采用的方法、计量器具和测量条件的综合。测量精确度是指测量结果与标准值的一致程度。测量结果与标准值之间总是存在着差异，因此，任何测量过程不可避免地会出现测量误差。测量误差小，测量精确度就高；相反，测量误差大，测量精确度就低。

　　测量过程可分为等精度测量和不等精度测量。前者是指在所用的测量方法、计量器具、测量条件和测量人员都不变的条件下对某一量进行多次重复测量。如果在多次重复的测量过程中上述条件都不恒定，则称为不等精度测量。用这两种不同测量过程测量同一被测几何量，产生的测量误差和数据处理方法都不同。

3.2　基准与量值传递

　　为了保证工业生产中长度测量的精度，首先要建立国际统一、稳定可靠的长度基准。

长度基准米的定义为平面电磁波在真空中(1/299 792 458)s 时间内所经过的距离。目前，在实际工作中使用线纹尺和量块作为两种长度量值传递实体基准，并用光波波长传递到基准线纹尺和 1 等量块，然后，再由它们逐次传递到工件，以保证量值准确一致(见图 3-1)。

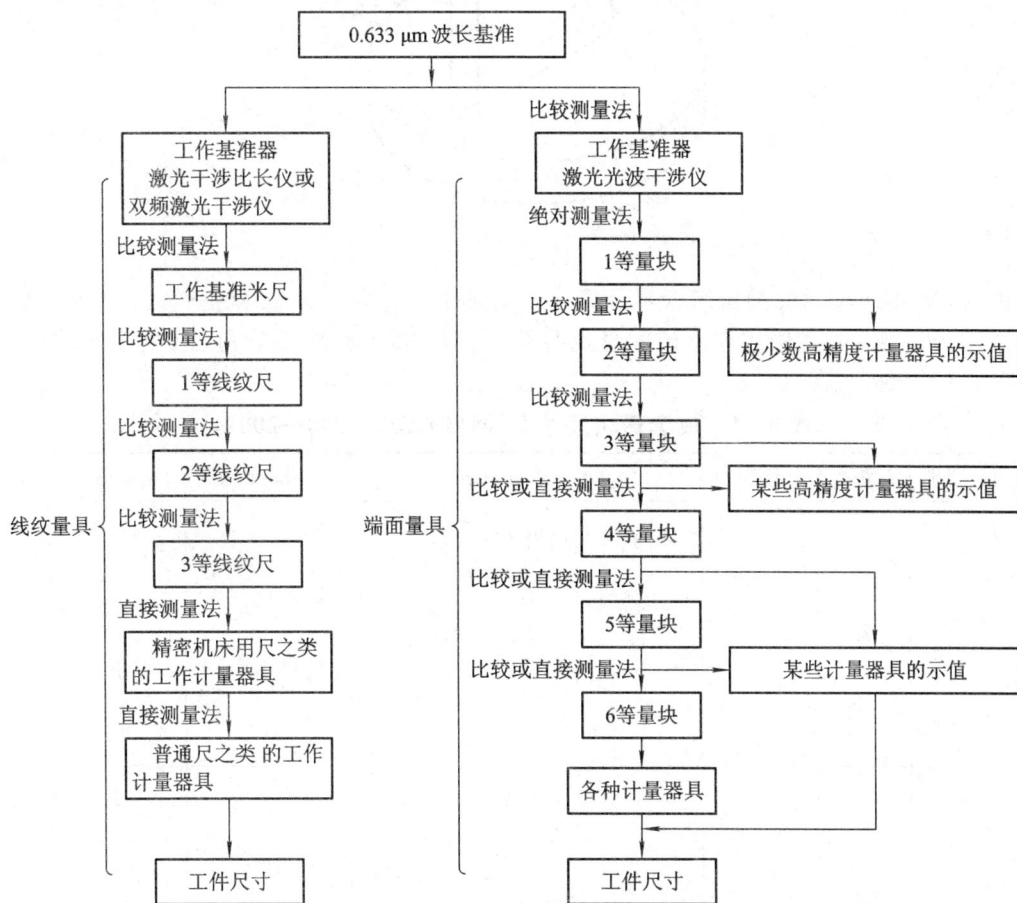

图 3-1　长度基准的量值传递系统

量块是没有刻度的平面平行端面量具，用特殊合金钢制成，其线膨胀系数小，不易变形，且耐磨性好。量块的形状有长方体和圆柱体两种，常用的是长方体(见图 3-2)。量块上有两个平行的测量面和四个非测量面，测量面极为光滑平整。量块长度是指量块测量面上任意一点到与下测量面相研合辅助体(如平晶)表面间的垂直距离，量块的中心长度是指量块测量面上中心点的量块长度，如图 3-2 所示。量块上标出的尺寸为名义上的中心长度，称名义尺寸。按 GB/T 6093—2001 的规定，量块按制造精度分为 6 级，即 00、0、1、2、3 和 K 级，00 级精度最高，3 级精度最低，K 级是校准级。分级的主要依据是量块长度极限偏差、量块长度变动量允许值、测量面的平面度、量块的研合性及测量面的表面粗糙度等指标。量块按检定精度分为五等，即 1 等、2 等、3 等、4 等、5 等，其中，1 等量块精度最高，5 等精度最低。分等的主要依据是量块中心长度测量不确定度和量块长度变动量的允许值。

量块的测量面极为光滑平整，具有可研合的特性。利用这一特性，可以在一定的尺寸

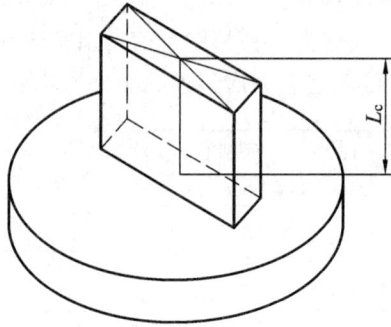

图 3 - 2　量块

范围内，将不同尺寸的量块组合成所需要的各种尺寸。量块是成套生产的，根据 GB/T
6093—2001 规定，我国成套生产的量块共有 17 套。其每套数目分别为 91、83、46、38、
10、8、6、5 等，见表 3 - 1。

表 3 - 1　成套量块尺寸表(摘自 GB/T 6093—2001)

套别	总块数	级别	尺寸系列/mm	间隔/mm	块数
1	91	0，1	0.5	—	1
			1	—	1
			1.001，1.002，…，1.009	0.001	9
			1.01，1.02，…，1.49	0.01	49
			1.5，1.6，…，1.9	0.1	5
			2.0，2.5，…，9.5	0.5	16
			10，20，…，100	10	10
2	83	0，1，2	0.5	—	1
			1	—	1
			1.005	—	1
			1.01，1.02，…，1.49	0.01	49
			1.5，1.6，…，1.9	0.1	5
			2.0，2.5，…，9.5	0.5	16
			10，20，…，100	10	10
3	46	0，1，2	1	—	1
			1.001，1.002，…，1.009	0.001	9
			1.01，1.02，…，1.09	0.01	9
			1.1，1.2，…，1.9	0.1	9
			2，3，…，9	1	8
			10，20，…，100	10	10
4	38	0，1，2	1	—	1
			1.005	—	1
			1.01，1.02，…，1.09	0.01	9
			1.1，1.2，…，1.9	0.1	9
			2，3，…，9	1	8
			10，20，…，100	10	10

组合量块时，为减少量块的组合误差，应尽力减少量块的数目，一般不超过四块。选用量块时，应从消去所需尺寸最小尾数开始，逐一选取。例如，从 83 块一套的量块中选取 36.375 mm 的量块组的过程如下：

$$
\begin{array}{rl}
36.375 & \text{所需尺寸} \\
- \quad 1.005 & \cdots\cdots\cdots \text{第一块量块的尺寸} \\
\hline
35.37 & \\
- \quad 1.37 & \cdots\cdots\cdots \text{第二块量块的尺寸} \\
\hline
34 & \\
- \quad 4 & \cdots\cdots\cdots \text{第三块量块的尺寸} \\
\hline
30 & \\
- \quad 30 & \cdots\cdots\cdots \text{第四块量块的尺寸} \\
\hline
0 &
\end{array}
$$

即：$36.375 = 1.005 + 1.37 + 4 + 30$。

3.3　计量器具和测量方法

3.3.1　计量器具和测量方法的分类

1. 计量器具分类

计量器具可以按计量学的观点进行分类，也可以按器具本身的结构、用途和特点进行分类。按用途、特点，可分为标准量具、极限量规、检验夹具以及计量仪器等四类：

（1）标准量具。标准量具只有某一个固定尺寸，通常是用来校对和调整其他计量器具或作为标准用来与被测工件进行比较，如量块、直角尺、各种曲线样板及标准量规等。

（2）极限量规。极限量规是一种没有刻度的专用检验工具，用这种工具不能得出被检验工件的具体尺寸，但能确定被检验工件是否合格。

（3）检验夹具。检验夹具也是一种专用的检验工具，当配合各种比较仪时，能用来检查更多和更复杂的参数。

（4）计量仪器。计量仪器能将被测的量值转换成可直接观察的指示值或等效信息的计量器具。

此处主要介绍计量仪器。根据构造上的特点，计量仪器可分为以下几种：游标类量具（游标卡尺、游标高度尺及游标量角器等），如图 3-3 所示；螺旋测微量具（外径千分尺、内径千分尺等）；机械类量具（百分表、千分表、杠杆比较仪、扭簧比较仪等）；光学机械类量具（光学计、测分仪、投影仪、干涉仪等）；气动类量具（压力式、流量计式等）；电动类量具（电接触式、电感式、电容式等）。

1）游标类量具

（1）游标类量具的读数原理。

游标读数（或称为游标细分）是利用主尺刻线间距与游标刻线间距之差实现的。在图 3-4(a)中，主尺刻度间隔 $a=1$，游标刻度间隔 $b=0.9$，则主尺刻度间隔与游标刻度间隔

图 3-3　游标类量具

之差为游标读数值 $i=a-b=0.1$。读数时，首先根据游标零线所处位置读出主尺刻度的整数部分；其次判断游标的第几条刻线与主尺刻线对准，此游标刻线的序号乘上游标读数值，则可得到小数部分的读数，将整数部分和小数部分相加，即为测量结果。在图 3-4(b)中，游标零线处在主尺 11 与 12 之间，而游标的第 3 条刻线与主尺刻线对准，所以游标卡尺的读数值为 11.3。

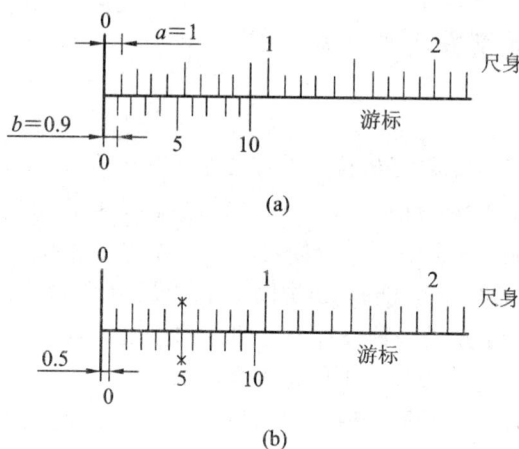

(a)

(b)

图 3-4 游标的读数原理

（2）游标类量具的正确使用。

游标类量具虽然具有结构简单、使用方便等特点，但读数机构不能对毫米刻线进行放大，读数精度不高，因此，只适用于生产现场中，对一些中、低等精度的长度尺寸进行测量。游标卡尺适用于测量各种精度较低的尺寸；深度游标卡尺适用于测量槽和盲孔深度及台阶高度；高度游标卡尺除可测量零件高度外，还可用于零件的精密划线。

使用游标类量具时应注意以下几点：

① 使用前应将测量面擦拭干净，两测量爪间不能存在显著的间隙，并校对零位。

② 移动游框时，力量要适度，测量力不易过大。

③ 注意防止温度对测量精度的影响，特别要防止测量器具与零件不等温产生的测量误差。

④ 读数前一定将锁紧机构锁紧。

⑤ 读数时，其视线要与标尺刻线方向一致，以免造成视差。

游标卡尺的示值误差随游标读数值和测量范围而变。例如，游标读数值为 0.02、测量范围为 0～300 的游标卡尺，其示值误差不大于±0.02。

2）螺旋测微类量具

应用螺旋微动原理制成的量具叫螺旋测微类量具。常用的螺旋测微类量具有外径千分尺、内径千分尺、深度千分尺等，如图 3-5 所示。外径千分尺主要用于测量中等精度的圆柱、长度尺寸，内径千分尺主要用于测量中等精度的孔、槽尺寸，深度千分尺则适于测量盲孔深度、台阶高度等。

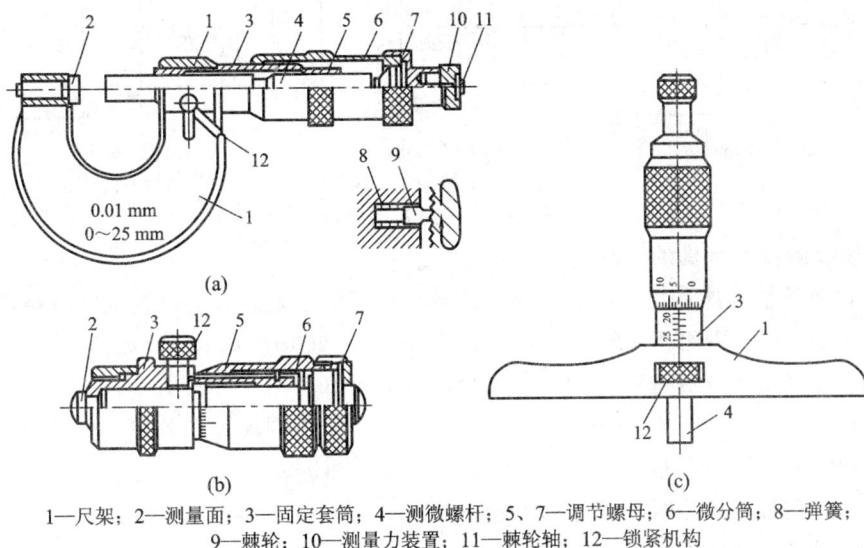

1—尺架；2—测量面；3—固定套筒；4—测微螺杆；5、7—调节螺母；6—微分筒；8—弹簧；
9—棘轮；10—测量力装置；11—棘轮轴；12—锁紧机构

图 3-5 螺旋测微类量具

螺旋测微类量具的结构如图 3-5 所示。螺旋测微类量具的结构主要有以下特点：

① 结构设计合理。

② 以精度很高的测微螺杆的螺距作为测量的标准量，测微螺杆和调节螺母配合精密且间隙可调。

③ 固定套筒和微分筒作为示数装置，用刻度线进行读数。

④ 有保证测力恒定的棘轮棘爪机构。

外径千分尺的示值范围和测量范围见表 3-2。

表 3-2　外径千分尺的示值范围和测量范围　　　　　　　　　mm

类　别	外径千分尺
分度值	0.01
示值范围	25
测量范围	0～25，25～50，…，275～300（按 25 分段） 300～400，400～500，…，900～1000（按 100 分段） 1000～1200，1200～1400，…，1800～2000（按 200 分段）

（1）螺旋测微类量具的读数原理。

螺旋测微类量具主要应用螺旋副传动，将微分筒的转动变为测微螺杆的移动。一般测微螺杆的螺距为 0.5，微分筒与测微螺杆连成一体，上刻有 50 条等分刻线。当微分筒旋转一圈时，测微螺杆轴向移动 0.5；而当微分筒转过一格时，测微螺杆轴向移动 $0.5/50 = 0.01$。千分尺的读数方法首先应从固定套筒上读数（固定套筒上刻线的刻度间隔为 0.5），读出 0.5 的整数倍，然后在微分筒上读出其余小数。如图 3-6 所示，最后一位数字是估读得出的。

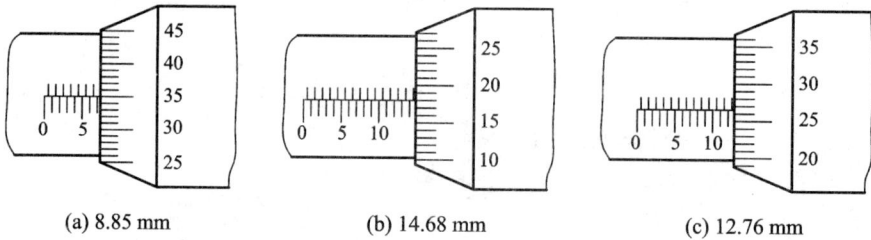

(a) 8.85 mm　　　　　　　　(b) 14.68 mm　　　　　　　　(c) 12.76 mm

图 3-6　千分尺的度数

（2）螺旋测微类量具的正确使用。

螺旋测微类量具具有较高放大倍数的读数机构，具有测力恒定装置且制造精度较高等优点，所以测量精度要比相应的游标类量具高，在生产现场应用非常广泛。

外径千分尺由于受测微螺杆加工长度的限制，示值范围一般只有 25 mm，因此，其测量范围分为 0～25、25～50、50～75、75～100 等，用于不同尺寸的测量。内径千分尺因需把其放入被测孔内进行测量，故一般只用于大孔径的测量。

螺旋测微类量具使用时要注意以下几点：

① 使用前必须校对零位。

② 手应握在隔热垫处，测量器具与被测件必须等温，以减少温度对测量精度的影响。

③ 当测量面与被测表面将要接触时，必须使用测力装置。

④ 读数前一定要将锁紧机构锁紧。

⑤ 测量读数时要特别注意固定套筒上的 0.5 刻度。

3）机械类量具

（1）百分表和千分表。

百分表和千分表用于测量各种零件的线值尺寸、几何形状及位置误差，也可用于找正工件位置，还可与其他仪器配套使用。

常用百分表的传动系统是由齿轮、齿条等组成的，如图 3-7 所示。测量时，带有齿条的测量杆上升会带动小齿轮 Z_1 转动，与 Z_1 同轴的大齿轮 Z_2 也跟着转动，而 Z_2 要带动小齿轮 Z_3 及其轴上的大指针偏转。游丝的作用是迫使所有齿轮作单向啮合，以消除由于齿侧间隙而引起的测量误差。弹簧是用来控制测量力的。

杠杆百分表的结构及工作原理如图 3-8 所示。测头的左右移动引起测杆 1 和与之相连的扇形齿轮 2 绕支点 o 摆动，从而带动齿轮 3 和与之相连的端面齿轮 5 的转动，使与其啮合的小齿轮 4 和指针 7 一起转动，从而读出表盘 6 上的示值数，8 为复位弹簧。

百分表的表盘上刻有 100 等分，分度值为 0.01。当测量杆移动 1 时，大指针转动一圈，

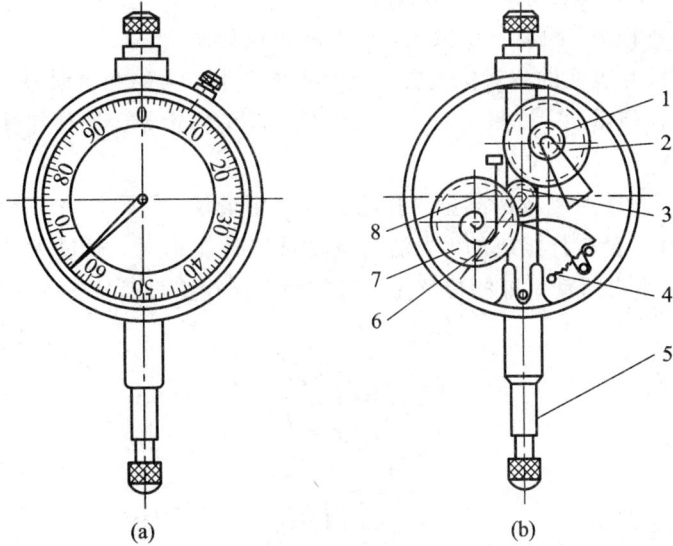

图 3-7　百分表的结构及工作原理

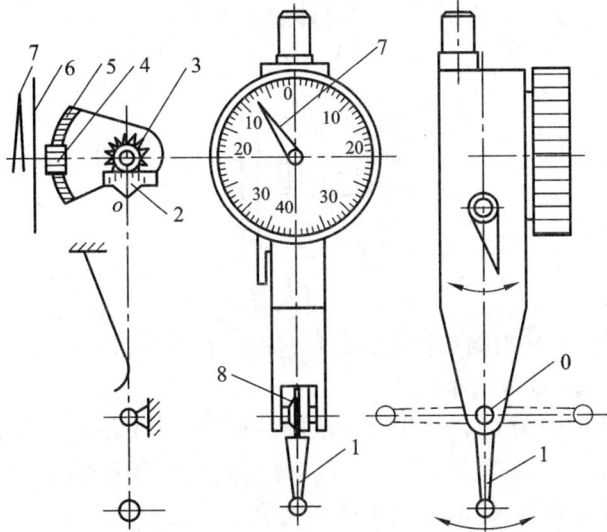

图 3-8　杠杆百分表的结构及工作原理

小指针转过一格。百分表的测量范围一般为 0～3、0～5 及 0～10，大行程百分表的行程可达 50。精度等级分为 0、1、2 级。0～2 级的百分表在整个测量范围的示值误差为 0.01～0.03，任意 1 mm 内的示值误差为 0.006～0.018。

常用千分表的分度值为 0.001，测量范围为 0～1。千分表在整个测量范围内的示值误差小于等于 0.005，它适用于高精度测量。

由于机械类量具具有体积小、重量轻、结构简单、造价低廉等特点，且又无须附加电源、光源、气源等，还可连续不断地感应尺寸的变化，也比较坚固耐用，因此应用十分广泛。除可单独使用外，还能安装在其他仪器或检测装置中作测微表头使用。因其示值范围较小，故常用于相对测量以及某些尺寸变化较小的场合。

使用机械类量具时应注意以下几点：

① 测头移动要轻缓，距离不要太大，更不能超量程使用。

② 测量杆与被测表面的相对位置要正确，防止产生较大的测量误差。

③ 表体不得猛烈震动，被测表面不能太粗糙，以免齿轮等运动部件受损。

（2）内径百分表。

内径百分表是用相对测量法测量内孔的一种常用量仪。如图3-9所示，杠杆式内径百分表是由百分表和一套杠杆组成的。当活动量杆被工件压缩时，通过等臂杠杆、推杆使百分表指针偏转，指示出活动量杆的位移量。定位护桥起找正直径位置的作用。

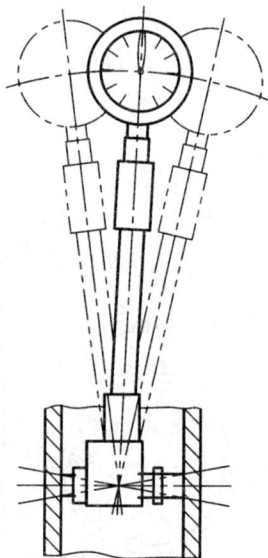

图3-9　内径百分表

测量前，内径百分表应根据被测孔的公称尺寸，在千分尺或标准环规上调好零位。测量时，必须将量具摆动，读取最小值。

内径百分表的分度值为0.01，其测量范围一般为6～10、10～18、18～35、35～50、50～100、100～160、160～250、250～450等。涨簧式内径百分表测量的最小孔径可达到3左右。活动量杆的移动量很小，它的测量范围是靠更换固定量杆来扩大的。当内径百分表的测量范围为18～35时，其示值误差不大于0.015。

2. 测量方法

测量方法的分类测量方法可以按各种不同的形式进行分类。如直接测量与间接测量，综合测量与单项测量，接触测量与非接触测量，被动测量与主动测量，静态测量与动态测量等。

（1）直接测量。无需对被测量与其他实测量进行一定函数关系的辅助计算而直接得到被测量值的测量。

（2）间接测量。通过直接测量与被测参数有已知关系的其他量而得到该被测参数量值的测量。例如，在测量大的圆柱形零件的直径 D 时，可以先量出其圆周长 L，然后通过 $D=L/\Pi$ 公式计算零件的直径 D。间接测量的精确度取决于有关参数的测量精确度，并与所依据的计算公式有关。

（3）绝对测量。由仪器刻度尺上读出被测参数的整个量值的测量方法称为绝对测量，例如用游标标尺、千分尺测量零件的直径。

（4）相对测量。由仪器刻度尺指示的值只是被测量参数对标准参数的偏差的测量方法。由于标准值是已知的。因此，被测参数的整个量值等于仪器所指偏差与标准量的代数和。例如用量块调整标准比较仪测量直径。

（5）综合测量。同时测量工件上的几个有关参数，从而综合地判断工件是否合格。其目的在于限制被测工件在规定的极限轮廓内，以保证互换性的要求。例如，用极限量规检验工件、花键塞规检验花键孔等。

（6）单项测量。单个地彼此没有联系地测量工件的单项参数。例如，测量圆柱体零件某一剖面的直径，或分别测量螺纹的螺距或半角等。分析加工过程中造成次品的原因时，多采用单项测量。

（7）接触测量。仪器的测量头与工件的被测表面直接接触，并有机械作用的测力存在。接触测量对零件表面油污、切削液、灰尘等不敏感，但由于有测力存在，会引起零件表面、测量头以及计量仪器传动系统的弹性变形。

（8）不接触测量。仪器的测量头与工件的被测表面之间没有机械的测力存在（例如，光学投影测量，气动测量）。

（9）被动测量。零件加工进行的测量。此时，测量结果仅限于发现并剔出废品。

（10）主动测量。零件在加工过程中进行的测量。此时，测量结果直接用来控制零件的加工过程，决定是否继续加工或需调整机床或采取其他措施。因此，它能及时防止与消灭废品。由于主动测量具有一系列优点，因此，是技术测量的主要发展方向。主动测量的推广应用将使技术测量和加工工艺最紧密地结合起来，从根本上改变技术测量的被动局面。

（11）静态测量。测量时，被测表面与测量头是相对静止的。例如，用千分尺测量零件直径。

（12）动态测量。测量时，被测表面与测量头之间有相对运动，它能反映被测参数的变化过程。例如，用激光比长仪测量精密线纹尺、用激光丝杆动态检查仪测量丝杆等。动态测量也是技术测量的发展方向之一，它能较大地提高测量效率和保证测量精度。

3.3.2　计量器具与测量方法的常用术语

（1）标尺间距：指沿着标尺长度的线段测量得出的任何两个相邻标尺标记之间的距离。标尺间距以长度单位表示，它与被测量的单位或标在标尺上的单位无关。

（2）标尺分度值：指两个相邻标尺标记所对应的标尺值之差。标尺分度值又称为标尺间隔，一般可简称分度值，它以标在标尺上的单位表示，与被测量的单位无关。国内有的把分度值称为格值。

（3）标尺范围：指在给定的标尺上，两端标尺标记之间标尺值的范围。标在标尺上的单位表示，它与被测量的单位无关。

（4）量程：指标尺范围上限值与下限值之差。

（5）测量范围：指在允许误差限内计量器具所能测出的被测量值的范围。测量范围的最高、最低值称为测量范围的"上限值"、"下限值"。

（6）灵敏度：指计量仪器的响应变化除以相应的激励变化。当激励和响应为同一类量的情况下，灵敏度也可称为"放大比"或"放大倍数"。

（7）稳定度：指在规定工作条件下，计量仪器保持其计量特性恒定不变的程度。

（8）鉴别力阈：指使计量仪器的响应产生一个可觉察变化的最小激励变化值。鉴别力阈也可称为灵敏阈或灵敏限。鉴别力阈可能与噪声、摩擦、阻尼、惯性、量子化有关。

（9）分辨力：指计量器具指示装置可以有效辨别所指示的紧密相邻量值的能力的定量表示。一般认为模拟式指示装置其分辨力为标尺间隔的一半，数字式指示装置其分辨力为最后一位数的一个字。

（10）可靠性：指计量器具在规定条件下和规定时间内完成规定功能的能力。

（11）测量力：指在接触测量过程中，测头与被测物体表面之间接触的压力。

（12）量具的标称值：指在量具上标注的量值。

（13）计量器具的示值：指由计量器具所指示的量值。

（14）量值的示值误差：指量具的标称值和真值（或约定值）之间的差值。

（15）计量仪器的示值误差：指计量仪器的示值与被测量的真值（或约定真值）之间的差值。

（16）仪器不确定度：指在规定条件下，由于测量误差的存在，被测量值不能肯定的程度。一般用误差限来表征被测量所处的量值范围。仪器不确定度亦是仪器的重要精度指标。仪器的示值误差与仪器不确定度都是表征在规定条件下测量结果不能肯定的程度。

（17）允许误差：技术规范、规程等对给定计量器具所允许的误差极限值。

3.4   测量误差和数据处理

3.4.1   测量误差的基本概念

由于计量器具与测量条件的限制或其他因素的影响，任何测量过程总是不可避免地存在测量误差，因此，每一个测得值，往往只是在一定程度上近似于真值，这种近似程度在数值上则表现为测量误差。测量误差是指测量结果和被测量的真值之差，即

$$\delta = l - L \tag{3-2}$$

式中：δ 为测量误差；L 为被测量的真值；l 为测量结果。

式(3-2)表达的测量误差也称为绝对误差，可用来评定大小相同的被测几何量的测量精确度。

由于 l 可大于或小于 L，因此，δ 可能是正值，也可能是负值。这说明，测量误差绝对值的大小决定了测量的精确度。误差的绝对值越大，精确度越低，反之则越高。因此，要提高测量的精确度，只有从各个方面寻找有效措施来减少测量误差。

若对大小不同的同类量进行比较，要比较其精确度的高低，就要采用测量相对误差，即

$$f = \frac{\delta}{L} \approx \frac{\delta}{l} \tag{3-3}$$

由上式可以看出，相对误差 f 是一个没有单位的数值，一般用百分数（%）来表示。

例如：有两个被测量的实际测得值 $x_1 = 100$，$x_2 = 10$，$\delta_1 = \delta_2 = 0.01$，则两次测量的相对误差为

$$f_1 = \frac{\delta_1}{x_1} = \frac{0.01}{100} = 0.01\%$$

$$f_2 = \frac{\delta_2}{x_2} = \frac{0.01}{10} = 0.1\%$$

由此可知，两个大小不同的被测量，虽然绝对误差相同，但其相对误差是不同的，由于 $f_1 < f_2$，因此前者的测量精度高于后者。

3.4.2　测量误差的来源

产生测量误差的原因很多，主要有以下几种：

1. 计量器具误差

计量器具误差是指与计量器具本身的设计、制造和使用过程有关的各项误差。这些误差的总和表现在计量器具的示值误差和重复精度上。

设计计量器具时，因结构不符合理论要求会产生误差。例如，用均匀刻度的刻度尺近似地代替理论上要求非均匀刻度的刻度尺所产生的误差。

制造和装配计量器具时也会产生误差。例如，刻度尺的刻线不准确、分度盘安装偏心、计量器具调整不善所产生的误差。

使用计量器具的过程中也会产生误差。例如，计量器具中零件的变形、滑动表面的磨损、接触测量的机械测量力所产生的误差。

2. 标准器误差

标准器误差是指作为标准量的标准器本身存在的误差。例如，量块的制造误差、线纹尺的刻线误差等。标准器误差直接影响测得值。为了保证测量精确度，标准器应具有足够高的精度。

3. 方法误差

方法误差是指测量方法不完善（包括计算公式不精确、测量方法不当、工件安装不合理）所产生的误差。例如，对同一个被测几何量分别用直接测量法和间接测量法测量会产生不同的方法误差。再如，先测出圆的直径 d，然后按 $s = \pi d$ 计算圆周长 s，由于 π 取近似值，所以，计算结果中会带有方法误差。

4. 环境误差

环境误差是指测量时的环境条件不符合标准条件所引起的误差。例如，温度、湿度、气压、照明等不符合标准以及计量器具上有灰尘、振动等引起的误差。因此，高精度测量应在恒温、恒湿、无尘的条件下进行。

5. 人为误差

人为误差是指测量人员的主观因素（如技术熟练程度、分辨能力、思想情绪等）引起的误差，例如，计量器具调整不正确、量值估读错误等引起的误差。

总之，产生测量误差的因素很多，测量时应找出这些因素，并采取相应的措施，才能保证测量的精度。

3.4.3　测量误差的分类和特性

根据误差出现的规律，可以将误差分成系统误差、随机误差和粗大误差三种基本类型。

1. 系统误差

系统误差是指在同一条件下多次测量同一几何量时，误差的大小和符号均不变，或按一定规律变化的测量误差。前者称为定值系统误差，例如，量块检定后的实际偏差。后者称为变值系统误差，例如，分度盘偏心所引起的按正弦规律周期变化的测量误差。

从理论上讲：系统误差具有规律性，较容易发现和消除。但实际上，有些系统误差变化规律很复杂，因而不易发现和消除。

1）系统误差的种类和特性

（1）定值系统误差：误差的绝对值和符号均保持不变。如比较仪中的量块，若按标称尺寸使用其包含的制造误差就会复映在每次测得值中，对各次测得值影响相同；再如千分尺的零位不正确引起的测量误差。

（2）变值系统误差：误差的绝对值和符号按一定规律变化，如图 3-10 所示。如百分表的刻度盘与指针回转轴偏心所引起按正弦规律作周期变化的示值误差。变值系统误差又分线性变化和周期变化系统误差。

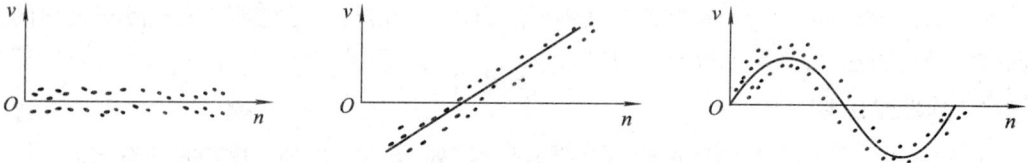

图 3-10　残余误差的变化规律

2）系统误差的处理

系统误差可用计算或实验对比的方法确定，用修正值从结果中予以消除。

3）系统误差的确定

（1）实验对比法：通过改变测量条件来发现误差，用来发现定值系统误差。如在千分尺比较仪上对一被测量使用量块（按"级"）进行多次测量后，可使用级别更高的量块再次测量，通过对比判断是否存在定值系统误差。

（2）残差观察法：根据测量值的残余误差，列表或作图进行观察，用来发现变值系统误差。

若残差大体正负相同，又没有显著变化，则不存在变值系统误差；若各残差有规律地递增或递减，则存在线性变化系统误差。若残差有规律地逐渐由负变正或由正变负，则存在周期变化系统误差。

4）系统误差的处理

（1）修正法：通过校准确定系统误差，则修正值大小与误差的绝对值相等，符号相反。将修正值加上测量值，得到不含系统误差的测得值。如游标卡尺经校准发现其误差为 +0.02 mm，则其测得值应为测量值减修正值。

（2）抵偿法：通过取两次测量的平均值，以抵消因安装不正确所引起的系统误差。如测量零件上螺纹的螺距时，可采取分别测量左、右牙面螺距，再取其算术平均值。

（3）分离法：常用在形状误差测量中。如用圆柱角尺检验直角尺的垂直度误差时，为消除圆柱角尺本身的垂直度误差的影响，用圆柱角尺直径上的两侧素线为基准，对直角尺进行检验，并取两次读数的平均值作为测量结果。

2. 随机误差

指在相同条件下，多次测量同一量值时绝对值和符号以不可预定的方式变化的误差。所谓随机，是指它在单次测量中，误差出现是无规律可循的。但若进行多次重复测量时，误差服从统计规律，因此，常用概率论和统计原理对它进行处理。随机误差主要是由诸如环境变化、仪器中油膜的变化以及对线、读数不一致等随机因素引起的误差。

1）随机误差的分布及其特性

进行以下实验：对一个工件的某一部位用同一方法进行 150 次重复测量，测得 150 个不同的读数（这一系列的测得值，常称为测量列），然后，将测得的尺寸进行分组，从 7.131～7.141 mm，每隔 0.001 mm 为一组，共分 11 组，其每组的尺寸范围如表 3-3 中第 1 列所示。每组出现的次数 n_i 列于该表第 3 列。若零件总的测量次数用 N 表示，则可算出各组的相对出现次数 n_i/N，列于该表第 4 列。将这些数据画成图表，横坐标表示测得值 x_i，纵坐标表示相对出现的次数 n_i/N，则得频率直方图见图 3-11(a)。连接每个小方图的上部中点，得一折线，称实际分布曲线。由作图步骤可知，从图形的高矮将受分组间隔 Δx 的影响。

表 3-3　重复测量实验统计表

测量值范围	测量中值	出现次数 n_i	相对出现次数 n_i/N
7.1305～7.1315	$x_1 = 7.131$	$n_1 = 1$	0.007
7.1315～7.1325	$x_2 = 7.132$	$n_2 = 3$	0.020
7.1325～7.1335	$x_3 = 7.133$	$n_3 = 8$	0.054
7.1335～7.1345	$x_4 = 7.134$	$n_4 = 18$	0.120
7.1345～7.1355	$x_5 = 7.135$	$n_5 = 28$	0.187
7.1355～7.1365	$x_6 = 7.136$	$n_6 = 34$	0.227
7.1365～7.1375	$x_7 = 7.137$	$n_7 = 29$	0.193
7.1375～7.1385	$x_8 = 7.138$	$n_8 = 17$	0.113
7.1385～7.1395	$x_9 = 7.139$	$n_9 = 9$	0.060
7.1395～7.1405	$x_{10} = 7.140$	$n_{10} = 2$	0.013
7.1405～7.1415	$x_{11} = 7.141$	$n_{11} = 1$	0.007

当间隔 Δx 大时，图形变高；而 Δx 小时，图形变矮。为了使图形不受 Δx 的影响，可用纵坐标 $n_i/(N\Delta x)$ 代替纵坐标 n_i/N，此时，图形高矮不再受 Δx 取值的影响，即为概率中所知的概率密度。如果将上述试验的测量次数 N 无限增大，而间隔 Δx 取得很小，且用误差 δ 来代替尺寸 x，则得图 3-11(b)所示的光滑曲线，即随机误差的正态分布曲线。可见，此种随机误差有如下四个特点：

（1）绝对值相等的正误差和负误差出现的次数大致相等，即对称性；

（2）绝对值小的误差比绝对值大的误差的出现次数多，即单峰性；

（3）在一定条件下，误差的绝对值不会超过一定的限度，即有界性；

（4）对同一量在同一条件下重复测量，其随机误差的算术平均值，随测量次数的增加而趋近于零，即抵偿性。

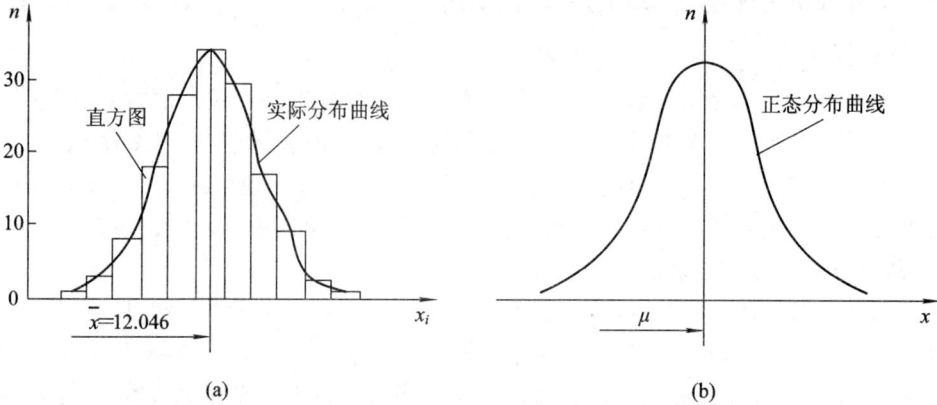

图 3-11　频率直方图和正态分布曲线

2）随机误差的评定

根据概率论的原理，正态分布曲线可用其分布密度进行描述，即

$$y = \frac{1}{\sigma \sqrt{2\pi}} e^{\frac{(x-x_0)^2}{2\sigma^2}} = \frac{1}{\sigma \sqrt{2\pi}} e^{\frac{\delta^2}{2\sigma^2}} \qquad (3-4)$$

式中：y——随机误差的概率分布密度；

x——随机变量；

x_0——数学期望（作为真值）；

δ——随机误差；

σ——标准偏差；

e——自然对数的底（e＝2.718 28）。

在同一条件下，对同一个量进行多次（n）重复测量，由于测量误差的影响，将得到一系列不同的测得值，设测量列为 x_1、x_2、$\cdots$、x_n，则算术平均值为

$$x = \frac{x_1 + x_2 + \cdots + x_n}{n} = \frac{\sum\limits_{i=1}^{n} x_i}{n} \qquad (3-5)$$

根据误差理论，正态分布曲线中心位置的平均值 x 代表被测量的真值 x_0。

残余误差指测量列中一个测得值与算术平均值的代数差，即：$\nu_i = x_i - x$。

由于随机误差是未知量，实际测量时常用残余误差代表随机误差。

标准偏差 σ 是各随机误差平方和的算术平均值的平方根，表征随机误差集中与分散的程度。用于单次测量（一组），即

$$\sigma = \sqrt{\frac{\delta_1^2 + \delta_2^2 + \cdots + \delta_n^2}{n}} = \sqrt{\frac{\sum\limits_{i=1}^{n} \delta_i^2}{n}} \qquad (3-6)$$

$$y = \frac{1}{\sigma \sqrt{2\pi}} e^{-\frac{(x-x_0)^2}{2\sigma^2}} = \frac{1}{\sigma \sqrt{2\pi}} e^{-\frac{\delta^2}{2\sigma^2}} \tag{3-7}$$

在 $\delta = 0$ 时，正态分布的概率密度最大。

$$y_{max} = \frac{1}{\sigma \sqrt{2\pi}} \tag{3-8}$$

由上式，σ 愈小，y_{max} 值愈大。三种不同标准偏差的正态分布曲线，即 $\sigma_1 < \sigma_2 < \sigma_3$，如图 3-12 所示。

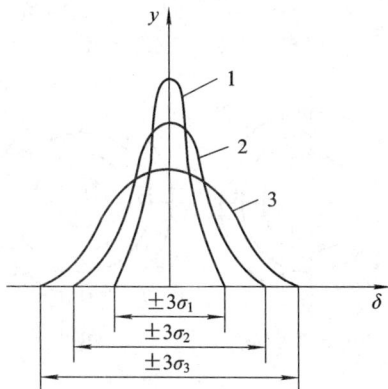

图 3-12　标准偏差对随机误差分布特性的影响

结论：标准偏差 σ 的大小，可说明测量结果的分散性(精密度)。

理论上，随机误差的分布范围应在正、负无穷大之间，但在生产中是不切合实际的，因而实际估算随机误差的分布范围只能是在某一区间内。

极限误差：我国规定将 $\pm 3\sigma$ 作为单次测量的极限值。

若用单次测量任意值表示测量结果，则可写为

$$x_0 = x_i \pm 3\sigma$$

若用多次测量的算术平均值表示测量结果，则可写为

$$x_0 = \pm 3\sigma_x$$

3. 粗大误差

明显超出规定条件下预计的误差为粗大误差。

1) 粗大误差的特性

粗大误差数值比较大，对测量结果产生明显的歪曲，应从测量结果中予以剔除。

引起粗大误差的原因：读数误差、使用有缺陷的计量器具、计量器具使用不正确、环境干扰等。

2) 粗大误差的处理

常用拉依达准则(3σ)来判断，然后剔除粗大误差。

从随机误差的特性中可知，测量误差越大，出现的概率越小，误差的绝对值超过 $\pm 3\sigma$ 的概率仅为 0.27%(约 370 次测量出现一次)，故认为是不可能出现的。

3.4.4　测量精度

测量精度是指几何量的测得值与其真值的接近程度。它与测量误差是相对应的两个概念。测量误差越大，测量精度就越低；反之，测量误差越小，测量精度就越高。为了反映系统误差与随机误差的区别及其对测量结果的影响，以打靶为例进行说明。如图 3-13 所示，圆心表示靶心，黑点表示弹孔。图 3-13(a)表现为弹孔密集但偏离靶心，说明随机误差小而系统误差大；图 3-13(b)表现为弹孔较为分散，但基本围绕靶心分布，说明随机误差大而系统误差小；图 3-13(c)表现为弹孔密集而且围绕靶心分布，说明随机误差和系统误差都很小；图 3-13(d)表现为弹孔既分散又偏离靶心，说明随机误差和系统误差都大。

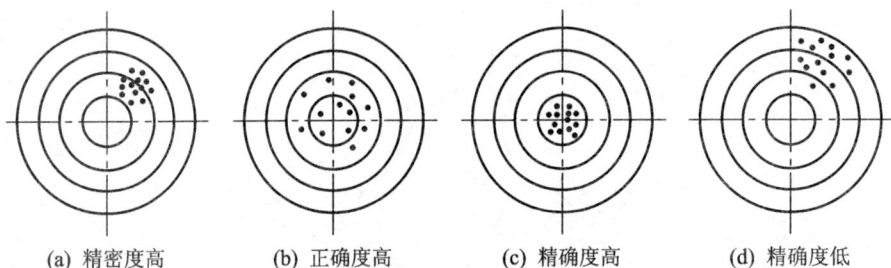

(a) 精密度高　　　(b) 正确度高　　　(c) 精确度高　　　(d) 精确度低

图 3-13　测量精度分布示意图

1. 精密度

精密度是指在同一条件下对同一几何量进行多次测量时，该几何量各次测量结果的一致程度。它表示测量结果受随机误差的影响程度。若随机误差小，则精密度高。

2. 正确度

正确度是指在同一条件下对同一几何量进行多次测量时，该几何量测量结果与其真值的符合程度。它表示测量结果受系统误差的影响程度。若系统误差小，则正确度高。

3. 精确度(或称准确度)

精确度表示对同一几何量进行连续多次测量时，所得到的测得值与其真值的一致程度。它表示测量结果受系统误差和随机误差的综合影响程度。若系统误差和随机误差都小，则精确度高。通常所说的测量精度指精确度。

按照上述分类可知，图 3-13(a)精密度高而正确度低；图 3-13(b)精密度低而正确度高；图 3-13(c)精密度和正确度都高，因而精确度也高；图 3-13(d)精密度和正确度都低，因而精确度也低。

上面主要介绍了几何量测量的定义及其四要素的一般问题，并对几何量以外的三个要素进行了较为详细的讨论，特别是给出了误差分析的一般方法和测量数据处理的一般步骤。

习题与思考题

3-1　测量的实质是什么？一个测量过程包括哪些要素？我国长度测量的基本单位及

其定义是什么?

　3-2　量块的作用是什么? 其在结构上有何特点? 量块的"等"和"级"有何区别? 并说明按"等"和"级"使用时,各自的测量精度如何。

　3-3　以光学比较仪为例说明计量器具有哪些基本计量参数(指标)。

　3-4　从 83 块一套的量块组中选取量块,组成下列尺寸:36.375 mm,48.980 mm,43.625 mm。

　3-5　试说明分度值、分度间距和灵敏度三者有何区别。

　3-6　试举例说明测量范围与示值范围的区别。

　3-7　试说明绝对测量方法与相对测量方法、绝对误差与相对误差的区别。

　3-8　测量误差分哪几类? 产生各类测量误差的主要因素有哪些?

　3-9　试说明系统误差、随机误差和粗大误差的特性和不同点。

　3-10　为什么要用多次重复测量的算术平均值表示测量结果? 这样表示测量结果可减少哪一类测量误差对测量结果的影响?

第4章　几何公差与检测

本章导读

掌握几何公差带的特征(形状、大小、方向和位置)以及几何公差在图样上的标注;

掌握几何误差的确定方法;

掌握几何公差的选用原则;

了解公差原则(独立原则、相关要求)的特点和应用;

了解几何误差的检测原则。

4.1　概　　述

在加工过程中,由于机床、夹具、刀具及工艺操作水平等因素的影响,零件的表面、轴线、中心对称平面等几何要素的实际形状和位置相对于所要求的理想形状和位置,不可避免地会出现误差,即几何误差。

零件的几何误差直接影响产品的功能,不仅会影响机械产品的质量,还会影响零件的互换性。

4.1.1　形状和位置误差

机械零件是通过设计、加工等过程制造出来的。在设计阶段,图样上给出的零件都是没有误差的几何体,构成这些几何体的点、线、面都是具有理想几何特征的,其相互之间的位置关系也都是理想状态的。然而,在机械加工过程中,由于工艺系统本身的制造、调整误差和受力变形、热变形、振动、磨损等因素,使加工后零件的实际几何体和理想几何体之间存在差异,这种差异表现在零件的几何形体和线、面相互位置上,分别称为形状误差和位置误差,简称形位误差。其中形状误差称为宏观几何误差,波度、表面粗糙度称为微观几何误差,本章的形状和位置误差特指宏观几何误差。

4.1.2　对零件使用性能的影响

几何误差对机械产品的工作精度、连接强度、运动平稳性、密封性、耐磨性、配合性质以及可装配性都会产生影响,过大的几何误差会引起噪声,缩短机械产品的使用寿命。一般来说,可归纳为以下三个方面。

1. 影响零件的功能要求

例如机床导轨表面的直线度、平面度不好,将影响机床刀架的运动精度;齿轮箱上各轴承孔的位置误差,将影响齿轮传动的齿面接触精度和齿侧间隙;钻模、冲模、锻模、凸轮等的形状误差,将直接影响零件的加工精度。

2. 影响零件的配合性质

形状误差会影响零件表面间的配合性质,造成间隙或过盈不一致。对于间隙配合,可导致局部磨损加快,降低零件的运动精度,缩短零件的工作寿命;对于过盈配合,则会影响连接强度。

3. 影响零件的自由装配性

位置误差不仅会影响零件表面间的配合性质,还会直接影响零、部件的可装配性。例如,若法兰端面上孔的位置有误差,就会影响零件的自由装配性,电子产品中电路板、芯片的插脚位置误差会影响这些器件在整机上的正确安装。

要制造完全没有几何误差的零件,既不可能也无必要。因此,为了满足零件的使用要求,保证零件的互换性和制造的经济性,设计时不仅要控制尺寸误差和表面粗糙度,还必须合理控制零件的几何误差,即对零件规定几何公差。

为了适应科学技术的高速发展和互换性生产的需要,同时为了适应国际技术交流和经济发展的需要,我国根据 ISO1101:2004,IDT 和 ISO2692:2006,IDT 制定了有关几何公差的最新国家标准,其主要标准如下:

GB/T 1182—2008《产品几何技术规范(GPS)几何公差形状、方向、位置和跳动公差标注》;

GB/T 4249—2009《产品几何技术规范(GPS)公差原则》;

GB/T 16671—2009《产品几何技术规范(GPS)几何公差最大实体要求、最小实体要求和可逆要求》等。

为控制机器零件的几何误差,保证互换性生产,标准规定了形状、方向、位置和跳动公差各项目。其项目的几何特征符号见表 4-1。

表 4-1　几何特征符号(摘自 GB/T 1182—2008)

公差类型	几何特征	符号	有无基准	公差类型	几何特征	符号	有无基准
形状公差	直线度	—	无	位置公差	位置度	⊕	有或无
	平面度	▱	无		同心度 (用于中心点)	◎	有
	圆度	○	无				
	圆柱度	⌀	无		同轴度 (用于轴线)	◎	有
	线轮廓度	⌒	无				
	面轮廓度	⌓	无		对称度	═	有
方向公差	平行度	//	有		线轮廓度	⌒	有
	垂直度	⊥	有		面轮廓度	⌓	有
	倾斜度	∠	有	跳动公差	圆跳动	↗	有
	线轮廓度	⌒	有		全跳动	↗↗	有
	面轮廓度	⌓	有				

4.2　几何公差的基本概念

4.2.1　零件的要素

　　构成机械零件几何形状的点、线、面，统称为零件的几何要素。几何公差的研究对象就是这些几何要素，简称要素，如图 4-1 所示。

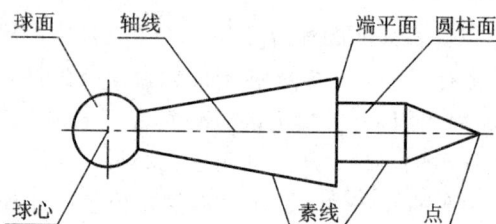

图 4-1　几何要素

要素按使用方法的不同，通常有如下几种分类。

1. 按存在状态分

　　(1) 理想要素：具有几何学意义的要素。设计时在图样上表示的要素均为理想要素，不存在任何误差，如理想的点、线、面。

　　(2) 实际要素：零件在加工后实际存在的要素，如车外圆的外形素线、磨平面的平表面等。它通常由测得要素来代替。由于测量误差的存在，测得要素并非该要素的真实情况。

2. 按几何特征分

　　(1) 轮廓要素：构成零件轮廓的可直接触及的要素，如图 4-1 所示的圆锥顶点、素线、圆柱面、端平面、球面等。

　　(2) 中心要素：零件中不可触及但实际存在的要素，即为从轮廓要素上所获取的中心点、中心线、中心面，如图 4-1 所示的球心、轴线等。

3. 按在几何公差中所处的地位分

　　(1) 被测要素：零件图中给出了形状或(和)位置公差要求，即需要检测的要素，如图 4-2 所示零件的上表面。

　　(2) 基准要素：用以确定被测要素的方向或(和)位置的要素，简称基准，如图 4-2 所示零件的下底面。

4. 按被测要素的功能关系分

　　(1) 单一要素：在图样上仅对其本身给出形状公差要求的要素。此要素与其他要素无功能关系，如图 4-2 所示零件的上表面有平面度要求。

　　(2) 关联要素：对基准要素有功能关系的要素，即给出方向、位置、跳动公差的要素，如图 4-2 所示零件的上表面相对下底面有平行度和位置度的要求。

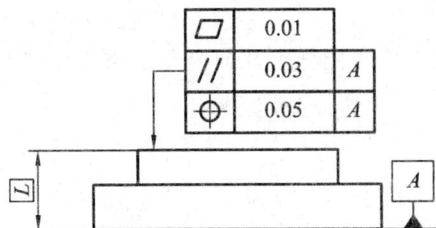

图 4-2 单一要素与关联要素

4.2.2 几何公差带

几何公差带是限制实际被测要素变动的区域。它是一个几何图形，由一个或几个理想的几何线和面所限定，其大小由公差值表示。只要被测实际要素被包含在公差带内，则被测要素合格。几何公差带体现了被测要素的设计及使用要求，也是加工和检验的根据。几何公差带控制点、线、面等区域，因此具有形状、大小、方向、位置四要素。

1. 形状

几何公差带的形状取决于被测要素的形状特征及误差特征，随实际被测要素的结构特征、所处的空间以及要求控制方向的差异而有所不同。几何公差带的形状有 9 种，如图 4-3(a)～(i)所示。

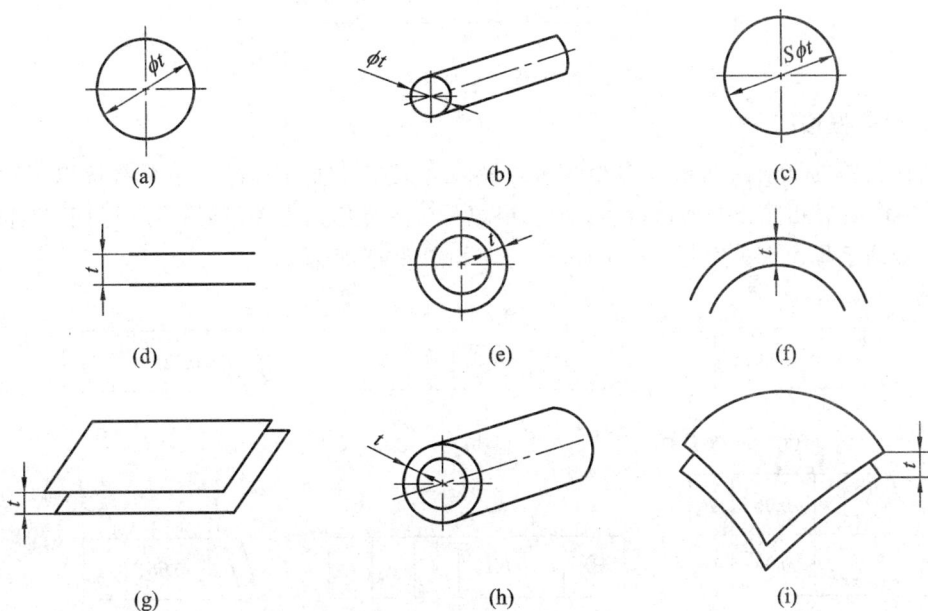

图 4-3 几何公差带的形状

2. 大小

几何公差带的大小由给定的几何公差值确定，以公差带区域的宽度(距离)t 或直径 $\phi t (S\phi t)$ 表示，它反映了几何精度要求的高低。

3. 方向

几何公差带的方向理论上应与图样上几何公差框格指引线箭头所指的方向垂直。它的实际方向由最小条件确定。

4. 位置

几何公差带的位置与公差带相对于基准的定位方式有关。当公差带相对于基准以尺寸公差定位时，公差带的位置随实际被测要素在尺寸公差带内以实际尺寸的变动而浮动，其公差带的位置是浮动的。如果公差带相对于基准以理论正确尺寸（角度）定位，则公差带的位置是固定的。

4.2.3　几何公差的代号

在几何公差国家标准中，规定几何公差标注一般应采用代号标注。无法采用代号标注时，允许在技术要求中用文字加以说明。几何公差的代号由几何公差项目的符号、框格、指引线、公差数值、基准符号以及其他有关符号构成。几何公差代号采用框格表示，并用带箭头的指引线指向被测要素，如图 4-4 所示。

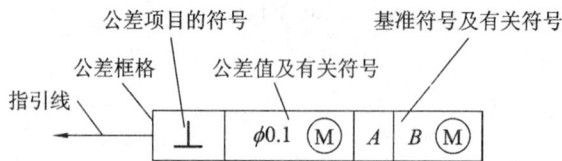

图 4-4　几何公差代号

1. 公差框格

几何公差的框格由两格或多格组成，最多为五格。框格内容从左至右按以下次序填写：第一格填写几何公差项目符号；第二格填写公差数值及有关符号；第三、四、五格填写基准符号的字母及有关符号。示例如图 4-4 和图 4-5 所示。

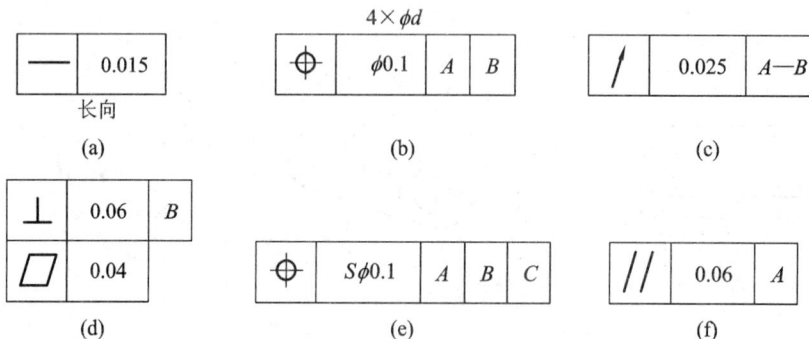

图 4-5　公差框格示例

2. 公差数值

公差框格中填写的公差数值必须以 mm 为单位，当公差带形状为圆、圆柱形时，在公差数值前加注"ϕ"，如是球形则加注"Sϕ"。

3. 框格指引线

标注时指引线可由公差框格的任意一端引出，并与框格端线垂直，终端带一箭头，箭头指向被测要素，箭头的方向是公差带宽度方向或直径方向。

当被测要素为轮廓要素时，指引线的箭头应置于要素轮廓线或其延长线上，并应与尺寸线明显地错开，如图 4-6(a)所示；当被测要素为中心要素时，指引线箭头应与该要素的相应尺寸线对齐，如图 4-6(b)所示。

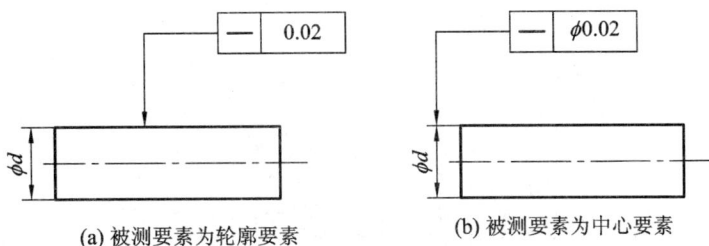

(a) 被测要素为轮廓要素　　　　　　(b) 被测要素为中心要素

图 4-6　指引线箭头指向被测要素位置

4. 基准

基准符号的字母采用大写拉丁字母(为避免混淆，标准规定不采用 E、I、J、M、O、P、L、R、F 等字母)填写在公差框格的第三、四、五格内。

单一基准要素用大写字母填写在公差框格的第三格内，如图 4-7(a)所示；由两个要素组成的公共基准，用横线隔开两个大写字母，并将其填写在第三格内，如图 4-7(b)所示；由两个或三个要素组成的基准体系，表示基准的大写字母应按基准的优先次序填写在公差框格的第三、四、五格内，如图 4-7(c)所示。

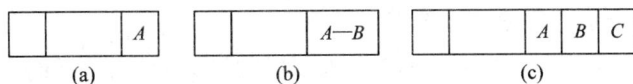

(a)　　　　　　　(b)　　　　　　　(c)

图 4-7　基准框格的标注方法

4.2.4　几何公差的基准符号

对于有方向、位置、跳动公差要求的零件，在图样上必须标明基准。基准用一个大写字母表示，字母标注在基准方格中，与一个涂黑或空白的三角形相连以表示基准(涂黑或空白的基准三角形含义相同)，如图 4-8(a)、(b)所示。无论基准符号在图样上的方向如何，方格内的字母要水平书写。

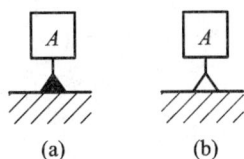

(a)　　　　　(b)

图 4-8　基准符号示例

与框格指引线的位置同理，当基准要素为轮廓要素时，基准三角形应放置在轮廓线或

其延长线上，并应与尺寸线明显错开，如图 4-9(a)所示；当基准要素是由尺寸要素确定的
轴线、中心平面或中心点时，基准三角形应放置在该要素的尺寸线的延长线上，其指引线
应与该要素的相应尺寸线对齐，如图 4-9(b)所示。

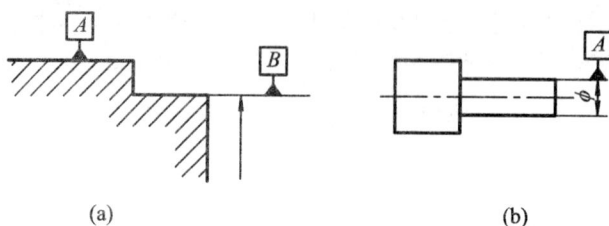

(a)　　　　　　　　　　　　　　　　　(b)

图 4-9　基准的标注方法

4.3　几何公差的标注

国家标准规定，几何公差一般采用几何公差代号标注。几何公差代号标注除前述介绍
的一些基本规定外，本节就标注中的有关规定作进一步详细介绍。

4.3.1　几何公差标注的基本规定

1. 被测要素或基准要素为轮廓要素

当被测要素或基准要素为轮廓要素时，指引线的箭头或基准三角形应置于要素的轮廓
线或其延长线上，并应与尺寸线明显地错开，也可指向或放置在该轮廓面引出线的水平线
上，如图 4-6(a)、图 4-10(a)所示。

2. 被测要素或基准要素为中心要素

当被测要素或基准要素为中心要素时，指引线的箭头或基准三角形应置于该要素的尺
寸线的延长线上，如图 4-6(b)所示。

3. 被测要素或基准要素为局部要素

如仅对要素某一部分给定几何公差值，如图 4-10(a)所示，或仅要求要素某一部分作
为基准，如图 4-10(b)所示，用粗点画线表示其范围，并加注尺寸。

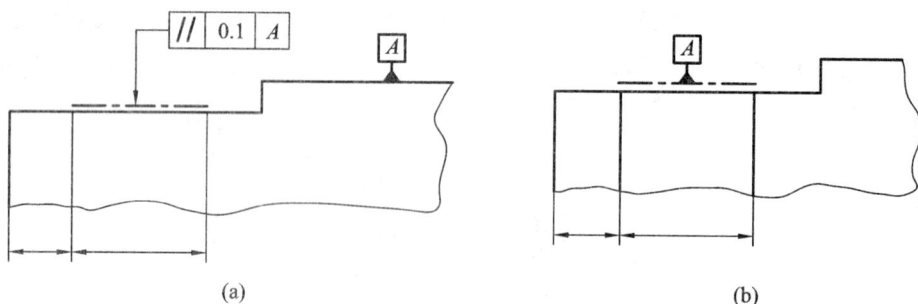

(a)　　　　　　　　　　　　　　　　　(b)

图 4-10　局部要素

4.3.2　几何公差标注的特殊规定

（1）当几何公差项目如轮廓度公差适用于横截面内的整周轮廓或由该轮廓所示的整周表面时，应采用"全周"符号表示，如图 4-11(a)、(b)所示。"全周"符号并不包括整个工件的所有表面，只包括由轮廓和公差标注所表示的各个表面。

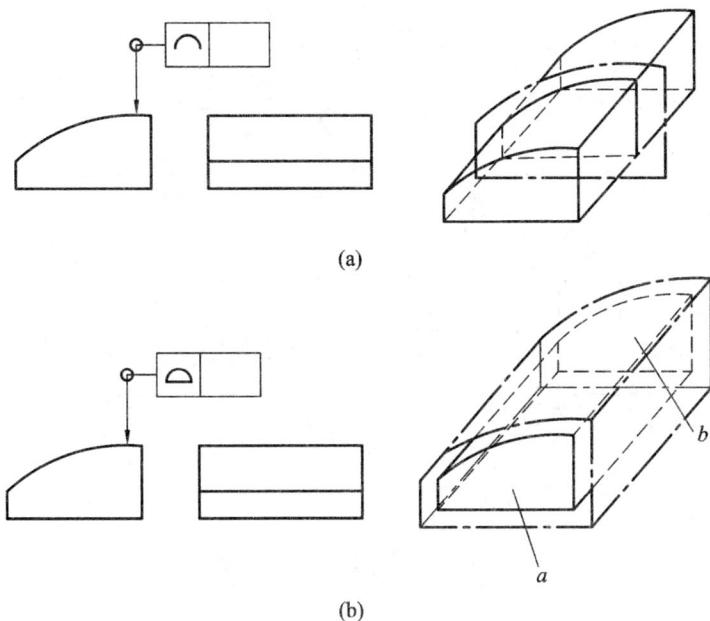

(a)

(b)

图 4-11　全周符号标注

（2）如果需要限制被测要素在公差带内的形状，则应在公差框格下方标注（如 NC 表示在公差带内不凸起），如图 4-12(a)所示。

（3）当某项公差应用于几个相同要素时，应在公差框格上方被测要素尺寸之间注明要素的个数，并在两者之间加注符号"×"，如图 4-12(b)所示。

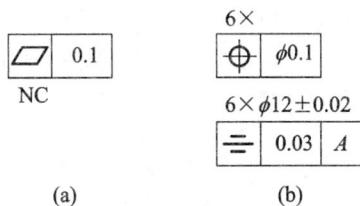

(a)　　　　　(b)

图 4-12　附加标注

4.3.3　几何公差的简化标注

（1）当同一被测要素有多项几何公差要求且标注方法又一致时，可将这些框格绘制在一起，并用一根框格指引线标注，如图 4-13(a)所示。

（2）一个公差框格可以用于具有相同几何特征和公差值的若干分离要素，如图 4-13(b)所示。

（3）若干个分离要素给出单一公差带时，在公差框格内公差值的后面加注公共公差带的符号 CZ，如图 4-13(c)所示。

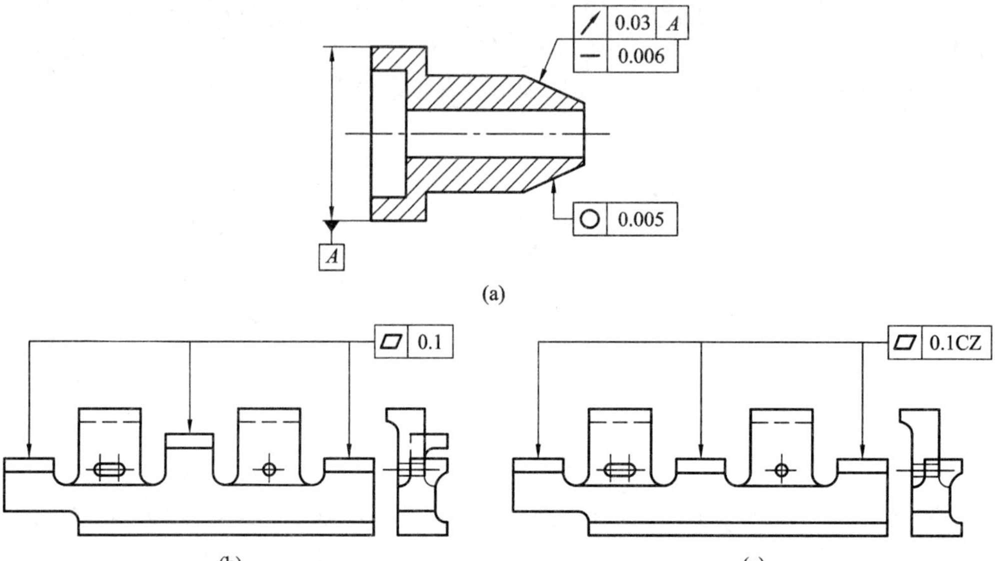

(a)

(b)　　　　　　　　　　　　　　　　　　　(c)

图 4-13　简化标注

4.4　形　状　公　差

4.4.1　直线度

直线度是限制实际直线对理想直线变动量的项目，用来控制平面直线和空间直线的形状误差。直线度公差是被测实际要素对其理想直线的允许变动全量。根据零件的功能要求，直线度分为以下几种情况。

1. 给定平面内的直线度

在给定平面内，间距为公差值 t 的两平行直线所限定的区域。如图 4-14 所示，框格中标注的 0.015 的含义是：上表面的提取线应限定在间距等于 0.015 mm 的两平行直线之间的区域内。

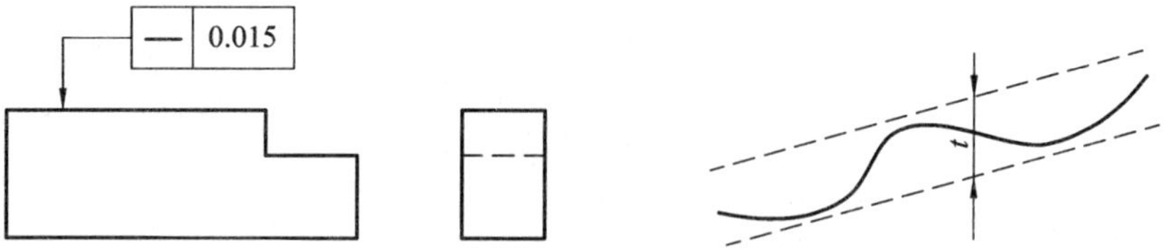

图 4-14　给定平面内的直线度公差带

2. 给定方向上的直线度

公差带是距离为公差值 t 的两平行平面所限定的区域。如图 4-15 所示，框格中标注的 0.02 的含义是：实际的棱边应限定在间距等于 0.02 mm 的两平行平面之内的区域。

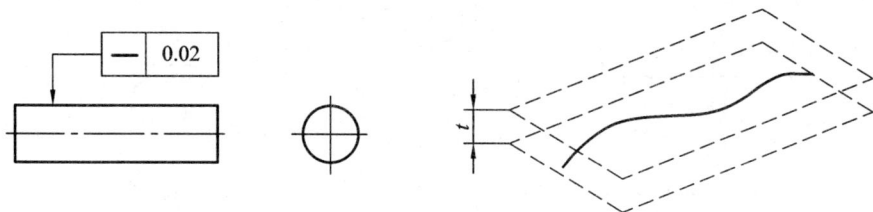

图 4 - 15　给定方向上的直线度公差带

3. 任意方向上的直线度

公差带是直径为 ϕt 的圆柱面所限定的区域。此时公差值前应加注"ϕ"。如图 4 - 16 所示，框格中标注的 $\phi 0.04$ 的含义是：被测圆柱面的中心线应限定在直径等于公差值 $\phi 0.04$ mm 的圆柱面内。

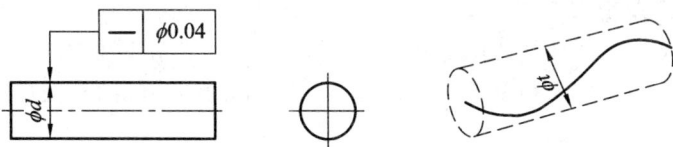

图 4 - 16　任意方向上的直线度公差带

4.4.2　平面度

平面度是限制实际平面对其理想平面变动量的一项指标，用来控制被测实际平面的形状误差。平面度公差是被测实际要素对理想平面的允许变动全量。平面度公差带是距离等于公差值 t 的两平行平面所限定的区域。如图 4 - 17 所示，框格中标注的 0.01 的含义是：实际表面应限定在间距等于公差值 0.01 mm 的两平行平面间的区域内。

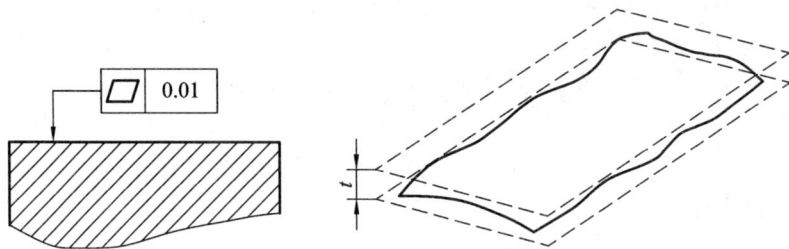

图 4 - 17　平面度公差带

4.4.3　圆度

圆度是限制实际圆对理想圆变动的一项指标，用来控制回转体表面(如圆柱面、圆锥面、球面等)正截面轮廓的形状误差。圆度公差是被测实际要素对理想圆的允许变动全量。圆度公差带是在同一正截面上半径差为公差值 t 的两同心圆所限定的区域。如图 4 - 18 所示，框格中标注的 0.01 的含义是：被测圆锥面任一正截面的轮廓应限定在半径差为公差值 0.01 mm 的两同心圆之间的区域内。

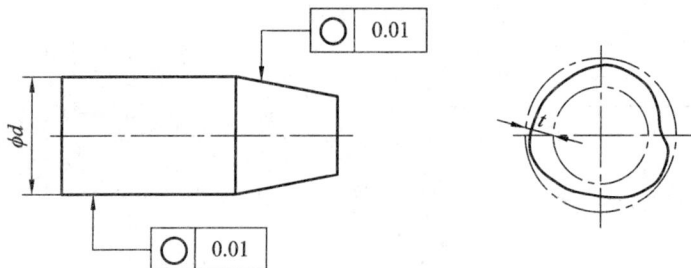

图 4-18   圆度公差带

4.4.4   圆柱度

圆柱度是限制实际圆柱对理想圆柱面变动的一项指标，用来控制被测实际圆柱面的形状误差。圆柱度公差是被测实际要素对理想圆柱所允许的变动全量。圆柱度公差带是半径差为公差值 t 的两同轴圆柱面所限定的区域。如图 4-19 所示，框格中标注的 0.05 的含义是：被测圆柱面应限定在半径差等于公差值 0.05 mm 的两同轴圆柱面之间。

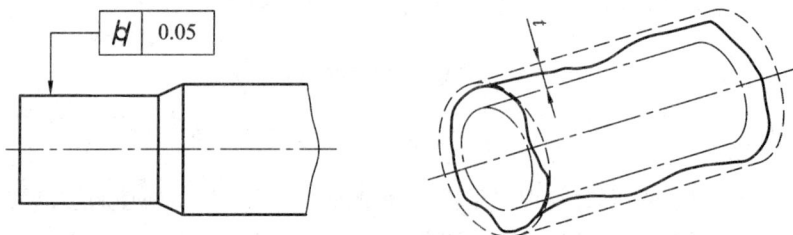

图 4-19   圆柱度公差带

圆柱度公差可以对圆柱表面的纵、横截面的各种形状误差进行综合控制，如正截面的圆度、素线的直线度、过轴线纵向截面上两条素线的平行度误差等。

4.5   轮 廓 度 公 差

4.5.1   线轮廓度公差

线轮廓度是限制实际曲线对理想曲线变动量的一项指标，用来控制平面曲线（或曲面的截面轮廓）的形状或方向误差。线轮廓度公差是被测实际曲线对理想轮廓线所允许的变动全量。线轮廓度公差带是包络一系列直径为公差值 t 的小圆的两包络线之间的区域，诸圆的圆心位于具有理论正确几何形状的线上。

1. 无基准的线轮廓度公差

无基准的线轮廓度公差属于形状公差，如图 4-20 所示，理想轮廓线由理论正确尺寸确定。

理论正确尺寸（角度）是指确定被测要素的理想形状、理想方向或理想位置的尺寸（角度）。该尺寸不带公差，标注在方框中（如图 4-20(a)所示）。框格中标注的 0.04 的含义是：

在任一平行于图示投影面的截面内，实际被测轮廓线应限定在直径等于公差值 0.04 mm、圆心位于被测要素理论正确几何形状上的一系列圆的两等距包络线之间。

无基准的线轮廓度公差带是直径等于公差值 t、圆心位于具有理论正确几何形状上的一系列圆的包络线所限定的区域，如图 4-20(b) 所示。

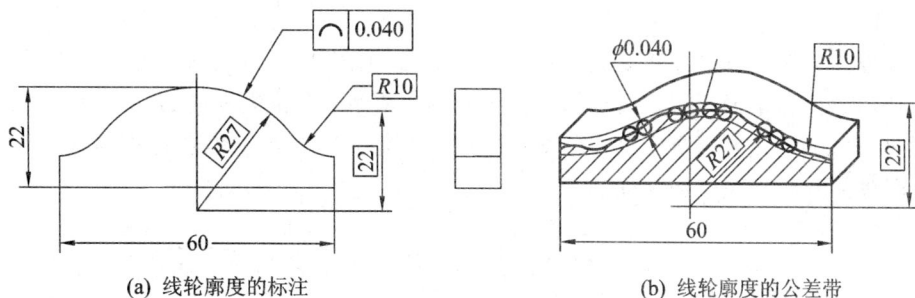

(a) 线轮廓度的标注　　　　　　　　(b) 线轮廓度的公差带

图 4-20　无基准的线轮廓度公差

2. 有基准体系的线轮廓度公差

有基准的线轮廓度公差属于方向、位置公差，如图 4-21 所示，理想轮廓线的位置由理论正确尺寸和基准确定。

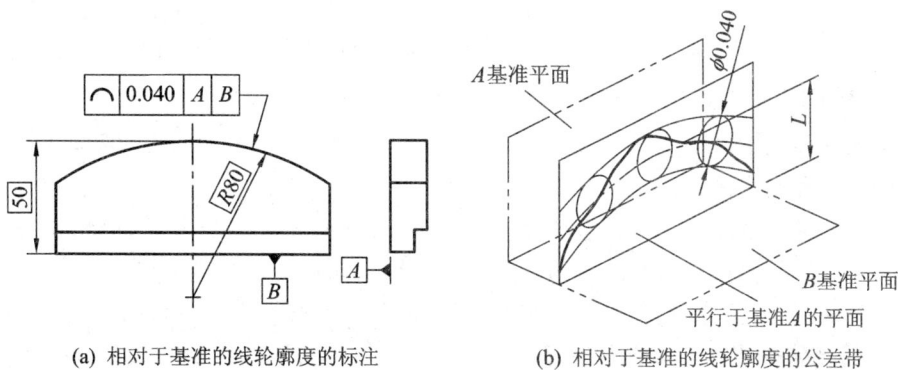

(a) 相对于基准的线轮廓度的标注　　　　(b) 相对于基准的线轮廓度的公差带

图 4-21　相对于基准体系的线轮廓度公差

有基准的线轮廓度公差带是直径等于公差值 t、圆心位于由基准平面 A 和基准平面 B 确定的被测要素理论正确几何形状上的一系列圆的等距包络线所限定的区域，如图 4-21(b) 所示。框格中标注的 0.04 的含义是：在任一平行于图示投影面的截面内，实际被测曲线应限定在直径等于公差值 0.04 mm、圆心位于基准平面 A、B 确定的被测要素理论正确几何形状上的一系列圆的包络线之间。

4.5.2　面轮廓度公差

面轮廓度是限制实际曲面对理想曲面变动量的一项指标，用来控制空间曲面的形状或方向误差。面轮廓度公差是被测实际曲面对理想轮廓面所允许的变动全量。面轮廓度公差带是包络一系列直径为公差值 t 的小球的两包络面之间的区域，诸球的球心位于具有理论正确几何形状的面上。面轮廓度是一项综合公差，它既可控制面轮廓度误差，又可控制曲面上任一截面轮廓的线轮廓度误差。

根据面轮廓度基准要求的不同,面轮廓度分为两种情况。

1. 无基准的面轮廓度公差

无基准的面轮廓度公差属于形状公差,如图4-22所示,理想轮廓面由理论正确尺寸确定。

无基准的面轮廓度公差带是直径等于公差值 t、球心位于具有理论正确几何形状上的一系列圆球的两包络面所限定的区域。如图4-22所示,框格中标注的0.02的含义是:实际被测曲面应限定在直径等于公差值0.02 mm、球心位于被测要素理论正确几何形状上的一系列圆球的两等距包络面之间。

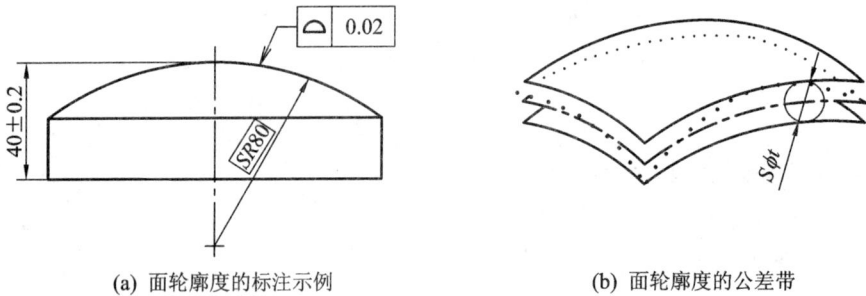

(a) 面轮廓度的标注示例　　　　　　(b) 面轮廓度的公差带

图4-22　无基准的面轮廓度公差

2. 有基准的面轮廓度公差

有基准的面轮廓度公差属于方向、位置公差,如图4-23所示,理想轮廓面的位置由理论正确尺寸和基准确定。

有基准的面轮廓度公差带是直径等于公差值 t、球心位于由基准平面确定的被测要素理论正确几何形状上的一系列圆球的两包络面所限定的区域。如图4-23所示,框格中标注的0.1的含义是:实际被测曲面应限定在直径等于公差值0.1 mm、球心位于由基准平面 A 确定的被测要素理论正确几何形状上的一系列圆球的两等距包络面之间。

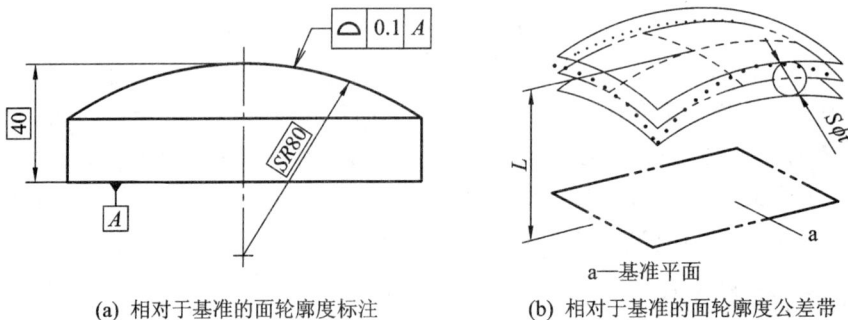

(a) 相对于基准的面轮廓度标注　　　　a—基准平面
　　　　　　　　　　　　　　　　　(b) 相对于基准的面轮廓度公差带

图4-23　相对于基准的面轮廓度公差

4.6　方　向　公　差

4.6.1　方向公差各项目

方向公差有平行度(被测要素与基准要素夹角的理论正确角度为 0°)、垂直度(被测要素与基准要素夹角的理论正确角度为 90°)和倾斜度(被测要素与基准要素夹角的理论正确角度为任意角)。各项指标都有轴线对轴线、轴线对平面、平面对平面、平面对轴线等四种关系,因此公差带的形状也都有三种,即两平行平面、圆柱体和两平行直线。

1. 平行度

平行度公差用来控制线对面、线对线、面对面、面对线的不平行程度,即平行度误差。

(1)线对基准面的平行度公差其公差带是平行于基准面且间距为公差值 t 的两平行平面所限定的区域。如图 4-24 所示,框格中标注的 0.01 的含义是:实际中心线应限定在平行于基准平面 B 且间距为公差值 0.01 mm 的两平行平面间的区域内。

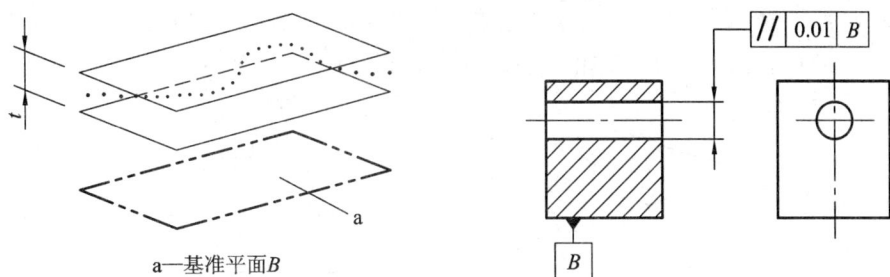

图 4-24　线对基准面的平行度公差

(2)线对基准线的平行度公差(见图 4-25(a))为线对线、且两线均在给定的两个方向上的平行度要求。因为被测要素是轴线,故平行度公差框格的引出箭头须与直径尺寸线对齐。该平行度要求表示连杆的小端孔轴线相对于大端孔的轴线在相互垂直的两个方向上的平行度误差分别不得超过 0.1 mm 和 0.2 mm。图 4-25(b)是其公差带,表示 ϕD 的轴线必须位于距离分别为公差值 0.1 mm 和 0.2 mm,且在给定的相互垂直的方向上、平行于基准轴线的两组平行平面之间的区域。

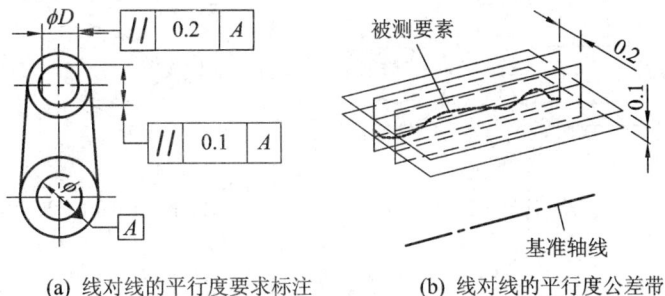

(a)　线对线的平行度要求标注　　　(b)　线对线的平行度公差带

图 4-25　线对基准线的平行度公差(1)

图 4-26(a)所示为线对线、任意方向要求的平行度标注；图 4-26(b)为其公差带，该公差带是直径为 0.1 mm、且轴线平行于基准轴线的圆柱面内的区域。因该公差带的形状为圆柱体，故在图 4-26(a)的平行度公差值 0.1 mm 前需加注符号"ϕ"。

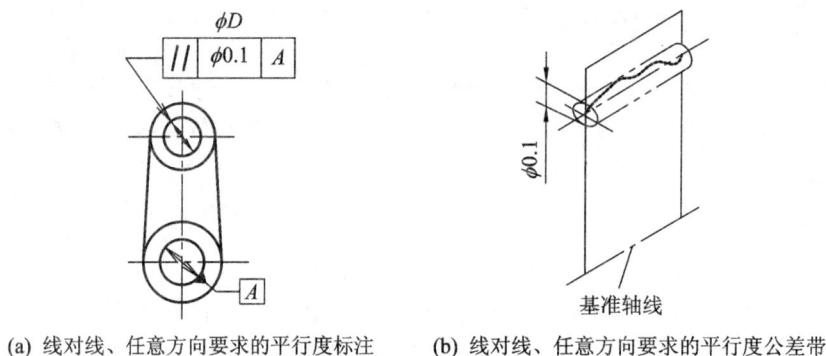

(a) 线对线、任意方向要求的平行度标注　　(b) 线对线、任意方向要求的平行度公差带

图 4-26　线对基准线的平行度公差(2)

（3）面对基准面的平行度公差，其公差带是平行于基准面且间距为公差值 t 的两平行平面所限定的区域。如图 4-27 所示，框格中标注的 0.01 的含义是：实际表面应限定在平行于基准平面 D 且间距等于公差值 0.01 mm 的两平行平面间的区域内。

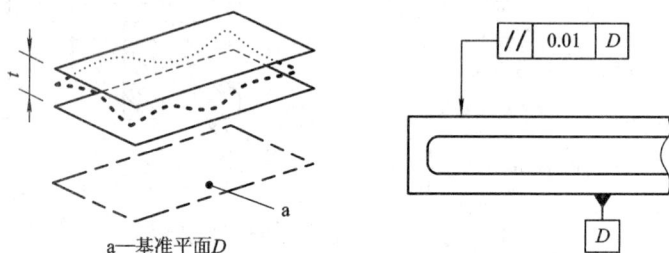

a—基准平面 D

图 4-27　面对基准面的平行度公差

（4）面对基准线的平行度公差其公差带是平行于基准线且距离为公差值 t 的两平行平面间的区域。如图 4-28 所示，框格中标注的 0.05 的含义是：实际平面必须位于间距等于公差值 0.05 mm、且平行于基准轴线 A 的两平行平面间的区域内。

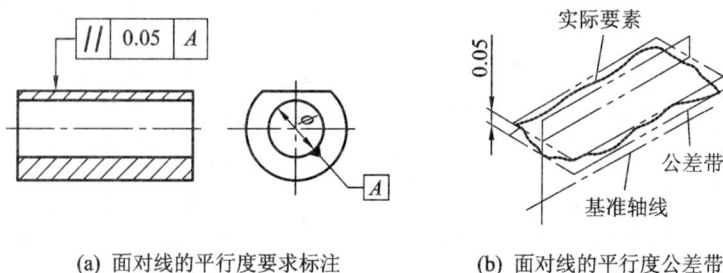

(a) 面对线的平行度要求标注　　(b) 面对线的平行度公差带

图 4-28　面对基准线的平行度公差

2. 垂直度

垂直度公差用来控制线对线、线对面、面对面、面对线的不垂直程度，即垂直度误差。

（1）线对基准线的垂直度公差，其公差带是垂直于基准线且间距等于公差值 t 的两平行平面所限定的区域。如图 4-29 所示，框格中标注的 0.02 的含义是：实际中心线应限定在垂直于基准中心线 A、且间距等于公差值 0.02 mm 的两平行平面间的区域内。

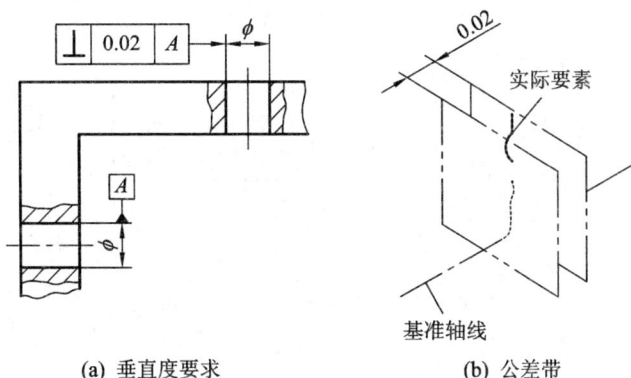

(a) 垂直度要求　　　　　　　(b) 公差带

图 4-29　线对基准线的垂直度公差

（2）线对基准面的垂直度公差若在公差值前加注符号"ϕ"，则为对任意方向上均有的垂直度要求。其公差带是垂直于基准平面且直径为 ϕt 的圆柱面所限定的区域。如图 4-30 所示，框格中标注的 0.01 的含义是：实际中心线应限定在垂直于基准平面 A、且直径等于公差值 ϕ0.01 mm 的圆柱面的区域内。

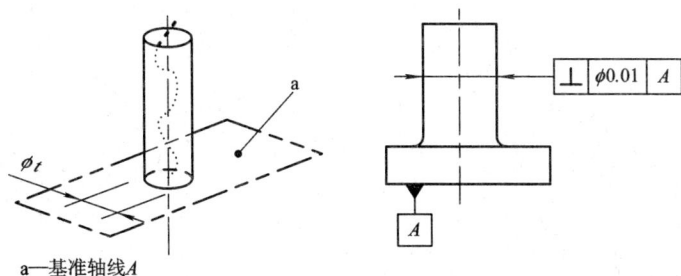

a—基准轴线 A

图 4-30　线对基准面的垂直度公差

（3）面对基准面的垂直度公差，其公差带是垂直于基准面且间距为公差值 t 的两平行平面所限定的区域。如图 4-31 所示，框格中标注的 0.08 的含义是：实际表面应限定在垂直于基准平面 A、且间距等于公差值 0.08 mm 的两平行平面间的区域内。

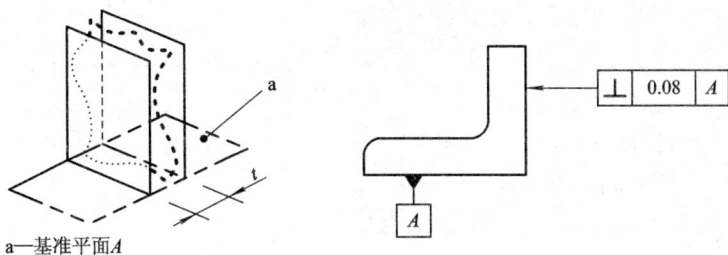

a—基准平面 A

图 4-31　面对基准面的垂直度公差

（4）面对基准线的垂直度公差，其公差带是垂直于基准线且距离为公差值 t 的两平行平面间的区域。如图 4 - 32 所示，框格中标注的 0.08 的含义是：实际平面必须位于间距等于公差值 0.08 mm、且垂直于基准轴线 A 的两平行平面之间的区域内。

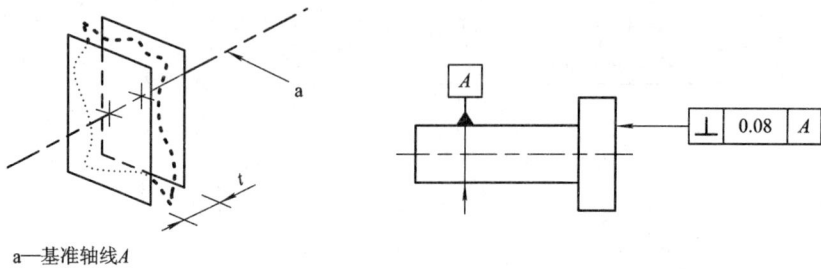

a—基准轴线 A

图 4 - 32　面对基准线的垂直度公差

3. 倾斜度

倾斜度公差是用来控制面对面、面对线、线对面、线对线的倾斜度误差，与平行度、垂直度公差同理，只是将被测要素与基准要素间的理论正确角度从 0°或 90°变为 0°～90°的任意角度。图样标注时，应将角度值用理论正确角度标出。其公差带是距离为公差值 t 且与基准面夹角为理论正确角度的两平行平面间的区域。如图 4 - 33 所示，框格中标注的 0.08 的含义是：实际被测平面必须位于间距等于公差值 0.08 mm、且与基准面 A 夹角为理论正确角度 40°的两平行平面之间的区域内。

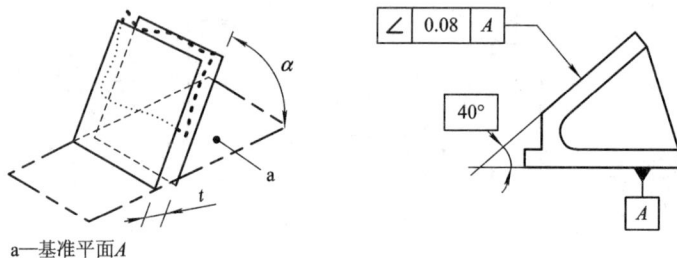

a—基准平面 A

图 4 - 33　倾斜度公差带

4.6.2　方向公差的特点

方向公差具有以下特点：

（1）方向公差用来控制被测要素相对于基准保持一定的方向。由于实际要素相对于基准的位置允许在其尺寸公差内变动，因此，公差带相对于基准有确定的方向。

（2）方向公差具有综合控制方向误差和形状误差的能力。在保证功能要求的前提下，对同一被测要素给出方向公差后，一般不需再给出形状公差，除非对它的形状精度提出进一步

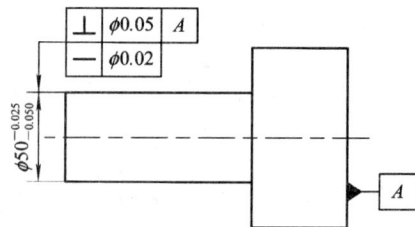

图 4 - 34　方向公差标注

要求，而且形状公差值要小于方向公差值。方向和形状公差标注如图 4 - 34 所示。

4.7　位　置　公　差

4.7.1　位置公差各项目

位置公差有同轴(心)度、对称度和位置度。当被测要素和基准均为中心要素,且要求重合、共线或共面时,可用同轴(心)度或对称度规定。其他情况的位置要求均采用位置度规定。

1. 同轴(心)度

同轴度用来控制理论上要求同轴的被测轴线与基准轴线不同轴的程度;同心度用来控制理论上要求同心的被测圆心与基准圆心不同心的程度,用于轴、孔长度小于轴、孔直径的零件。

(1)点的同心度公差带。同心度公差带是直径为公差值 ϕt,且圆心与基准圆心同心的圆周所限定的区域,公差值前应加注 ϕ。如图 4-35 所示,框格中标注的 0.1 的含义是:在任意横截面内,被测圆的实际中心必须位于直径等于公差值 $\phi 0.1$ mm,且以基准圆心 A 为圆心的区域内。

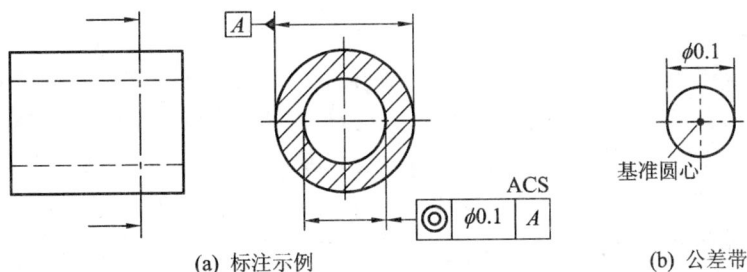

(a) 标注示例　　　　　　　　　　(b) 公差带

图 4-35　点的同心度公差带

(2)轴线的同轴度公差带。图 4-36(a)所示为同轴度要求的标注示例,基准轴线为轴线 A 与轴线 B 所形成的公共基准轴线。因为同轴度公差要求中,被测要素与基准要素均是轴线,故标注时,基准符号、公差框格的引出箭头均应与相应的直径尺寸标注线对齐。

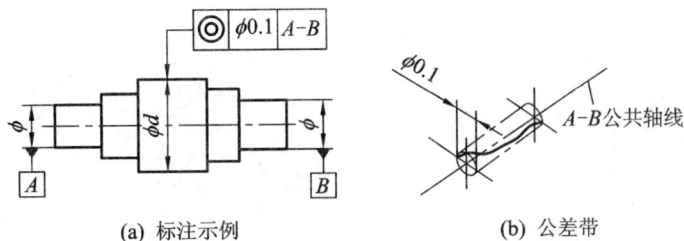

(a) 标注示例　　　　　　　　　　(b) 公差带

图 4-36　轴线的同轴度公差带

图 4-36(a)所示的框格中标注的 0.1 的含义是:同轴度的公差带是直径等于公差值 $\phi 0.1$ mm,且与 $A-B$ 公共轴线同轴的圆柱面内的区域,如图 4-36(b)所示。在同轴度标

注中，公差值前须加注符号"ϕ"。

2. 对称度

对称度用于控制理论上要求共面的被测要素（中心平面、中心线或轴线）与基准要素（中心平面、中心线或轴线）的不重合程度。

对称度公差带是距离为公差值 t，且对称于基准中心平面（中心线）的两平行平面（或两平行直线）之间的区域。如图 4-37 所示，框格中标注的 0.08 的含义是：被测实际中心面必须位于距离等于公差值 0.08 mm，且相对于基准中心平面 A 对称配置的两平行平面间的区域内。

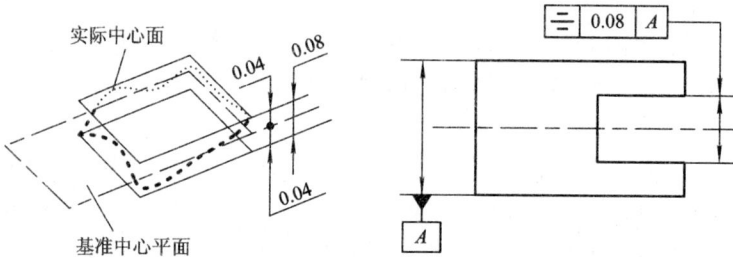

图 4-37　对称度公差带

3. 位置度

位置度公差用于控制被测点、线、面的实际位置相对于其理想位置的位置度误差。理想要素的位置由基准及理论正确尺寸确定。根据被测要素的不同，位置度公差可分为点的位置度公差、线的位置度公差、面的位置度公差以及成组要素的位置度公差。

位置度公差具有极为广泛的控制功能。原则上，位置度公差可以代替各种形状公差、方向公差和位置公差所表达的设计要求，但在实际设计和检测中还是应该使用最能表达特征的项目。

（1）点的位置度公差。

点的位置度公差带是直径为公差值 ϕt（平面点）或 $S\phi t$（空间点），以点的理想位置为中心的圆或球面内的区域。如图 4-38 所示，框格中标注的 0.3 的含义是：实际点必须位于直径等于公差值 $\phi0.3$ mm，圆心在相对于基准 A、B 距离等于理论正确尺寸 40 mm 和 30 mm 的理想位置上的圆内。

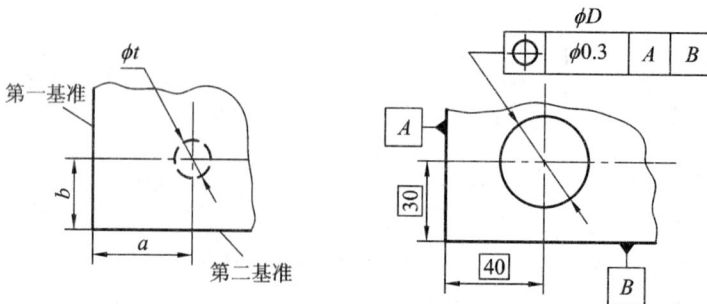

图 4-38　点的位置度公差带

（2）线的位置度公差。

任意方向上的线的位置度公差带是直径为公差值 ϕt，轴线在线的理想位置上的圆柱面内的区域。如图 4-39 所示，框格中标注的 0.3 的含义是：ϕD 孔的实际轴线必须位于直径 $\phi 0.3$ mm，轴线位于由基准 A、B、C 和理论正确尺寸 90°、30 mm、40 mm 所确定的理想位置的圆柱面区域内。

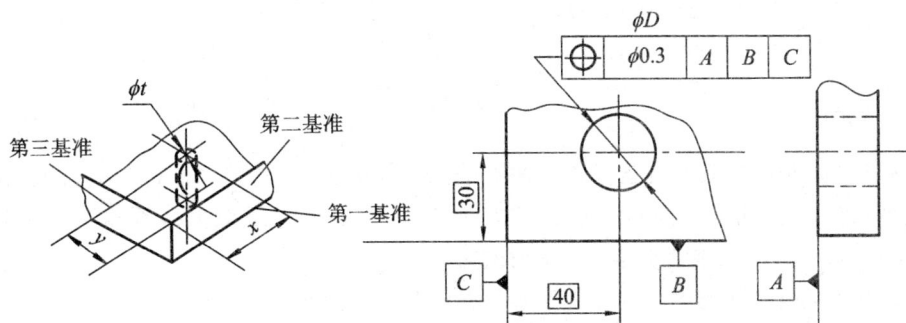

图 4-39　线的位置度公差带

（3）成组要素的位置度公差。

位置度公差不仅适用于零件的单个要素，而且适用于零件的成组要素。例如一组孔的轴线位置度公差的应用，具有十分重要的实用价值。

GB/T 1182—2008 规定了形状和位置公差中位置度公差的标注方法及其公差带。位置度公差带对理想被测要素的位置是对称分布的。

确定一组理想被测要素之间和（或）它们与基准之间正确几何关系的图形，称为成组要素的几何图框。如图 4-40 所示，表示给出位置度公差 t 的、按直角坐标排列的 $6 \times \phi D$ 六孔孔组轴线的几何图框。其中两坐标轴间的夹角（90°）按习惯不予标注，称为隐含理论正确尺寸（角度）。此位置度公差并未标注基准，因此，其几何图框对其他要素的位置是浮动的。

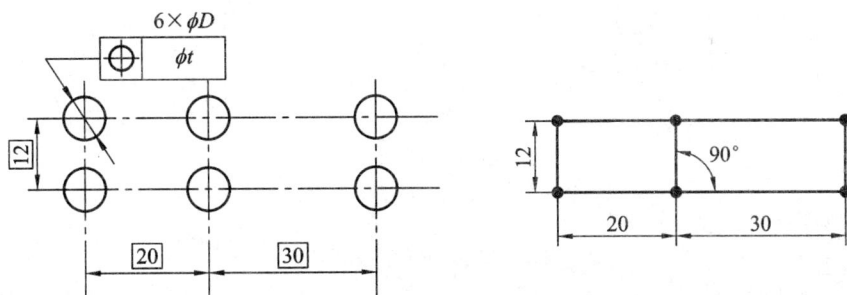

图 4-40　成组要素的公差带

4.7.2　位置公差带的特点

位置公差带具有以下特点：

（1）位置公差用来控制被测要素相对基准的位置误差。由于公差带相对于基准有确定的位置，因此公差带位置固定。

（2）位置公差带具有综合控制位置误差、方向误差和形状误差的能力。因此，在保证功能要求的前提下,对同一被测要素给出位置公差后,不再给出方向和形状公差。除非对它的形状或(和)方向提出进一步要求,可再给出形状公差或(和)方向公差。但此时必须使形状公差小于方向公差,方向公差小于位置公差,即

$$t_{形状} < t_{方向} < t_{位置}$$

4.8 跳 动 公 差

4.8.1 圆跳动

圆跳动是限制圆要素几何误差的一项综合指标。圆跳动公差是关联实际被测要素对理想圆的允许变动量,其理想圆的圆心在基准轴线上。测量时,被测实际要素绕基准轴线回转一周,指示表(百分表或千分表)指针无轴向移动。

圆跳动分为径向圆跳动、轴向圆跳动和斜向圆跳动三种。

(1)径向圆跳动。

径向圆跳动公差带是在垂直于基准轴线的任一横截面内,半径差为公差值 t 且圆心在基准轴线上的两同心圆所限定的区域(跳动通常是围绕轴线旋转一整周,也可对部分圆周进行限制)。如图 4-41 所示,框格中标注的 0.8 的含义是:在任一垂直于基准轴线 A 的截面上,其实际轮廓应限定在半径差等于 0.8 mm、圆心在基准轴线 A 上的两同心圆区域内。即当被测要素围绕基准线 A(基准轴线)旋转一周时,在任一测量平面内的径向圆跳动量均不得大于 0.8 mm。

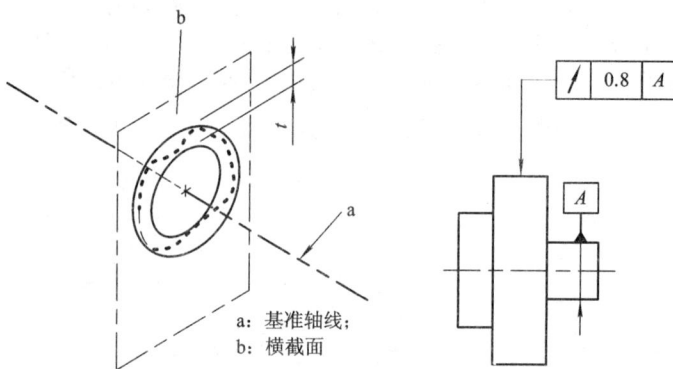

a:基准轴线;
b:横截面

图 4-41 径向圆跳动公差带

(2)轴向圆跳动。

轴向圆跳动公差带是在与基准同轴的任一半径的圆柱截面上间距为公差值 t 的两圆所限定的区域。如图 4-42 所示,框格中标注的 0.1 的含义是:在与基准轴线 D 同轴的任一圆柱形截面上,实际圆应限定在轴向距离等于 0.1 mm 的两个等圆之间。即被测面围绕基准线(基准轴线)旋转一周时,在任一测量圆柱面内轴向的跳动量均不得大于 0.1 mm。

(3)斜向圆跳动。

斜向圆跳动公差带是在与基准同轴的任一测量圆锥面上间距为公差值 t 的两圆所限定的圆锥面区域。如图 4-43 所示,框格中标注的 t 的含义是:在与基准轴线 A 同轴任一圆

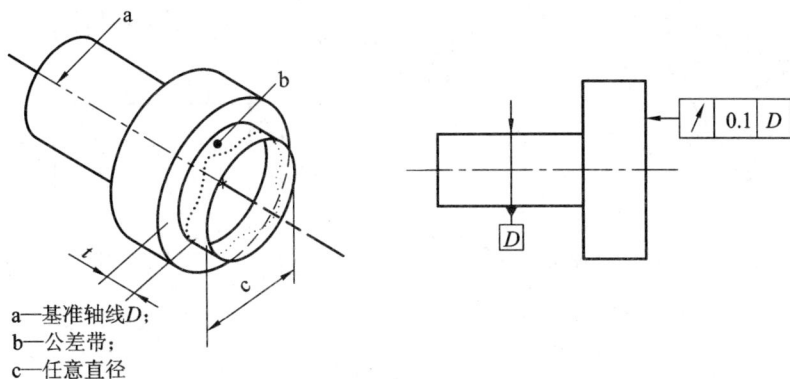

a—基准轴线 D；
b—公差带；
c—任意直径

图 4-42　轴向圆跳动公差带

锥截面上，被测圆锥面的实际轮廓应限定在素线方向宽度为 t 的圆锥面区域内。即被测面绕基准线 A（基准轴线）旋转一周时，在任一测量圆锥面上的跳动量均不得大于 t。

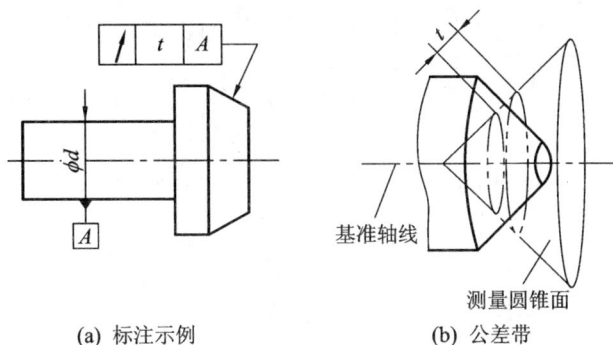

(a) 标注示例　　　　　　　(b) 公差带

图 4-43　斜向圆跳动公差带

4.8.2　全跳动

不同于圆跳动只能对单个测量面内被测轮廓要素进行几何误差控制，全跳动是对整个表面的几何误差综合控制的一项综合指标。测量时，被测实际要素绕基准轴线作无轴向移动的连续回转，同时指示表（百分表或千分表）指针连续移动。

全跳动分为径向全跳动和轴向全跳动两种。

（1）径向全跳动。

径向全跳动公差带是半径差为公差值 t，且与基准轴线同轴的两圆柱面所限定的区域。如图 4-44 所示，框格中标注的 0.1 的含义是：轴的实际轮廓应限定在半径差为 0.1 mm，且以公共基准轴线 $A-B$ 同轴的两圆柱面的区域内。

（2）轴向全跳动。

轴向全跳动公差带是距离为公差值 t，且与基准轴线垂直的两平行平面所限定的区域。如图 4-45 所示，框格中标注的 t 的含义是：右端面的实际轮廓应限定在距离为 t，且垂直于基准轴线 D 的两平行平面的区域内。

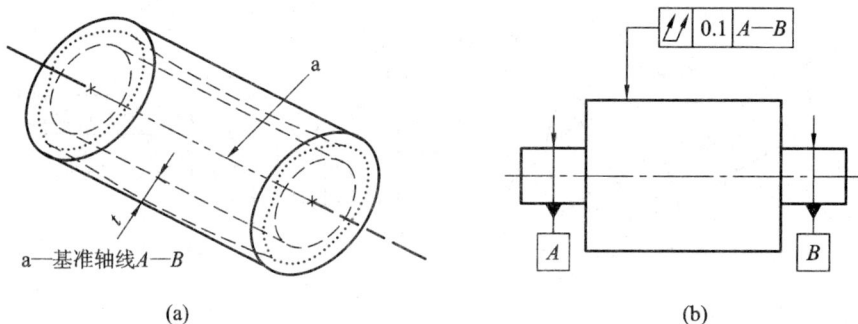

图 4 - 44 径向全跳动公差带

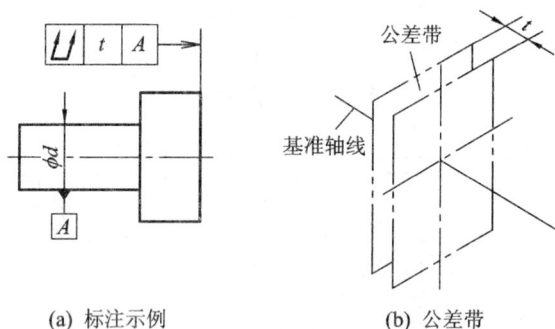

(a) 标注示例   (b) 公差带

图 4 - 45 轴向全跳动公差带

4.8.3 跳动公差带的特点

跳动公差带具有以下特点：

（1）跳动公差用来控制被测要素相对基准轴线的跳动误差。

（2）跳动公差带具有固定和浮动的双重特点：一方面它的同心圆环的圆心或圆柱面的轴线或圆锥面的轴线始终与基准轴线同轴；另一方面公差带的半径又随实际要素的变动而变动。因此，它具有综合控制被测要素的形状、方向和位置的作用。例如，轴向全跳动既可以控制端面对回转轴线的垂直度误差，又可控制该端面的平面度误差，径向全跳动既可以控制圆柱表面的圆度、圆柱度、素线和轴线的直线度等形状误差，又可以控制轴线的同轴度误差。但并不等于跳动公差可以完全代替前面的项目。当对某一被测要素同时给出跳动、定位、定向和形状公差要求时，各公差值之间必须满足：

$$t_{形状} < t_{方向} < t_{位置} < t_{跳动}$$

4.9 公 差 原 则

尺寸公差与几何公差是用于控制零件上要素的尺寸和几何误差的，这些误差都会影响要素的实际状态，从而影响零件间的配合性质。因此设计零件时，为了保证其功能和互换性要求，需要同时给定尺寸公差和几何公差。

确定尺寸公差与几何公差之间的相互关系应遵循的原则称为公差原则。公差原则分为独立原则和相关要求，独立原则为同一要素的尺寸公差与几何公差彼此无关的一种公差原则，而相关要求为同一要素的尺寸公差与几何公差相互有关联的要求。相关要求又分为包容要求、最大实体要求、最小实体要求和可逆要求。概括如下：

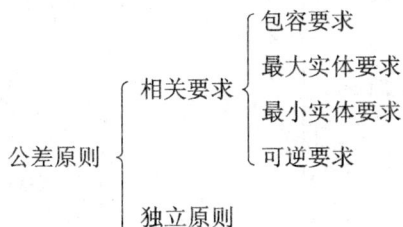

$$
公差原则
\begin{cases}
相关要求
\begin{cases}
包容要求\\
最大实体要求\\
最小实体要求\\
可逆要求
\end{cases}\\
独立原则
\end{cases}
$$

在对零件进行几何精度设计时，应从零件的功能要求出发，合理地选用独立原则或不同的相关要求。与公差原则有关的国家标准有：GB/T 4249—2009《产品几何技术规范(GPS)公差原则》、GB/T 16671—2009《产品几何技术规范(GPS)几何公差最大实体要求、最小实体要求和可逆要求》。

4.9.1　公差原则的基本术语及定义

1. 局部实际尺寸

局部实际尺寸简称实际尺寸，是指在实际要素的任意正截面上，两对应点之间测得的距离。内、外表面的局部实际尺寸代号分别为 D_a、d_a。由于存在形状误差和测量误差，因此同一要素测得的局部实际尺寸不一定相同，如图 4-46 所示。

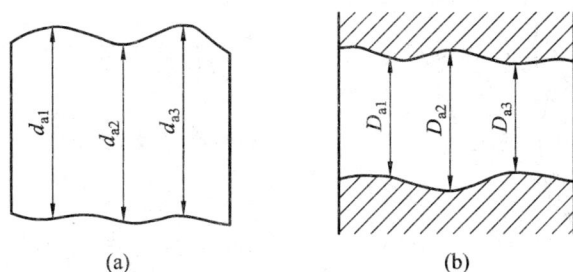

图 4-46　局部实际尺寸

2. 作用尺寸

(1) 体外作用尺寸(D_{fe}，d_{fe})。

在被测要素的给定长度上，与实际内表面(孔)体外相接的最大理想面或与实际外表面(轴)体外相接的最小理想面的直径或宽度，称为体外作用尺寸。如图 4-47 所示。对于关联要素，该理想面的轴线或中心平面必须与基准保持图样给定的几何关系。

对于外表面

$$d_{fe} = d_a + f_{形位}$$

对于内表面

$$D_{fe} = D_a - f_{形位}$$

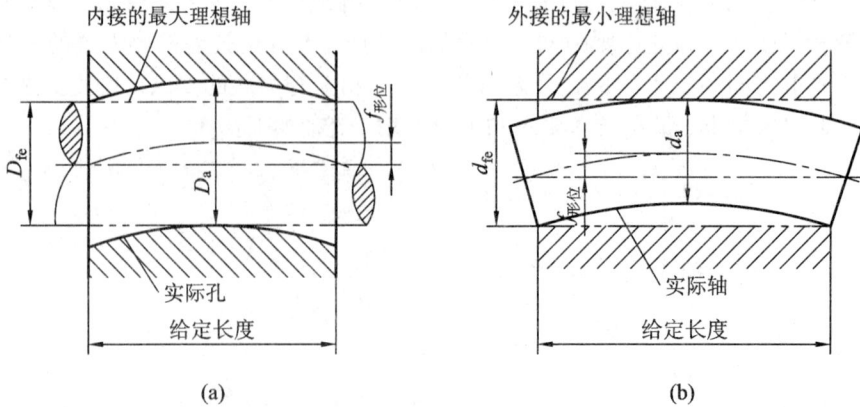

图 4 - 47　体外作用尺寸

（2）体内作用尺寸（d_{fi}、D_{fi}）。

在被测要素的给定长度上，与实际孔体内相接的最小理想轴的直径（或宽度）为孔的体内作用尺寸 D_{fi}；与实际轴体内相接的最大理想孔的直径（或宽度）为轴的体内作用尺寸 d_{fi}，如图 4 - 48 所示。

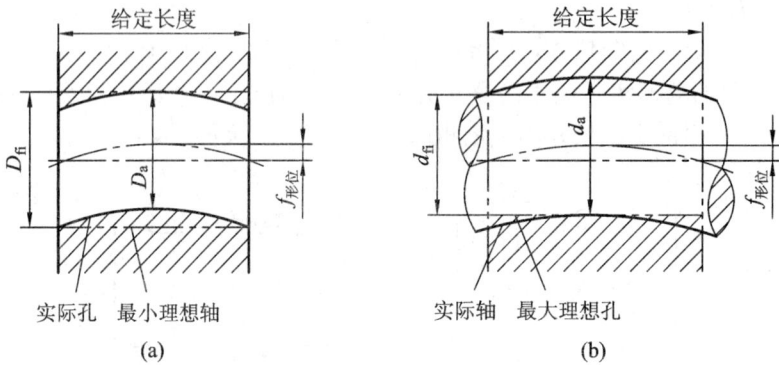

图 4 - 48　体内作用尺寸

对于外表面

$$d_{fi} = d_a - f_{形位}$$

对于内表面

$$D_{fi} = D_a + f_{形位}$$

对于关联要素，该体内相接理想轴（孔）的轴线或中心平面（非圆形孔、轴）必须与基准保持图样给定的几何关系。

体内作用尺寸影响零件强度，如轴线直线度误差对强度的影响。

3. 实体状态和实体尺寸

（1）最大实体状态（MMC）和最大实体尺寸（MMS）。

最大实体状态是在尺寸公差范围内，实际要素具有材料量最多时的状态。该状态下的极限尺寸称为最大实体尺寸。对孔，最大实体尺寸即其最小极限尺寸；对轴，最大实体尺寸即其最大极限尺寸，如图 4 - 49 所示。

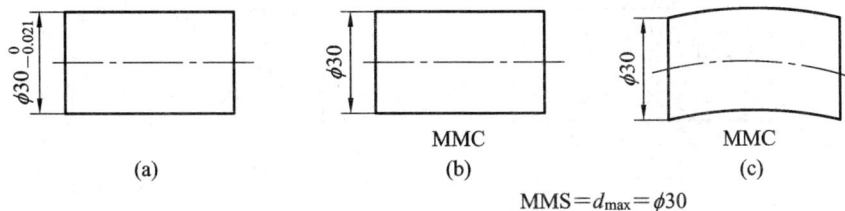

图 4-49　最大实体状态和最大实体尺寸

（2）最小实体状态（LMC）和最小实体尺寸（LMS）。

最小实体状态是在尺寸公差范围内，实际要素具有材料量最少时的状态。该状态下的极限尺寸称为最小实体尺寸。对孔，最小实体尺寸即其最大极限尺寸；对轴，最小实体尺寸即其最小极限尺寸，如图 4-50 所示。

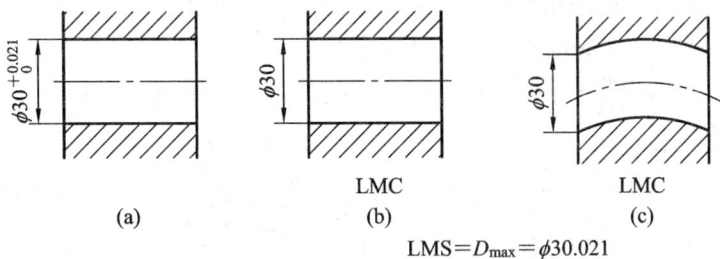

图 4-50　最小实体状态和最小实体尺寸

4. 实体实效状态和实体实效尺寸

（1）最大实体实效状态（MMVC）。

最大实体实效状态是实际要素处于最大实体状态且相应中心要素的形位误差等于形位公差时的极限状态。如图 4-51 所示。

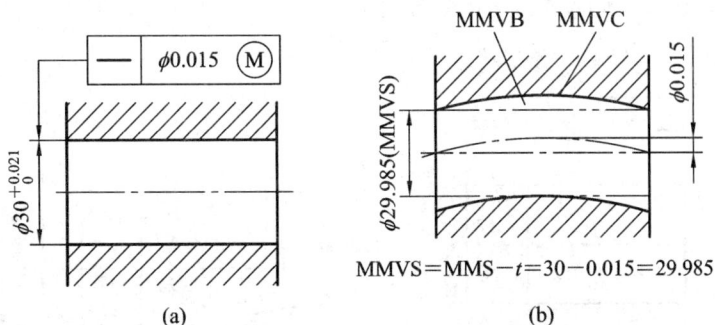

$$MMVS = MMS - t = 30 - 0.015 = 29.985$$

图 4-51　最大实体实效状态

（2）最大实体实效尺寸（MMVS）。

最大实体实效尺寸是最大实体实效状态下的体外作用尺寸。

（3）最小实体实效状态（LMVC）。

最小实体实效状态是实际要素处于最小实体状态且相应中心要素的形位误差等于形位公差时的极限状态。如图 4-52 所示。

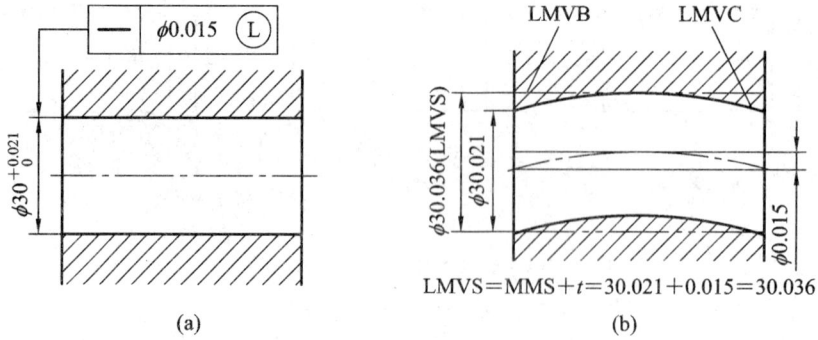

LMVS＝MMS＋t＝30.021＋0.015＝30.036

图 4-52 最小实体实效状态

（4）最小实体实效尺寸（LMVS）。

最小实体实效尺寸是最小实体实效状态下的体内作用尺寸。

如图 4-53 所示，孔的最大实体实效尺寸为

$$D_{MV} = D_M - t = D_{min} - t = 30 - 0.03 = 29.97$$

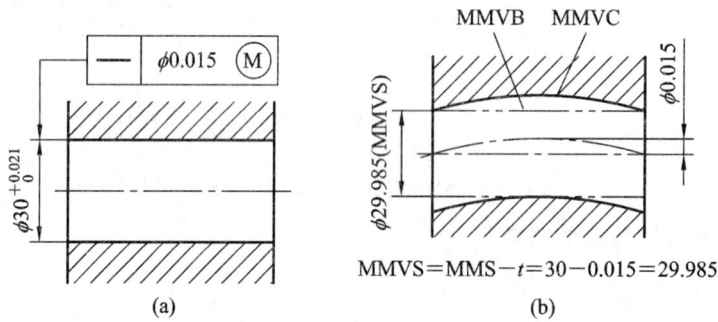

MMVS＝MMS－t＝30－0.015＝29.985

图 4-53 孔的最大实体实效尺寸

如图 4-54 所示，轴的最大实体实效尺寸

$$d'_{MV} = d_M + t = d_{max} + t = 15 + 0.02 = 15.02$$

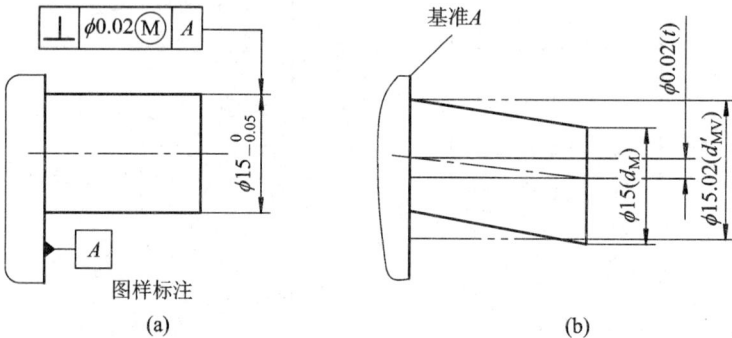

图 4-54 轴的最大实体实效尺寸

如图 4-55 所示，孔的最小实体实效尺寸

$$D_{LV} = D_L + t = D_{max} + t = 20.05 + 0.02 = 20.07$$

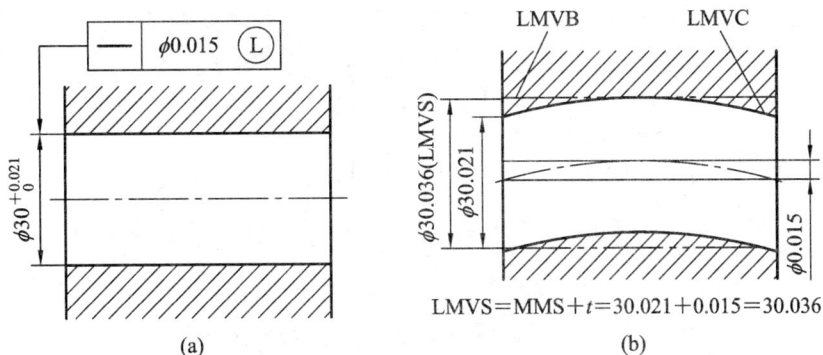

$$LMVS = MMS + t = 30.021 + 0.015 = 30.036$$

图 4-55　孔的最小实体实效尺寸

如图 4-56 所示，轴的最小实体实效尺寸

$$d'_{LV} = d_L - t = d_{min} - t = 14.95 - 0.02 = 14.93$$

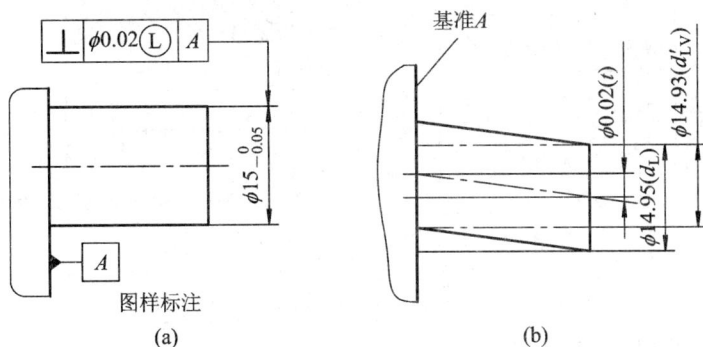

图 4-56　轴的最小实体实效尺寸

5. 边界

边界是由设计给定的具有理想形状的极限包容面。

（1）最大实体边界（MMB）。

最大实体边界是尺寸为最大实体尺寸的边界，如图 4-57 所示。

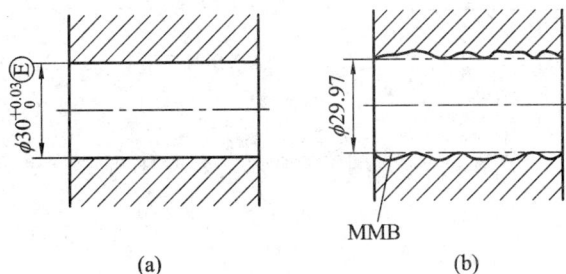

图 4-57　最大实体边界和图样标注

（2）最小实体边界（LMB）。

最小实体边界是尺寸为最小实体尺寸的边界，如图 4-58 所示。

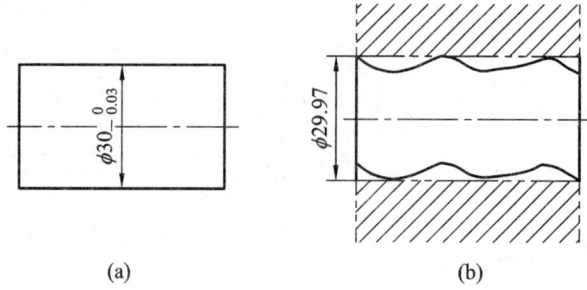

图 4-58　最小实体边界和图样标注

（3）最大实体实效边界（MMVB）。

最大实体实效边界是尺寸为最大实体实效尺寸的边界，如图 4-59 所示。

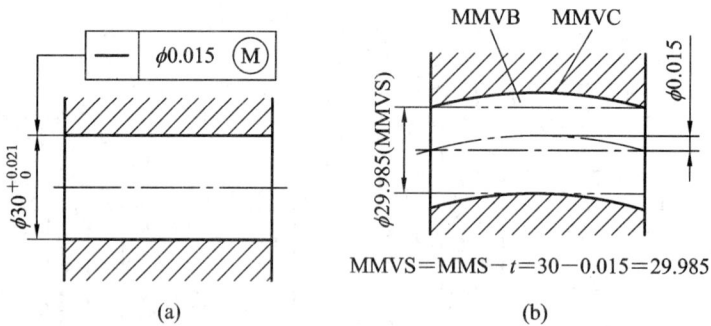

$MMVS=MMS-t=30-0.015=29.985$

图 4-59　最大实体实效边界和图样标注

（4）最小实体实效边界（LMVB）。

最小实体实效边界是尺寸为最小实体实效尺寸的边界，如图 4-60 所示。

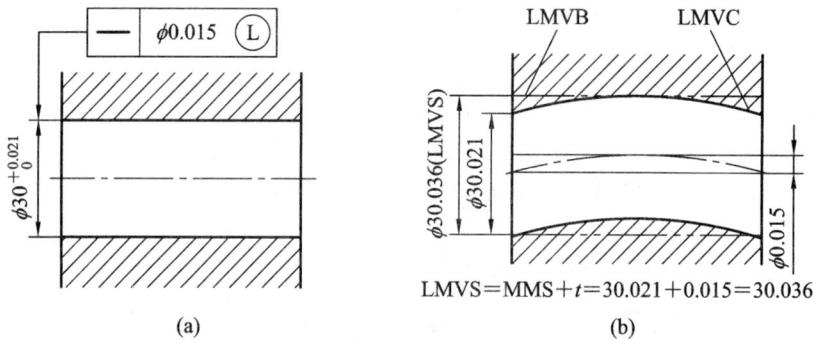

$LMVS=MMS+t=30.021+0.015=30.036$

图 4-60　最小实体实效边界和图样标注

4.9.2　独立原则

1. 独立原则的定义

独立原则是指图样上给定的几何公差与尺寸公差相互独立无关，分别满足各自要求的原则。

独立原则是图样标注中通用的基本原则，可用于零件中全部要素的尺寸公差和几何公差，标注时在尺寸和几何公差值后面不需加注特殊符号。

判断采用独立原则的要素是否合格，需分别检测实际尺寸与几何误差。只有同时满足尺寸公差和形状公差的要求，该零件才能被判为合格。

2. 独立原则的应用示例

例 4 - 1　如图 4 - 61 所示零件遵循独立原则，加工后零件的尺寸误差和几何误差应分别检验。要求实际轴径应在 $\phi19.979$ mm～$\phi20$ mm 范围内，且轴线的直线度误差应不大于 0.01 mm。

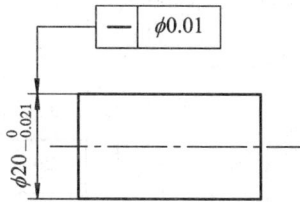

图 4 - 61　独立原则标注示例

3. 独立原则的特点

(1) 尺寸公差仅控制实际要素的局部实际尺寸。

(2) 几何公差是定值，不随要素的实际尺寸变化而变化。

4. 独立原则的应用

独立原则一般用于对几何要求严格而对尺寸精度要求不高的场合或非配合零件。如图 4 - 62(a)、(b)所示印刷机的滚筒和测量平板，由于使用要求，两种零件均对几何精度有较高要求而对尺寸精度要求不高，因此应采用独立原则；如图 4 - 62(c)所示箱体上的通油孔，由于其不与其他零件配合，只需控制孔的尺寸大小保证一定的流量，而孔轴线的弯曲并不影响功能要求，故也应采用独立原则。

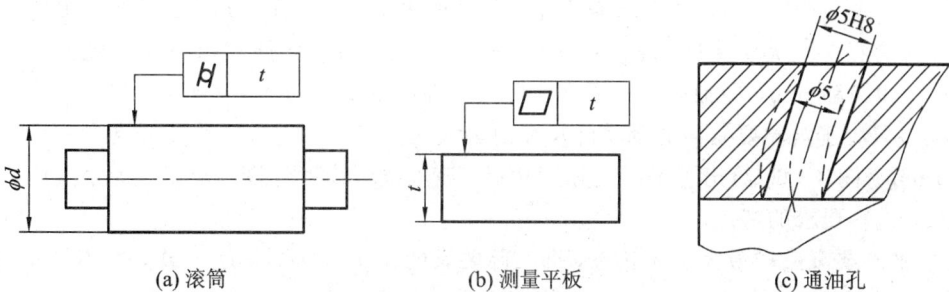

(a) 滚筒　　　　　　　　　(b) 测量平板　　　　　　　　　(c) 通油孔

图 4 - 62　独立原则实例

4.9.3　相关要求

1. 包容要求

(1) 包容要求的定义。

包容要求（Envelope Requirement，ER）是指被测实际要素处于具有理想形状的包容面内的一种公差原则。

包容要求只适用于单一要素，如圆柱表面或两平行平面。采用包容要求的单一要素应在其尺寸极限偏差或公差带代号之后加注符号，如图 4-63(a)所示。

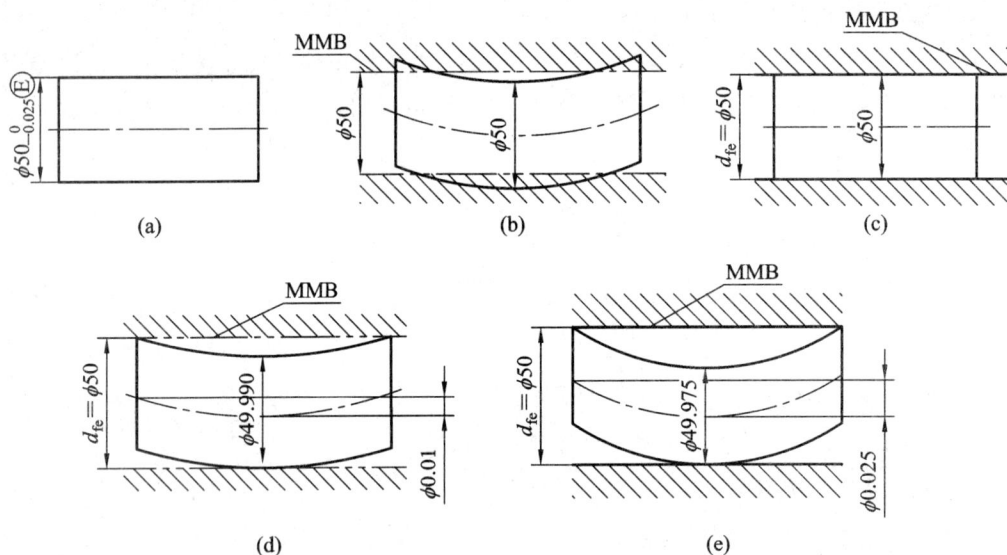

图 4-63　包容要求示例

采用包容要求的合格条件为作用尺寸不得超过最大实体尺寸，局部实际尺寸不得超过最小实体尺寸，即

孔

$$D_{fe} \geqslant D_M = D_{min} \quad D_a \leqslant D_L = D_{max} \tag{4-7}$$

轴

$$d_{fe} \leqslant d_M = d_{max} \quad d_a \geqslant d_L = d_{min} \tag{4-8}$$

例 4-2　如图 4-63(a)所示零件遵循包容要求。该圆柱面必须在最大实体状态内，该轴是一个直径为最大实体尺寸 $d_M = 50$ mm 的理想圆柱面。局部实际尺寸不得小于最小实体尺寸 $\phi49.975$ mm，即轴的任一局部实际尺寸在 $\phi49.975$ mm～$\phi50$ mm 之间。轴线的直线度误差取决于被测要素的局部实际尺寸对最大实体尺寸的偏离，其最大值等于尺寸公差 0.025 mm。图 4-63 给出了不同实际尺寸下，该轴线直线度允许的形状误差最大值。

（2）包容要求的特点。

① 被测要素遵守最大实体状态，即实际要素的作用尺寸不得超出最大实体尺寸。

② 实际要素的局部实际尺寸不得超出最小实体尺寸。

③ 当实际要素的局部实际尺寸为最大实体尺寸时，不允许有任何形状误差，即形状误差为 0。

④ 当实际要素的局部实际尺寸偏离最大实体尺寸时，其偏离量可补偿给形状误差。

⑤ 遵守包容要求的要素的尺寸公差不仅限制了要素的实际尺寸，还控制了要素的形状误差。

（3）包容要求的附加要求。

　　若要素采用包容原则后，按其功能还不能满足形状公差的要求，则可以进一步给出形状公差。如图 4-64 所示，当 $\phi25$ 的轴尺寸在 25.002 mm～25.006 mm 之间变动时，圆柱度误差按照包容要求的规则得到补偿；若 $\phi25$ 的轴尺寸超过 25.006 mm，允许的圆柱度误差的最大值不超过给定的公差值 0.004 mm。

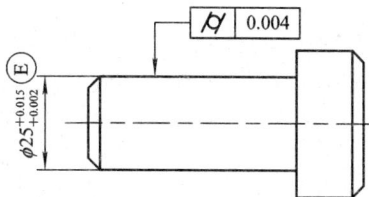

图 4-64　包容要求附加要求示例

　　（4）包容要求的应用。

　　包容要求主要用于机器零件上配合性质要求较严格的配合表面，特别是配合公差较小的精密配合。用最大实体尺寸综合控制实际尺寸和形状误差来保证必要的最小间隙（保证能自由装配）；用最小实体尺寸控制最大间隙，从而达到所要求的配合性质，如回转轴的轴颈和滑动轴承，滑动套筒和孔，滑块和滑块槽的配合等。

2. 最大实体要求

　　（1）最大实体要求的定义。

　　最大实体要求（Maximum Material Requirement，MMR）是控制被测要素的实际轮廓处于最大实体实效内的一种公差原则。当其实际尺寸偏离了最大实体尺寸时，允许将偏离值补偿给几何误差，即几何误差值可超出在最大实体状态下给出的几何公差值。

　　最大实体要求适用于中心要素，当最大实体要求应用于被测要素或基准时，应在几何公差框格中的几何公差值或基准后面加注符号，如图 4-65 所示。

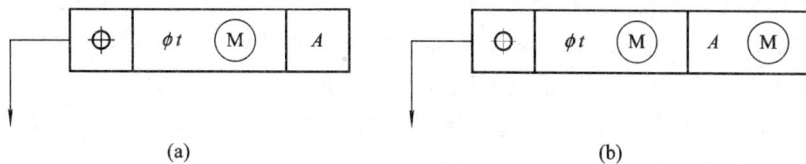

| (a) | (b) |

图 4-65　最大实体要求标注

　　采用最大实体要求的合格条件为作用尺寸不得超过最大实体实效尺寸，局部实际尺寸不得超过最小实体尺寸，即：

　　孔

$$D_{fe} \geqslant D_{MV} = D_M(D_{min}) - t \quad D_a \leqslant D_L = D_{max} \qquad (4-9)$$

　　轴

$$d_{fe} \leqslant d_{MV} = d_M(d_{max}) + t \quad d_a \geqslant d_L = d_{min} \qquad (4-10)$$

　　（2）最大实体要求的应用示例。

　　例 4-3　最大实体要求应用于单一被测要素。如图 4-66(a)所示表示轴 $\phi30_{-0.03}^{0}$ 的轴线直线度公差采用最大实体要求，其轴线的直线度公差为 0.02。

　　该轴是一个直径为最大实体实效尺寸 $d_{MV} = \phi30.02$ 的理想圆柱面。局部实际尺寸不得

小于最小实体尺寸 $\phi29.97$，即轴的任一局部实际尺寸在 $\phi29.97\sim\phi30$ 之间。当轴的实际尺寸偏离最大实体尺寸时，其轴线允许的直线度误差可相应地增大。

当被测要素处于最大实体状态时，其轴线的直线度公差为 $\phi0.02$，如图 4 - 66(b)所示。

当被测要素处于最小实体状态时，其轴线的直线度误差允许达到最大值，即尺寸公差值全部补偿给直线度公差，允许直线度误差为 $\phi0.02+\phi0.03=\phi0.05$。

当被测要素的实际尺寸偏离最大实体状态时，其轴线允许的直线度误差可相应地增大，其尺寸与几何公差补偿关系见动态公差图 4 - 66(c)。

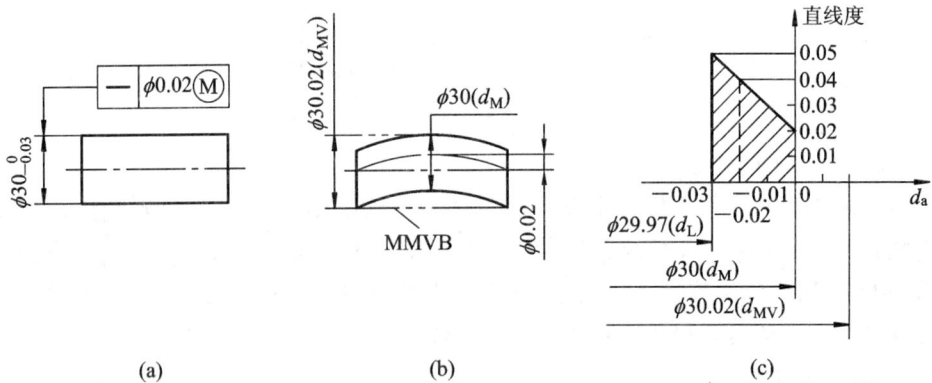

图 4 - 66　最大实体要求示例 1

例 4 - 4　最大实体要求应用于关联被测要素。如图 4 - 67(a)所示，表示孔 $\phi50^{+0.130}_{0}$ 的轴线对基准 A 的垂直度公差采用最大实体要求，其轴线的垂直度公差为 $\phi0.08$。

该孔是一个直径为最大实体实效尺寸 $D_{MV}=\phi49.92$ 的理想孔。局部实际尺寸不得大于最小实体尺寸 $\phi50.13$，即孔的任一局部实际尺寸在 $\phi50.13\sim\phi50$ 之间。当孔的实际尺寸偏离最大实体尺寸时，其轴线允许的垂直度误差可相应地增大。

当被测要素处于最大实体状态时，其轴线的垂直度公差为 $\phi0.08$，如图 4 - 67(b)所示。

当被测要素处于最小实体状态时，其轴线的垂直度误差允许达到最大值，即尺寸公差值全部补偿给垂直度公差，允许垂直度误差为 $\phi0.08+\phi0.13=0.21$。

当被测要素的实际尺寸偏离最大实体状态时，其轴线允许的直线度误差可相应地增大，其尺寸与几何公差补偿关系见动态公差图 4 - 67(c)。

（3）最大实体要求的特点。

① 被测要素遵守最大实体实效状态，即实际要素的体外作用尺寸不得超出最大实体实效尺寸。

② 实际要素的局部实际尺寸不得超出最小实体尺寸。

③ 当实际要素的局部实际尺寸处处均为最大实体尺寸时，允许的几何误差最大值为图样上给出的形状公差值。

④ 当实际要素的局部实际尺寸偏离最大实体尺寸时，其偏离量可补偿给几何公差，允许的几何误差最大值为图样上给出的形状公差值与偏离量之和。

（4）最大实体要求的应用。

最大实体要求是从装配互换性基础上建立起来的，主要应用于要求装配互换性的场合。最大实体要求常用于零件精度低（尺寸精度、几何精度较低），配合性质要求不严，但

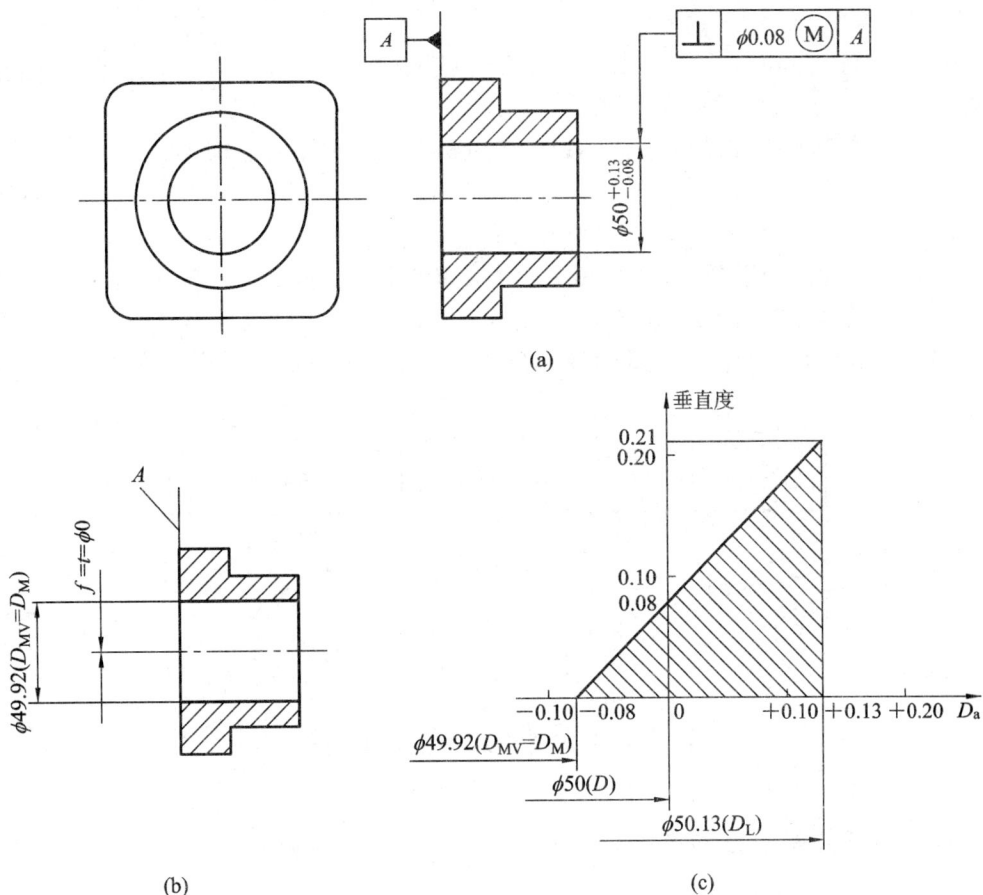

图 4-67 最大实体要求示例 2

要求能自由装配的零件，以获得最大的技术经济效益。最大实体要求只用于零件的中心要素（轴线、圆心、球心或中心平面），多用于位置度公差。

3. 最小实体要求

最小实体要求（Least Material Requirement，LMR）是控制被测要素的实际轮廓处于最小实体实效状态内的一种公差原则。当其实际尺寸偏离了最小实体尺寸时，允许将偏离值补偿给几何误差，即几何误差值可超出在最小实体状态下给出的几何公差值。

最小实体要求适用于中心要素，既可用于被测要素（一般指关联要素），又可用于基准中心要素。当应用于被测要素或基准要素时，应在几何公差框格中的几何公差值或基准后面加注符号，如图 4-68(a)、(b)所示。

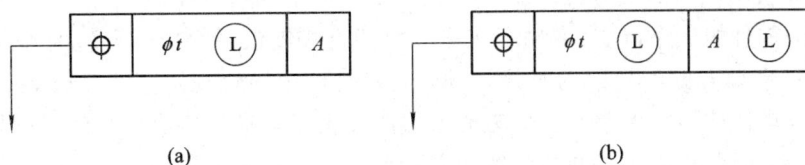

图 4-68 最小实体要求标注

4. 可逆要求

可逆要求（Reciprocity Requirement，RR）是既允许尺寸公差补偿给几何公差，也允许几何公差补偿给尺寸公差的一种要求。

采用最大实体要求与最小实体要求时，只允许将尺寸公差补偿给几何公差。可逆要求可以逆向补偿，即当被测要素的几何误差值小于给出的几何公差值时，允许在满足功能要求的前提下扩大尺寸公差。

可逆要求不能独立使用，应当与最大实体要求和最小实体要求一起应用，且不能用于基准要素，只能用于被测要素。可逆要求适用于中心要素，即轴线或中心平面。可逆要求的符号为Ⓡ。在图样上，可逆要求的标注是将置于被测要素公差值框格内的后面，如图4-69所示。

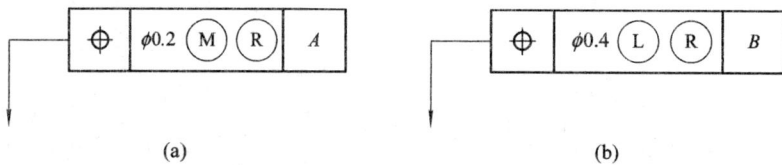

(a)　　　　　　　　　　　　　(b)

图 4-69　可逆要求标注

4.10　几何公差的选择

4.10.1　几何公差项目的选择

几何公差项目的选择应根据要素的几何特征和结构特点，充分考虑和满足各要素的功能要求，尽可能考虑便于检测和经济性，并结合各几何公差项目的特点，正确、合理地选择。

1. 根据要素的几何特征和结构特点选择

零件加工误差出现的形式与零件的几何特征和结构特点有密切联系。如圆柱形零件会出现圆柱度误差，平面零件会出现平面度误差，凸轮类零件会出现轮廓度误差，阶梯轴、孔会出现同轴度误差，键槽会出现对称度误差等。

2. 根据零件的功能要求选择

几何误差对零件的功能有不同的影响，一般只对零件功能有显著影响的误差项目才规定合理的几何公差。

选择几何公差项目时应考虑以下几个主要方面：

（1）保证零件的工作精度。例如：机床导轨的直线度误差会影响导轨的导向精度，使刀架在滑板的带动下做不规则的直线运动，应该对机床导轨规定直线度公差；滚动轴承内、外圈及滚动体的形状误差，会影响轴承的回转精度，应对其给出圆度或圆柱度公差；在齿轮箱体中，安装齿轮副的两孔轴线如果不平行，会影响齿轮副的接触精度和齿侧间隙的均匀性，降低承载能力，应对其规定轴线的平行度公差；机床工作台面和夹具定位面都是定位基准面，应规定平面度公差等。

（2）保证联结强度和密封性。例如：气缸盖与缸体之间要求有较好的联结强度和很好的密封性，应对这两个相互贴合的平面给出平面度公差；在孔、轴的过盈配合中，圆柱面的形状误差会影响整个结合面上的过盈量，降低联结强度，应规定圆度或圆柱度公差等。

（3）减少磨损，延长零件使用寿命。例如：在有相对运动的孔、轴间隙配合中，内、外圆柱面的形状误差会影响两者的接触面积，造成零件早期磨损失效，降低零件使用寿命，应对圆柱面规定圆度、圆柱度公差；对滑块等做相对运动的平面，则应给出平面度公差要求等。

3. 根据几何公差的控制功能选择

各项几何公差的控制功能各不相同，有单一控制项目（如直线度、圆度、线轮廓度等），也有综合控制项目（如圆柱度、同轴度、位置度及跳动等），选择时应充分考虑它们之间的关系。例如：圆柱度公差可以控制该要素的圆度误差；方向公差可以控制与之有关的形状误差；位置公差可以控制与之有关的方向误差和形状误差；跳动公差可以控制与之有关的位置、方向和形状误差等。因此，应该尽量减少图样的几何公差项目，充分发挥综合控制项目的功能。

4. 充分考虑检测的方便性

检测方法是否简便，将直接影响零件的生产效率和成本，所以，在满足功能要求的前提下，尽量选择检测方便的几何公差项目。例如，齿轮箱中某传动轴的两支承轴径，根据几何特征和使用要求应当规定圆柱度公差和同轴度公差，但为了测量方便，可规定径向圆跳动（或全跳动）公差代替同轴度公差。

应当注意：径向圆跳动是同轴度误差与圆柱面形状误差的综合结果，给出的跳动公差值应略大于同轴度公差，否则会要求过严。由于轴向全跳动与垂直度的公差带完全相同，当被测表面面积较大时，可用轴向全跳动代替垂直度公差，还可用圆度和素线直线度及平行度代替圆柱度，或用全跳动代替圆柱度等。

几何公差项目的确定还应参照有关专业标准的规定。例如：与滚动轴承相配合孔、轴的几何公差项目，在滚动轴承标准中已有规定；单键、花键、齿轮等标准对有关几何公差也都有相应要求和规定。

同时要注意的是，设计时应尽量减少几何公差项目标注，对于那些对零件使用性能影响不大，并能够由尺寸公差控制的几何误差项目，或使用经济的加工工艺和加工设备能够满足要求时，不必在图样上标注几何公差，即按未注几何公差处理。

4.10.2 几何公差值的确定

几何公差值决定了几何公差带的宽度或直径，是控制零件制造精度的直接指标。因此，应合理确定几何公差值，以保证产品功能、提高产品质量、降低制造成本。

国标将几何公差等级分为 12 级（不包括圆度、圆柱度），1 级最高，依次递减，6、7 级为基本级。

（1）圆度、圆柱度公差等级分为 0 级，1 级，2 级，…，12 级（共 13 级），其中 0 级最高，12 级最低。

（2）其余各项几何公差都分为 1～12 级。

(3) 位置度公差没有划分公差等级，仅给出位置度数系。

4.10.3 形位公差值的选用

1. 形位公差未注公差值的规定

(1) 对于直线度、平面度、垂直度、对称度和圆跳动的未注公差，标准中规定了 H、K、L 三个公差等级，它们的数值分别见表 4-2～表 4-5。其中，H 级最高，L 级最低。选用时应在技术要求中注出标准号及公差等级代号，未注形位公差按 GB/T 1184—K 选用。

表 4-2　直线度和平面度未注公差值

公差等级	基本长度范围/mm					
	≤10	>10～30	>30～100	>100～300	>300～1000	>1000～3000
H	0.02	0.05	0.1	0.2	0.3	0.4
K	0.05	0.1	0.2	0.4	0.6	0.8
L	0.1	0.2	0.4	0.8	1.2	1.6

表 4-3　垂直度未注公差值(摘自 GB/T 1184—1996)

公差等级	基本长度范围/mm			
	≤100	>100～300	>300～1000	>1000～3000
H	0.2	0.3	0.4	0.5
K	0.4	0.6	0.8	1
L	0.6	1	1.5	2

表 4-4　对称度未注公差值(摘自 GB/T 1184—1996)

公差等级	基本长度范围/mm			
	≤100	>100～300	>300～1000	>1000～3000
H	0.5	0.5	0.5	0.5
K	0.6	0.6	0.8	1
L	0.6	1	1.5	2

表 4-5　圆跳动未注公差值(摘自 GB/T 1184—1996)

公差等级	公差值/mm
H	0.1
K	0.2
L	0.5

（2）线轮廓度、面轮廓度、倾斜度、位置度和全跳动的未注形位公差均由各要素的注出或未注线性尺寸公差或角度公差控制，对这些项目的未注公差不必作特殊的标注。线、面轮廓度这两项形状或位置公差本身就具有尺寸特性，由理论正确尺寸确定其理想轮廓。如果没有标出线、面轮廓度公差带的要求，则线、面的轮廓必然由其本身的注出或未注出的一系列尺寸及其公差（包括角度公差）控制。倾斜度是两关联要素间的任一角度关系，应由两要素间的角度及其公差（注出或未注出）控制，不需要再考虑它们的未注公差值。位置度是形状公差和位置公差的总和。对于某个要素，如未给出位置度公差带的标注，则其形状误差和定向误差可分别由它们的未注公差值来控制。至于零件要素的定位要求，则由尺寸公差来控制，即由注出或未注出的线性尺寸和角度尺寸公差控制。

（3）圆度的未注公差值等于给出的直径公差值，但不能大于径向圆跳动的未注公差值，即表 4-5 的圆跳动值公差值。

（4）对圆柱度的未注公差值不作规定。圆柱度误差由圆度、直线度和相应线的平行度误差组成，其中每一项误差均由它们的注出公差或未注公差控制。但这并不意味着圆柱度的误差值可以由这三部分相加得出，因为综合形成的圆柱度误差值是它们三者相互综合的结果，有时相加，有时互相抵消或部分抵消，这是个很复杂的情况，无法预料。标准中提出了可采用包容要求来解决圆柱度未注公差值的问题，因为包容要求必然控制了这三项误差，也就必然控制了圆柱度误差。如果因功能要求，圆柱度要小于圆度、直线度和平行度的未注公差的综合结果，则应在被测要素上按 GB/T 1182 的规定注出圆柱度公差值。

（5）平行度的未注公差值等于给出的尺寸公差值，或是直线度和平面度未注公差值中的相应公差值，应取较大者。取两要素中的较长者作为基准时，若两要素的长度相等，则可选任一要素为基准。

（6）同轴度的未注公差值未作规定。在极限状况下，同轴度的未注公差值可以与规定的径向圆跳动的未注公差值相等。选两要素中的较长者为基准时，若两要素长度相等，则可选任一要素为基准。

2. 形位公差注出公差值的规定

（1）除线轮廓度和面轮廓度外，其他项目都规定有公差数值。其中，除位置度外，又都规定了公差等级。

（2）圆度和圆柱度的公差等级分别规定了 13 个等级，即 0 级、1 级、2 级、…、12 级，其中，0 级最高，等级依次降低，12 级最低。

（3）其余 9 个特征项目的公差等级分别规定了 12 个等级，即 1 级、2 级、…、12 级，其中，1 级最高，等级依次降低，12 级最低。

（4）规定了位置度公差值数系，如表 4-6 所示。

表 4-6　位置度公差值数系（摘自 GB/T 1184—1996）

1	1.2	1.6	2	2.5	3	4	5	6	8
1×10^n	1.2×10^n	1.6×10^n	2×10^n	2.5×10^n	3×10^n	4×10^n	5×10^n	6×10^n	8×10^n

（5）形位公差数值除和公差等级有关外，还和主参数有关。主参数如图 4 - 70 所示。

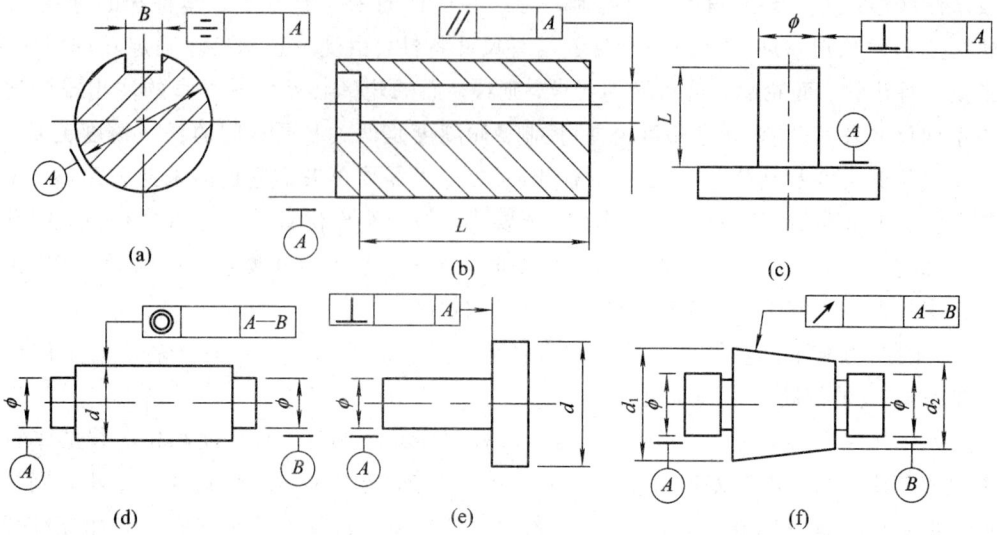

图 4 - 70　主参数 B、L、d

（6）形位公差的注出公差值如表 4 - 7～表 4 - 10 所示。

表 4 - 7　直线度、平面度的公差值（摘自 GB/T 1184—1996）　　μm

主参数 L/mm	公 差 等 级											
	1	2	3	4	5	6	7	8	9	10	11	12
≤10	0.2	0.4	0.8	1.2	2	3	5	8	12	20	30	0
>10～16	0.25	0.5	1	1.5	2.5	4	6	10	15	25	40	80
>16～25	0.3	0.6	1.2	2	3	5	8	12	20	30	50	100
>25～40	0.4	0.8	1.5	2.5	4	6	10	15	25	40	60	120
>40～63	0.5	1	2	3	5	8	12	20	30	50	80	150
>63～100	0.6	1.2	2.5	4	6	10	15	25	40	60	100	200
>100～160	0.8	1.5	3	5	8	12	20	30	50	80	120	250
>160～250	1	2	4	6	10	15	25	40	60	100	150	300
>250～400	1.2	2.5	5	8	12	20	30	50	80	120	200	400
>400～630	1.5	3	6	10	15	25	40	60	100	150	250	500

表 4 - 8　圆度、圆柱度的公差值(摘自 GB/T 1184—1996))　　μm

主参数 d(D)/mm	公差等级												
	0	1	2	3	4	5	6	7	8	9	10	11	12
≤3	0.1	0.2	0.3	0.5	0.8	1.2	2	3	4	6	10	14	25
>3~6	0.1	0.2	0.4	0.6	1	1.5	2.5	4	5	8	12	18	30
>6~10	0.12	0.25	0.4	0.6	1	1.5	2.5	4	6	9	15	22	36
>10~18	0.15	0.25	0.5	0.8	1.2	2	3	5	8	11	18	27	43
>18~30	0.2	0.3	0.6	1	1.5	2.5	4	6	9	13	21	33	52
>30~50	0.25	0.4	0.6	1	1.5	2.5	4	7	11	16	25	39	62
>50~80	0.3	0.5	0.8	1.2	2	3	5	8	13	19	30	46	74
>80~120	0.4	0.6	1	1.5	2.5	4	6	10	15	22	35	54	87
>120~180	0.6	1	1.2	2	3.5	5	8	12	18	25	40	63	100
>180~250	0.8	1.2	2	3	4.5	7	10	14	20	29	46	72	115
>250~315	1.0	1.6	2.5	4	6	8	12	16	23	32	52	81	130
>315~400	1.2	2	3	5	7	9	13	18	25	36	57	89	140
>400~500	1.5	2.5	4	6	8	10	15	20	27	40	63	97	155

表 4 - 9　平行度、垂直度、倾斜度的公差值　　μm

主参数 L、d(D)/mm	公差等级											
	1	2	3	4	5	6	7	8	9	10	11	12
≤10	0.4	0.8	1.5	3	5	8	12	20	30	50	80	120
>10~16	0.5	1	2	4	6	10	15	25	40	60	100	150
>16~25	0.6	1.2	2.5	5	8	12	20	30	50	80	120	200
>25~40	0.8	1.5	3	6	10	15	25	40	60	100	150	250
>40~63	1	2	4	8	12	20	30	50	80	120	200	300
>63~100	1.2	2.5	5	10	15	25	40	60	100	150	250	400
>100~160	1.5	3	6	12	20	30	50	80	120	200	300	500
>160~250	2	4	8	15	25	40	60	100	150	250	400	600
>250~400	2.5	5	10	20	30	50	80	120	200	300	500	800
>400~630	3	6	12	25	40	60	100	150	250	400	600	1000

表 4 - 10   同轴度、对称度、圆跳动和全跳动的公差值   μm

主参数	公差 等 级											
$d(D)$、B、L/mm	1	2	3	4	5	6	7	8	9	10	11	12
≤1	0.4	0.6	1.0	1.5	2.5	4	6	10	15	25	40	60
>1～3	0.4	0.6	1.0	1.5	2.5	4	6	10	20	40	60	120
>3～6	0.5	0.8	1.2	2	3	5	8	12	25	50	80	150
>6～10	0.6	1	1.5	2.5	4	6	10	15	30	60	100	200
>10～18	0.8	1.2	2	3	5	8	12	20	40	80	120	250
>18～30	1	1.5	2.5	4	6	10	15	25	50	100	150	300
>30～50	1.2	2	3	5	8	12	20	30	60	120	200	400
>50～120	1.5	2.5	4	6	10	15	25	40	80	150	250	500
>120～250	2	3	5	8	12	20	30	50	100	200	300	600
>250～500	2.5	4	6	10	15	25	40	60	120	250	400	800

3. 形位公差值的选用原则

形位公差值的选用主要根据零件的功能要求、结构特征、工艺上的可能性等因素综合考虑。

(1) 在满足使用要求的情况下,尽可能使用较大的值。

(2) 除采用相关要求外,一般情况下,对同一要素的形状公差、位置公差和尺寸公差应满足关系式:

$$T_{尺寸} > T_{位置} > T_{形状} > 表面粗糙度$$

如要求两个表面平行,则其平面度公差值应小于平行度公差值。但是,有时位置度公差、对称度公差与尺寸公差相当,细长轴的直线度比尺寸公差大。在常用尺寸公差 IT5～IT8 的范围内,形状公差通常占尺寸公差的 25%～65%,而一般情况下,表面粗糙度的 Ra 值约占形状公差值的 20%～25%。

(3) 平行度公差值应小于其相应的距离公差值。

(4) 定位公差应大于定向公差。

(5) 整个表面的形位公差比其某个截面上的形位公差大。

(6) 一般来说,尺寸公差、形状公差和位置公差同级。

(7) 对如下情况,考虑到加工的难易程度和除主参数外其他参数的影响,在满足零件功能的要求下,可适当降低 1 到 2 级选用。

① 孔相对于轴;

② 细长且比较大的轴或孔;

③ 距离较大的轴或孔;

④ 宽度较大(一般大于 1/2 长度)的零件表面;

⑤ 线对线和线对面相对于面对面的平行度;

⑥ 线对线和线对面相对于面对面的垂直度。

(8) 按有关标准规定的技术要求选用。

一般来说,根据上述原则,形位公差值按表 4 - 7、表 4 - 10 选用即可,但位置度公差值应通过计算得出。例如,用螺栓作连接件,被连接零件上的孔均为通孔,其孔径大于螺栓的直径，位置度可用下式计算：

$$t = X_{\min}$$

式中：t 为位置度公差；$X_{\min}$ 为通孔与螺栓间的最小间隙。

当用螺钉连接时，被连接零件中有一个零件上的孔是螺纹，而其余零件上的孔都是通孔，且孔径大于螺钉直径，位置度公差可用下式计算：

$$t = 0.5X_{\min}$$

按上式计算确定的公差，可经化整后按表 4-10 选择公差值。

表 4-11 和表 4-12 提供了几种加工方法可达到的形位公差等级，供选用公差时参考。

表 4-11　几种主要加工方法所能达到的直线度公差等级

加工方法		公差等级										
		1	2	3	4	5	6	7	8	9	10	11
车、镗	加工孔				─	─	─	─	─	─		
	加工轴			─	─	─	─	─				
铰					─	─	─	─				
磨	孔			─	─	─	─					
	轴	─	─	─	─	─	─					
珩磨		─	─									
研磨		─	─	─								

表 4-12　几种主要加工方法所能达到的平面度公差等级

加工方法		公差等级											
		1	2	3	4	5	6	7	8	9	10	11	12
车	粗											─	─
	细									─	─		
	精					─	─	─	─				
铣	粗											─	─
	细										─	─	
	精						─	─	─				
刨	粗											─	─
	细									─	─	─	
	精							─	─	─			
磨	粗									─	─		
	细							─	─	─			
	精					─	─						
研磨	粗				─	─							
	细			─	─								
	精	─	─	─									
刮研	粗						─	─					
	细				─	─	─						
	精	─	─	─									

图 4-71 为减速器中的大齿轮。齿轮的内孔 $\phi56H7$ 采用包容要求。齿坯的定位端面在切齿时作为轴向定位面，其端面圆跳动公差为 0.018 mm。顶圆作为齿轮加工时的径向找正基准，对它提出了径向圆跳动公差为 0.022 mm 的要求。为了保证齿轮正确啮合，内孔上键槽的对称中心面对孔的过中心线的中心平面的对称度公差为 0.02 mm。

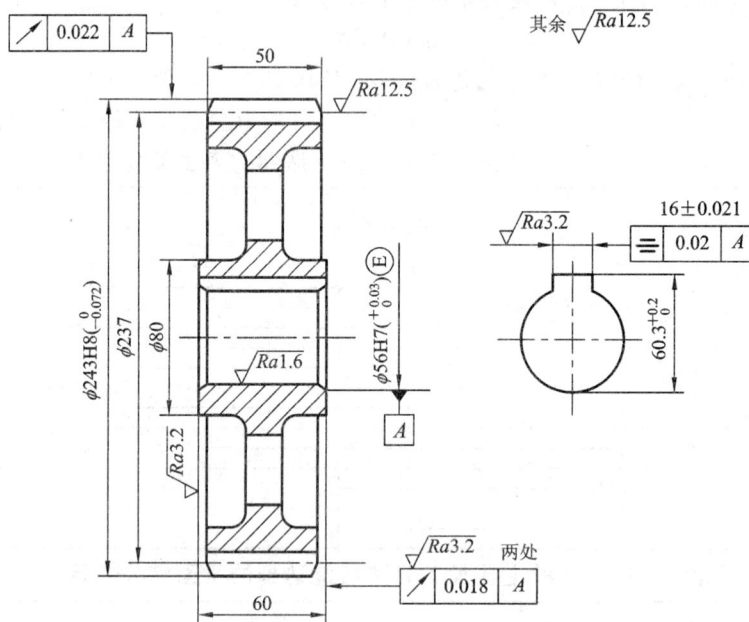

图 4-71　齿轮

4.11　形位误差及其检测

4.11.1　形状误差的评定

1. 形状误差、最小条件和最小包容区域

1) 形状误差

形状误差是指被测实际要素对其理想要素的变动量。理想要素的方向由最小条件确定。在将被测实际要素与理想要素进行比较以确定其变动量时，由于理想要素所处方向不同，因此得到的最大变动量也会不同。所以，评定实际要素的形状误差时，理想要素相对于实际要素的方向必须有一个统一的评定准则，这个准则就是最小条件。为了使形状误差测量值具有唯一性和准确性，国家标准规定，按最小条件评定形状误差。

2) 最小条件

所谓最小条件，是指两理想要素包容被测实际要素且其距离为最小（即最小区域）。下面以直线度误差为例说明最小条件。被测要素的理想要素是直线，与被测实际要素接触的直线的位置可以有无穷多个。例如，图 4-72 中直线的位置可处于 I、II、III 位置，这三个位置在包容被测实际轮廓的两理想直线之间的距离为 f_1、f_2 和 f_3，且存在 $f_3 < f_2 < f_1$，根据最小条件(即包容实际要素的两理想要素所形成的包容区为最小的原则)来评定直线度误差，故Ⅲ位置直线为被测要素的理想要素，应取 f_3 作为直线度误差。

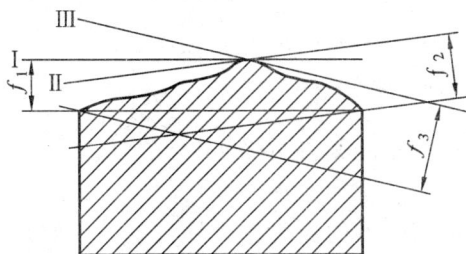

图 4 - 72　合最小条件的直线度误差示例

同理，我们可以推出，按最小条件评定平面度误差时，应用包容实际平面且距离为最小的两个平行平面之间的距离来评定。按最小条件评定圆度误差时，应用包容实际圆且半径差为最小的两个同心圆之间的半径差来评定。按最小条件评定圆柱度误差时，必须使包容实际圆柱面的两个同轴圆柱面间的半径差为最小。

各个形状误差项目的最小区域形状分别与各自的公差带形状相同，但形状误差的大小由实际被测要素本身决定，它等于形状误差值。形状公差的大小等于公差值，它由设计给定。

3) 最小包容区域

形状误差值用最小包容区域的宽度或直径来表示。所谓最小包容区域，是指包容被测实际要素具有最小宽度或直径的区域，即由最小条件所确定的区域，如图 4 - 72 中Ⅲ位置的阴影部分所示。最小包容区域的形状与公差带形状相同，其大小、方向及位置则随被测要素而定。用最小包容区域评定形状误差的方法，称为最小区域法，它是理想的方法。但在实际测量时，只要能满足零件功能要求，也允许采用近似的评定方法。例如，可以用两端点的连线作为评定直线度误差的基准。通常按近似方法评定的形状误差值均大于最小区域评定的误差值。但当采用不同的评定方法所获得的测量结果有争议时，应以最小区域法作为评定结果的仲裁依据。

2. 直线度误差的评定

直线度误差的评定方法分为最小条件法、两端点连线法和最小二乘法三种。其中，用最小条件法评定所得的结果小于或等于用两端点连线法所得的结果。

1) 最小条件法

按相间原则，由两平行直线(理想要素)包容被测实际要素时，可实现至少三点接触且高低相间，此区域即为最小包容区域。如图 4 - 73 所示，由两条平行直线包容实际被测线时，该实际线上至少有高低相间的三个极点分别与这两条直线呈高—低—高或低—高—低接触，此理想要素为符合最小条件的理想要素，该区域的宽度即为符合定义的直线度误差 f。

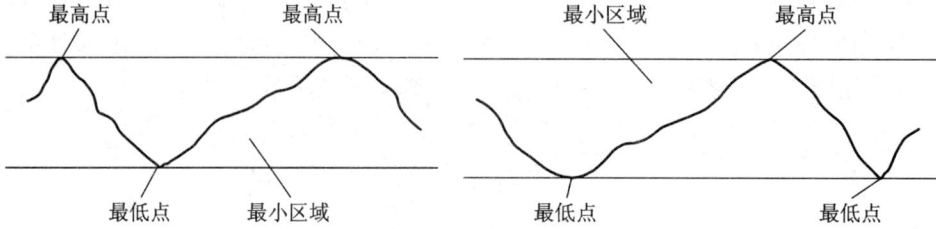

图 4-73　最小条件评定直线度误差

2）两端点连线法

以实际被测直线的首尾两端点的连线作为评定基准，作平行于该连线的两平行直线（理想要素），将被测的实际要素包容，这两条平行直线间的纵坐标距离即为直线度误差 f'，如图 4-74(a)最小条件法亦可求得直线度误差值 f，显然有 $f'>f$。只有两端点连线在误差图形的一侧时，有 $f'=f$（此时两端点连线法符合最小条件），如图 4-74(b)、(c)所示。

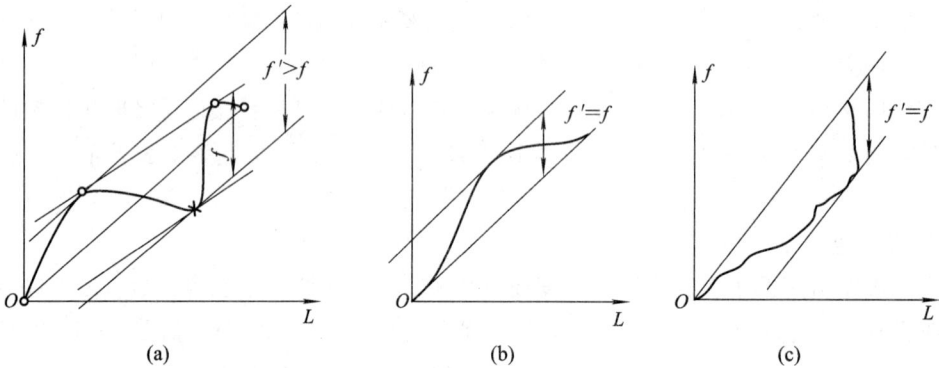

图 4-74　端点连线法评定直线度误差

3）最小二乘法

首先由各点的坐标值求出最小二乘中线，将最小二乘中线作为评定基准，作平行于该中线的两条平行直线（理想要素），包容被测实际要素，这两条平行直线间的纵坐标距离即为直线度误差。或者测量被测实际要素相对于最小二乘中线的最大、最小偏差之差（测点在最小二乘中线上方偏差为正，反之为负），该值即为直线度误差。

例 4-5　用跨距为 200 mm，分度值为 0.02 mm/m 的水平仪测量某导轨的直线度，依次 8 个测点的示值（水平仪的格子数）为：0，+1，+2，+1，0，-1，-1，+1（水平仪只能显示相对值）。试分别用两端点连线法和最小条件法确定其直线度误差值。

解：如图 4-75 所示，水平仪放在导轨上，以水平面为基准，可测量得后一点对前一点的相对高度差，各点之间没有必然的联系。图 4-75 只是表示 1 点相对于 0 点的高度差，2 点相对于 1 点的高度差等。为建立各点之间的联系进而求出整个误差曲线，必须建立以 0 点为坐标原点的二维坐标系，各点对同一坐标的坐标值应该是该点读数与前一点坐标值的累加。例如图 4-75 所示 2 点的坐标值为 1 点相对于 0 点的相对高度差加上 2 点相对于 1 点的相对高度差，而 3 点的坐标值等于 3 点相对于 2 点的相对高度差加上 2 点的坐标值，以此类推。现分别用作图法和坐标变换法来确定其直线度误差值。

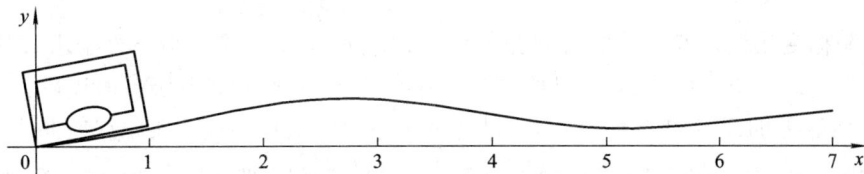

图 4-75　水平仪测直线度

（1）作图法。首先，按测点的序号将相对示值、累积值（测量坐标值）列于表 4-13，再按表中的累积值画出在测量坐标系中的误差曲线，如图 4-76 所示。

表 4-13　直线度误差数据处理

测点序号 i	0	1	2	3	4	5	6	7
相对示值（格数）	0	+1	+2	+1	0	-1	-1	+1
累积值（格数）	0	+1	+3	+4	+4	+3	+2	+3

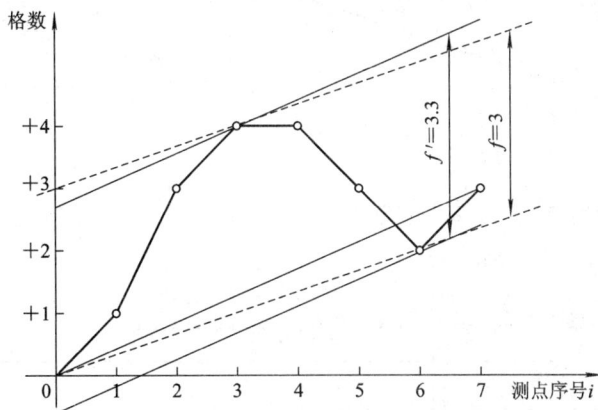

图 4-76　直线度误差曲线

① 两端点连线法。在图 4-76 中，连接误差曲线的首尾两点成一连线，这个连线就是评定基准。平行于这个评定基准，作两条直线（理想要素）包容被测误差曲线。平行于纵坐标轴测量这两条直线的距离，纵坐标值 f' 就是直线度误差值，如图 4-76 中实线所示。从图 4-76 中可以看出，$f'=3.3$ 格。现需要将水平仪的格子数换算成毫米或者微米。由于分度值是 0.02 mm/m，即每 1000 mm 上的一格代表 0.02 mm，而水平仪的桥距为 200 mm，因此水平仪上的一格代表 0.02×200/1000＝0.004 mm，即 4 μm。因此，该导轨的直线度误差值为

$$f = 3.3 \times 4 = 13.2 \ \mu m$$

② 最小条件法。按最小条件法的定义，应在误差曲线上找到两高一低或两低一高的三个点。在图 4-76 的误差曲线上，可以找到两低一高三点，连接这两个低点作一条直线，过高点作平行于这条直线包容误差曲线的另一条直线，如图中虚线所示。平行于纵坐标轴测量这两条虚线的距离，纵坐标值 $f=3$ 格就是直线度误差值。同理，这个误差值是水平仪的

格子数，要换算为微米，即

$$f = 3 \times 4 = 12 \; \mu m$$

（2）坐标变换法。坐标变换法同样可以用两端点连线法或最小条件法求直线度误差值。下面只介绍最小条件法求直线度误差值。在测量坐标系中求出误差曲线后，依然不能确定误差曲线上的高点和低点，因而不能用两理想直线去包容被测实际误差曲线。为了求出误差曲线上的高点和低点，固定纵坐标不变，设想将横坐标轴变换到 np（一条直线）的位置，如图 4-77 所示，在这个位置上就可以找到误差曲线的最高点和最低点。将原横坐标轴变到 np 位置称做坐标变换。实际上在测量坐标系中，将各坐标值依次加上一个对应的等差数列 $0, p, 2p, 3p, 4p, 5p, 6p, 7p\cdots$ 如果纵坐标保持不变，则可以将横坐标变到 np 位置。这个 np 即为直线度的评定基准，平行于这个评定基准作两条直线包容被测实际曲线就求出了直线度误差。

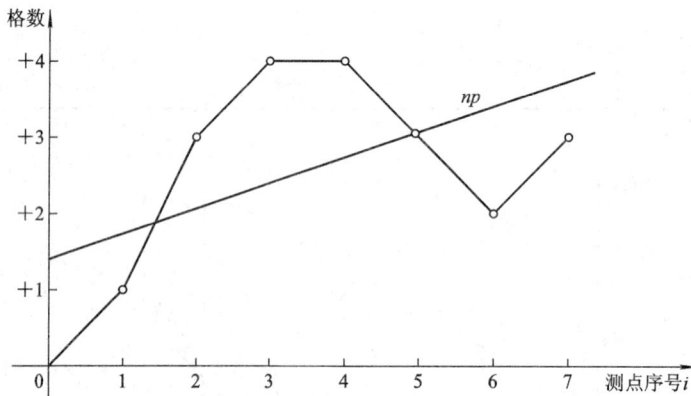

图 4-77　坐标变换法示意图

表 4-14　坐标变换数据处理

测点序号 i	0	1	2	3	4	5	6	7
相对示值（格数）	0	+1	+2	+1	0	-1	-1	+1
累积值（格数）	0	+1	+3	+4	+4	+3	+2	+3
等差数列	0	p	$2p$	$3p$	$4p$	$5p$	$6p$	$7p$
等差数列值	0	$-1/3$	$-2/3$	-1	$-4/3$	$-5/3$	-2	$-7/3$
变换坐标值＝累积值＋等差数列值	0	$+2/3$	$+7/3$	$+3$	$+8/3$	$+4/3$	0	$+2/3$

表 4-14 中 $0, p, 2p, 3p, 4p, \cdots, np, \cdots$ 为设想中的等差数列，数列中 n 为测点序数。表 4-14 中的最后一行是变换后的新坐标值，新坐标值中 0 点和 6 点的坐标是相等的，这表示 0 点和 6 点的连线就是 np 直线，也就是两个低点的连线。如前所述，np 即为直线度的评定基准，平行于这个评定基准作两条直线包容被测实际曲线就可求出直线度误差，所以直线度误差为

$$f = 3 - 0 = 3$$

同理，这个值是水平仪的格子数，水平仪上的一格代表 $0.02 \times 200/1000 = 0.004$ mm，即 4 μm。因此，该导轨的直线度误差值应为

$$f = 3 \times 4 = 12 \ \mu m$$

与用作图法的最小条件法求出的结果相同。如果要用两端点连线法求直线度误差，则只要将首点和尾点连起来，成为 np 线，再相对于这条 np 线作所有其他坐标值的坐标变换，用新坐标的最大值减最小值就可以求出直线度误差值。

　　例 4-6　参考图 4-78，在平板上用指示表测量某窄长平面的直线度误差，即用打表法测量直线度误差。现对实际被测直线等距布置 9 个测点，将在各测点处指示表的示值列于表 4-15 中。根据这些测量数据，按两端点连线法和最小条件法用作图法求解直线度误差值。

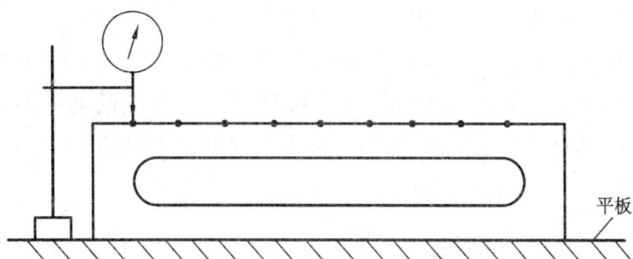

图 4-78　直线度误差测量

表 4-15　直线度误差测量数据

测点序号 i	0	1	2	3	4	5	6	7	8
指示表示值/μm	0	+4	+6	−2	−4	0	+4	+8	+6

　　解：这是将平板作为理想要素与被测实际要素进行比较的一种测量方法。把指示表对零的点作为测量坐标系的原点，然后，指示表的每个示值就是相对于原点的相对值，也是该点的坐标值，根据这些坐标值即可求出误差曲线，如图 4-79 所示。

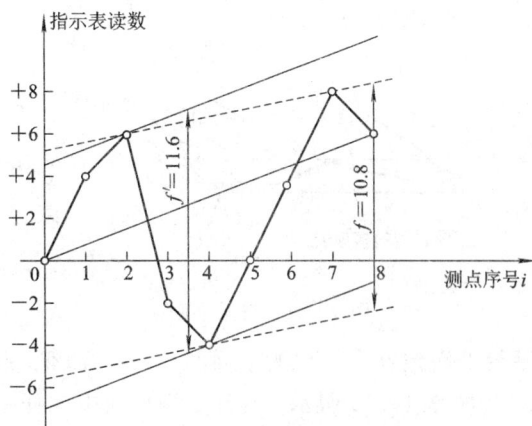

图 4-79　直线度误差曲线

(1) 两端点连线法。在图 4-79 中连接测点 0 和测点 8，得到两端点连线，以该连线为评定基准作平行于该评定基准的两条直线(理想要素)包容实际误差曲线(实际要素)，平行于纵坐标轴测量这两直线间的距离即为直线度误差值 $f'=11.6~\mu m$。

(2) 最小条件法。在图 4-79 中，可以找到两个高点和一个低点，因此可以应用最小条件法。两个高点分别是 2 点和 7 点，过这两个高点作一条直线，过低点 4 点作一条与高点直线平行的直线，这两条直线包容实际误差曲线。平行于纵坐标轴测量这两直线间的距离，就可以求出直线度误差值 $f=10.8~\mu m$，如图 4-79 所示。

3. 平面度误差的评定

1) 最小条件法

用两平行平面(理想平面)包容实际被测要素时，实现至少四点或三点接触，这种接触状态只要符合以下三种情况之一，即为符合最小条件。

(1) 三角形准则。两平行平面包容实际被测平面时，一个高(低)点在另一平面的投影位于三个低(高)点形成的三角形内，如图 4-80 所示，称做三低夹一高，或者三高夹一低。两平面中的任一平面都可以作为评定基准，两平面之间的最小距离即为平面度误差值。

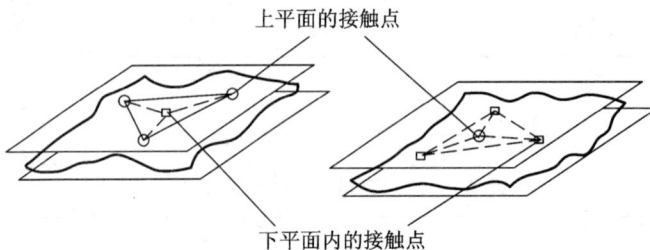

图 4-80 三角形准则

(2) 交叉准则。两平行平面包容实际被测平面时，两个高点的连线在另一个平面的投影与两个低点的连线相交，如图 4-81 所示。两平面中的任一平面都可以作为评定基准，两平面之间的最小距离即为平面度误差值。

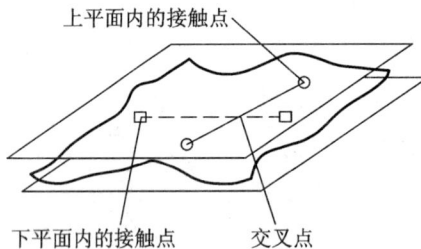

图 4-81 交叉准则

(3) 直线准则。两平行平面包容实际被测平面时，一个高(低)点在另一个平面上的投影位于低(高)点的连线上，如图 4-82 所示。同理，两平面中的任一平面都可以作为评定基准，两平面之间的最小距离即为平面度误差值。

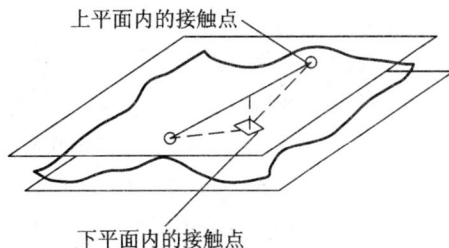

图 4 - 82　直线准则

2）三点法

以实际被测平面上任意选定三点（不在同一直线上的相距最远的三个点）所形成的平面作为评定基准，平行于该评定基准作两平行平面（理想平面）包容实际被测平面，这两个平行平面的最小距离即为平面度误差值，如图 4 - 83 所示。

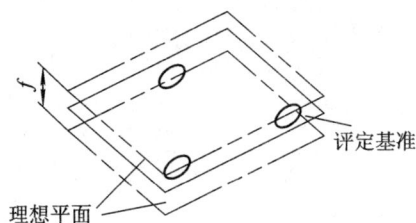

图 4 - 83　三点法

3）对角线法

在实际被测平面上作一条对角线，再作另一条对角线，平行这条对角线，通过第一条对角线作一平面，并将它作为评定基准，作平行该评定基准的两个平行平面（理想平面）包容实际被测平面，这两个平行平面的最小距离即为平面度误差值，如图 4 - 84 所示。或者说，实际平面上相对于该评定基准的最大值和最小值之差即为平面度误差值。

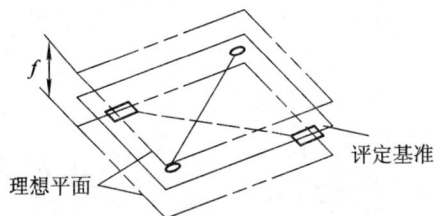

图 4 - 84　对角线法

三点法和对角线法都不符合最小条件，是一种近似方法，其数值比最小条件法稍大，且不是唯一的，但由于其处理方法简单，因此在生产中经常应用。按最小条件法确定的误差值不超过其公差值即可判断该项要求合格，否则为不合格。按三点法和对角线法确定的误差值不超过其公差值可判断该项要求合格，否则既不能确定该项要求合格，也不能判定其不合格，应以最小条件来仲裁。

4. 圆度误差的评定

1) 最小条件法

两同心包容圆（理想要素）与实际被测圆至少呈四点相间接触（外—内—外—内），如图4-85所示，两同心包容圆的半径差即为圆度误差值。当被测轮廓的误差曲线已知时，通常将透明的同心圆模板用试凑的方法，以两同心圆包容误差曲线，直至满足内外交替四点接触为止，两同心圆的半径差即为圆度误差。亦可用计算方法评定圆度误差，先测量实际轮廓，并找出其中心，按一定优化方法将测量中心转换到最小包容区域的中心，求出圆度误差值。

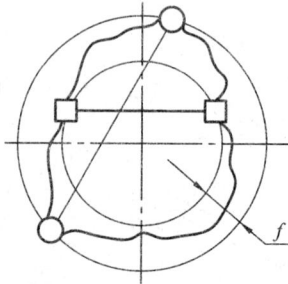

图4-85　最小条件法

2) 最小外接圆法

对实际被测圆作一直径为最小的外接圆，再以此圆的圆心为圆心对实际被测圆作一直径为最大的内接圆，则这两个同心圆的半径差即为圆度误差值，如图4-86所示。最小外接圆法的判别条件也可分为两种：一种为两点接触，即误差曲线（实际被测圆）上有两点与外接圆接触，且两点连线即为该圆的直径，如图4-86(a)所示；另一种为三点接触，即误差曲线由三点与外接圆接触，且三点连线构成锐角三角形，如图4-86(b)所示。最小外接圆法只用于评定外表面的圆度误差。

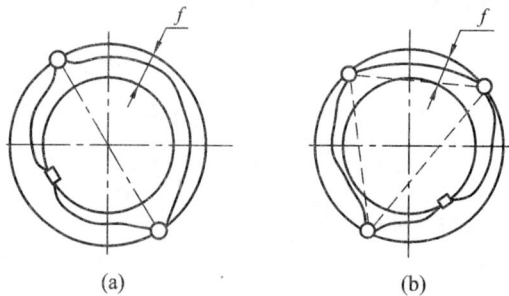

(a)　　　　　　　　(b)

图4-86　最小外接圆法

3) 最大内接圆法

对实际被测圆作一直径为最大的内接圆，再以此圆的圆心为圆心对实际被测圆作一直径最小的外接圆，则这两个同心圆的半径差即为圆度误差值。最大内接圆法的判别条件可分为两种：一种为两点接触，即误差曲线上有两点与内接圆接触，且两点连线即为该圆的直径，如图4-87(a)所示；另一种为三点接触，即误差曲线有三点与内接圆接触，且三点连线构成锐角三角形，如图 4-87(b)所示。最大内接圆法只用于评定内表面的圆度误差。

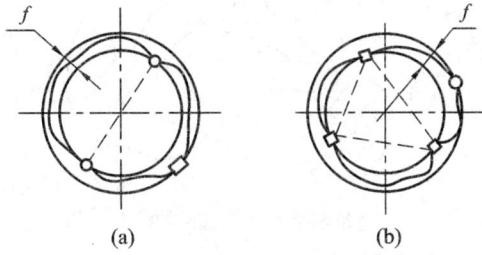

图 4-87　最大内接圆法

4.11.2　位置误差的评定

1. 基准

基准是确定被测要素方向和位置的参考对象。如前所述，在设计图样上标出的基准通常包括单一基准、组合基准和三基面体系，该基准是理想要素，但是在位置误差的评定中，基准是由实际的基准要素来确定的，它也应该是一个理想要素，即必须由实际要素来建立一个理想要素。

1）基准建立的原则

由实际基准要素建立基准时，应以该实际基准要素的理想要素为基准，而理想要素的位置应符合最小条件。对于轮廓基准要素，规定以其最小包容区域的体外边界作为理想基准要素；对于中心基准要素，规定以其最小包容区域的中心要素作为理想基准要素。前者称为"体外原则"，后者称为"中心原则"。

(1) 实际平面是不能作为基准的，必须用该实际平面的理想平面作为基准。例如，以图 4-88 所示的实际平面建立基准时，基准平面应是该实际轮廓面的最小包容区域的体外平面。

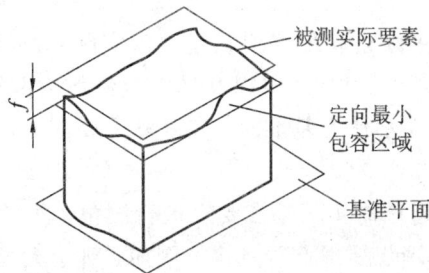

图 4-88　实际平面的基准要素

(2) 实际轴线是不能作为基准的，必须用实际轴线的理想轴线作为基准。实际轴线的理想轴线就是包容实际轴线且直径最小的圆柱面的轴线。若以图 4-89 所示的孔的实际轴线 B 建立基准，则基准轴线应是该实际轴线的最小包容区域的轴线（基准 B）。若规定以若干间断轴线要素作为组合基准，则应该把这些间断轴线要素作为一个整体，作出其最小包容区域，按中心原则确定基准，图 4-90 所示为以公共轴线作为组合基准。

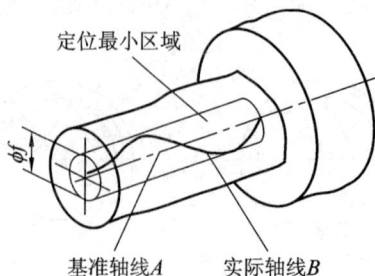

图 4 - 89　实际轴线的基准要素

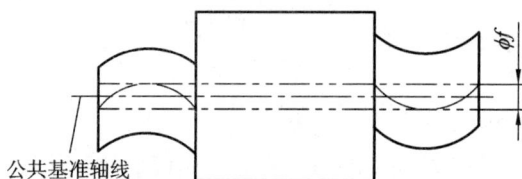

图 4 - 90　公共基准轴线

（3）多基准有时为了完全确定理想被测要素的方向或位置，往往需要多个要素作为基准，即多基准。这时，第二或第三基准是分别对第一基准或对第一和第二基准有方向或位置要求的关联基准要素。因此，用第二或第三基准的实际要素建立基准时，应先作该要素的定向或定位最小包容区域，然后根据轮廓要素（如实际平面）或中心要素（如实际轴线）的不同，分别按"体外原则"或"中心原则"确定理想的关联基准要素的位置。

2）基准的体现方法

在生产实际中，可以用各种方法体现理想基准要素。标准规定的基准体现方法有模拟法、直接法、分析法和目标法。

（1）模拟法。模拟法以具有足够精度的表面与实际要素相接触来体现基准。如用精密平板的工作平面来模拟基准平面，用 V 形块来体现外圆柱面的基准轴线等。

（2）直接法。直接法直接以具有足够形状精度的实际基准要素作为基准。例如，用两点法测量两轴之间的局部实际尺寸时，可以其最大差值作为两轴轴线间的平行度误差值。显然，当直接采用实际基准要素作为基准时，实际基准要素的形位误差会被带入测量结果而影响测量精度。

（3）分析法。分析法是通过对实际基准要素进行测量，然后将根据测量数据用图解法或计算法按最小条件确定的理想要素作为基准。例如，对于大型零件，用其他方法建立或体现基准有困难时，可采用分析法。

（4）目标法。目标法以实际基准要素上的若干点、线或面来建立基准。这些点、线或面称为"基准目标"。"点目标"用球支承体现；"线目标"用刃口支承或轴素线体现；"面目标"按图样上规定的目标形状和尺寸用相应的平面支承来体现。各支承的位置应按图样上规定的位置来体现。

2. 方向误差的评定

方向误差是指实际关联要素对具有确定方向的理想要素的变动量，理想要素的方向由基准确定。

方向误差值用定向最小包容区域的直径或宽度来表示。参看图 4 - 91 评定方向误差时，在理想要素相对于基准 A 的方向保持图样上给定几何关系（平行、垂直或倾斜某一理论正确角度）的前提下，应使实际被测要素对理想要素的最大变动量为最小。方向最小区域的形状与方向公差带的形状相同，但前者的宽度或直径由实际被测要素本身决定。

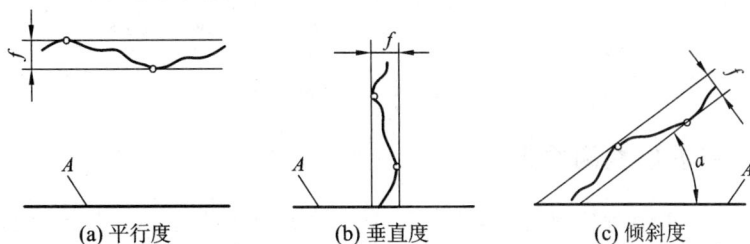

(a) 平行度　　　　　(b) 垂直度　　　　　(c) 倾斜度

图 4 - 91　方向最小包容区域示例

3. 位置误差的评定

位置误差是指实际关联要素对具有确定位置的理想要素的变动量，理想要素的位置由基准和理论正确尺寸确定。

位置误差值用定位最小包容区域（简称位置最小区域）的宽度或直径来表示。位置最小区域是指以理想要素的位置为中心来包容实际被测要素时具有最小宽度或最小直径的包容区域。因此，实际被测要素与位置最小区域通常只有一个点接触。位置误差值等于这个接触点至理想要素所在位置的距离的两倍，如图 4 - 92 所示。

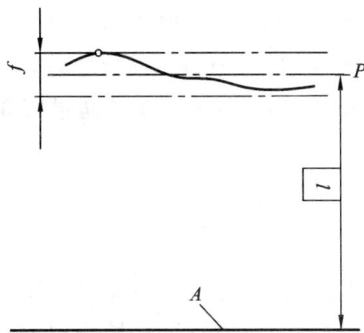

图 4 - 92　由两个平行平面构成的最小包容区域

4. 跳动误差及其评定

（1）圆跳动误差的检测。圆跳动误差是被测要素某一固定参考点围绕基准轴线旋转一周时，指示表测得示值的最大变动量，如图 4 - 93(a)所示。

（2）全跳动误差的检测。全跳动误差是被测要素绕基准轴线连续回转多周，同时指示表作平行或垂直于基准轴线的直线运动时，在整个表面上指示表测得示值的最大变动量，如图 4 - 93(b)所示。

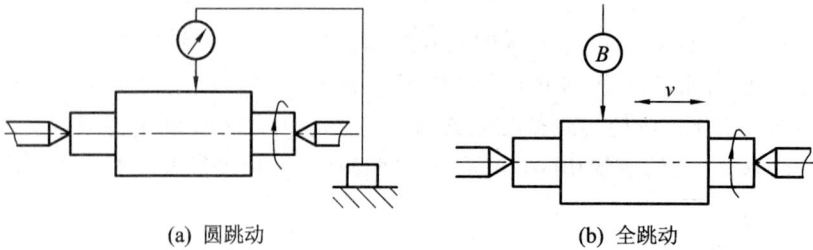

(a) 圆跳动　　　　　　　　　　(b) 全跳动

图 4 - 93　跳动误差的检测

4.11.3　形位误差的检测原则

几何公差共有 14 个特征项目，每个特征项目随被测零件的精度要求、结构形状、尺寸大小和生产批量的不同，其检测方法和设备也不相同，所以检测方法种类繁多。在《产品几何量技术规范(GPS)形状和位置公差检测规定》(GB/T 1958－2004)中，把生产实际应用中行之有效的形位误差检测方法作了概括，归纳为五种检测原则。

(1) 与拟合要素比较原则。将被测提取要素与其拟合要素相比较，量值由直接法或间接法获得，拟合要素由模拟法获得。模拟拟合要素的形状，必须有足够的精度。

(2) 测量坐标值原则。测量被测提取要素的坐标值(如直角坐标值、极坐标值、圆柱面坐标值)，并经数据处理获得形位误差值。

(3) 测量特征参数原则。测量被测提取要素上具有代表性的参数(即特征参数)来表示形位误差值。

按特征参数的变动量来确定形位误差是近似的。

(4) 测量跳动原则。被测提取要素绕基准轴线回转过程中，沿给定方向测量其对某参考点或线的变动量。变动量为指示计最大与最小读数之差。

(5) 控制实效边界原则。检验被测提取要素是否超过实效边界，以判断是否合格。

4.11.4　形位误差的检测

1. 直线度误差的检测

直线度误差的测量仪器有刀口尺、水平仪、自准直仪等。

(1) 刀口尺与被测要素直接接触，使刀口尺和被测要素间的最大间隙为最小，该最大间隙即为被测得直线度误差。间隙的量值可用塞尺测量或与标准间隙比较，如图 4 - 94(a)所示。

(2) 水平仪测量是将水平仪放在桥板上，先调整被测零件，使被测要素大致处于水平位置，然后沿被测要素按节距移动桥板逐段连续测量，如图 4 - 94(b)所示。

(3) 自准直仪测量时将自准直仪放在固定的位置上，反射镜通过桥板放在被测要素上，然后沿被测要素按节距移动反射镜，在自准直仪的读数显微镜中读取相应的读数，进行连续测量，如图 4 - 94(c)所示。

2. 平面度误差的检测

平面度误差测量仪器有平晶、指示器、水平仪和自准直仪等。

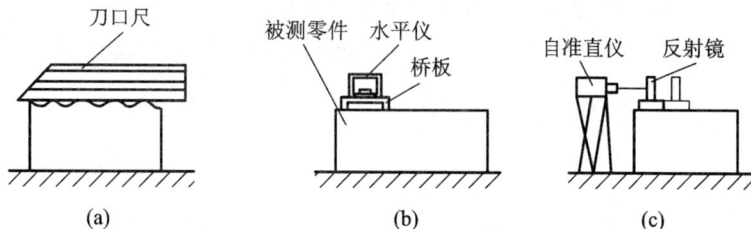

图 4 - 94　直线度误差的测量

(1) 平晶测量通常用于高精度要求的小平面平面度测量。将平晶紧贴在被测表面上，由产生的干涉条纹计算得出所测误差值，如图 4 - 95(a)所示。

(2) 指示器(百分表或千分表)测量通常用于一般要求的平面平面度测量。将被测零件支撑在平板上，将被测平面上两对角线的角点调成等高，按一定布点测量被测表面，取指示器(百分表或千分表)的最大、最小读数差作为该平面度误差近似值，如图 4 - 95(b)所示。

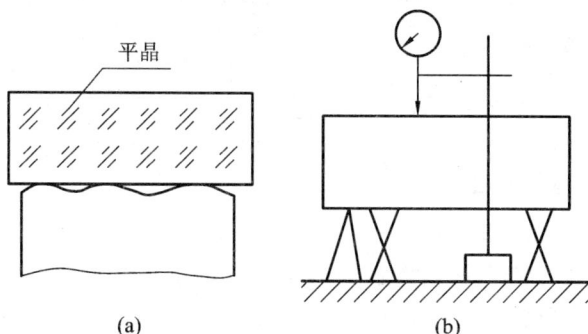

图 4 - 95　平面度的测量方法

3. 圆度误差的检测

圆度误差测量仪器有圆度仪、光学分度头、三坐标测量机或带计算机的测量显微镜、V 形块和带指示表的表架、千分表及投影仪等。

圆度误差测量方法有以下两种：

(1) 用圆度仪测量，其工作原理如图 4 - 96 所示。测量时将被测零件安置在量仪工作台上，调整其轴线与量仪回转轴线同轴。记录被测零件在回转一周内截面各点的半径差，绘制出极坐标图，最后评定出圆度误差。圆度仪的测量精度很高，但价格昂贵。

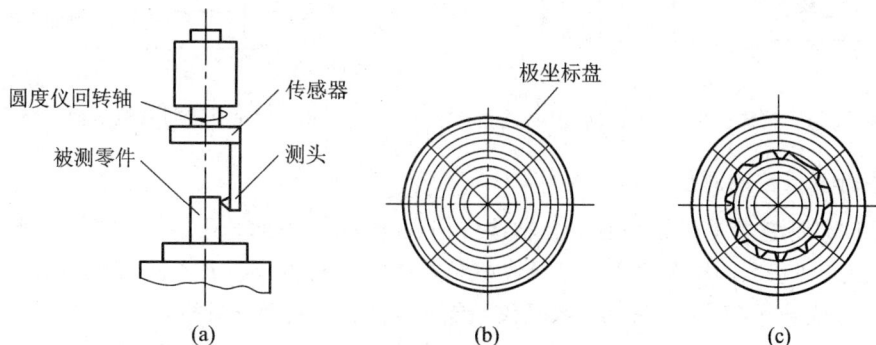

图 4 - 96　圆度仪测量圆度误差原理

（2）用指示表测量，将被测零件放在支撑上，用指示计（百分表或千分表）来测量实际圆的各点对固定点的变化量，如图 4-97 所示。该测量通常用于一般要求回转体圆度测量。

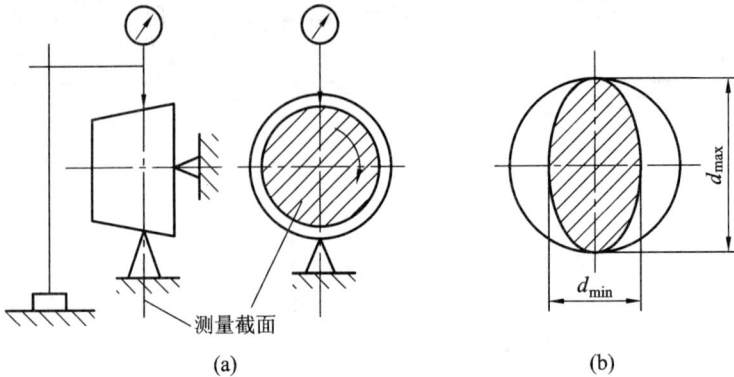

(a)　　　　　　　　　　　　(b)

图 4-97　回转体圆度测量

4. 圆柱度误差的检测

圆柱度误差的测量可在圆度测量基础上，指示计（百分表或千分表）的测头沿被测圆柱表面作轴向运动测得。

5. 轮廓度误差的测量方法

轮廓度误差的测量方法如下：

（1）用轮廓样板模拟理想轮廓曲线（面），与实际轮廓进行比较。如图 4-98 所示，将轮廓样板按规定方向放在被测零件上，根据光隙法估读间隙的大小，最大间隙作为该零件的轮廓度误差。

（2）用坐标测量仪测量曲线（面）上若干点的坐标。如图 4-99 所示，被测零件放置在仪器平台上，进行正确定位。测出实际轮廓上若干点的坐标值，将测量值与理想轮廓的坐标值进行比较，其中差值最大的绝对值的两倍作为该零件的轮廓度误差。

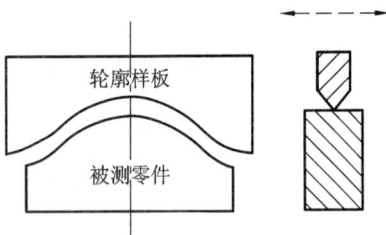

图 4-98　轮廓样板法测量线轮廓度　　　　图 4-99　三坐标测量仪测量面轮廓度

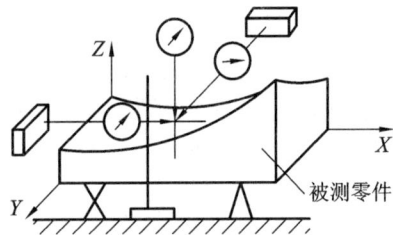

6. 平行度误差的测量

平行度误差测量常采用平板、心轴或 V 形块来模拟平面、孔或轴做基准，测量被测线、面上各点到基准的距离之差，以最大相对差作为平行度误差值。测量仪器有平板和带指示表（百分表或千分表）的表架、水平仪、自准直仪、三坐标测量机等。

面对线平行度误差测量，基准轴线由心轴模拟。如图 4-100(a)所示，将被测零件放在等高支承上，并转动零件使 $L_3 = L_4$，然后测量整个表面，取指示表（百分表或千分表）的最大、最小值之差作为零件的平行度误差 f。

　　线对线平行度误差测量，基准轴线和被测轴线均由心轴模拟。如图 4-100(b)所示，将模拟基准轴线的心轴放在等高支架上，在测量距离为 L_2 的两个位置上测得的读数分别为 M_1、M_2，则平行度误差为 $f=(L_1/L_2)|M_1-M_2|$。当被测零件在互相垂直的两个方向上给定公差要求时，则可按上述方法在两个方向上分别测量 f_1 和 f_2；当被测零件在任意方向上给定公差要求时，按上述方法分别测出 f_1 和 f_2，则平行度误差为 $f=\sqrt{f_1^2+f_2^2}$。

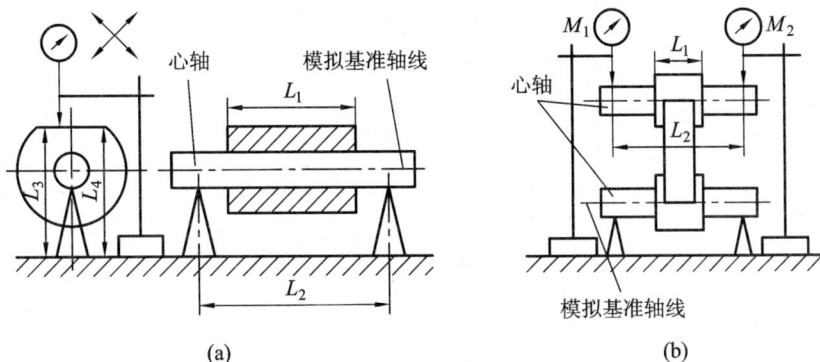

图 4-100　平行度误差的测量示例

7. 垂直度误差的测量

　　垂直度误差常采用转换成平行度误差的方法进行测量。

　　如图 4-101(a)所示，面对面垂直度误差测量时，直角尺垂边来模拟基准平面，指示表（百分表或千分表）调零后测量工件，指示表读数即为该测点的偏差。调整指示表（百分表或千分表）的高度位置以测得不同数值，指示表（百分表或千分表）最大读数差作为被测实际表面对其基准平面的垂直度误差。

　　如图 4-101(b)所示，对线垂直度误差测量时，导向块模拟基准轴线，将被测零件放置在导向块内，后测量整个被测表面，指示表（百分表或千分表）最大读数差作为被测实际表面对其基准轴线的垂直度误差。

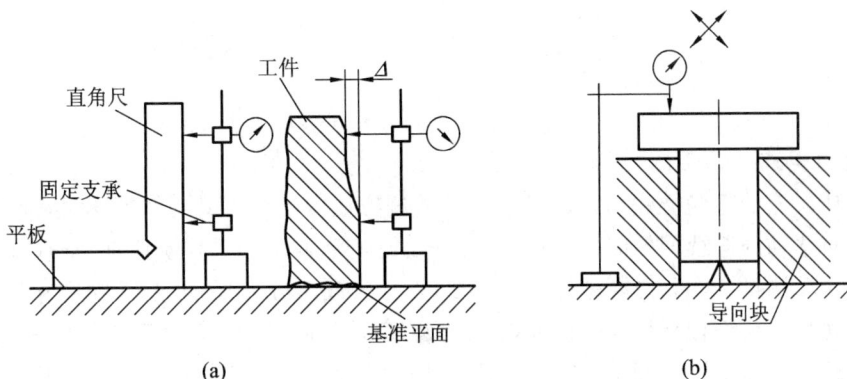

图 4-101　垂直度误差测量示例

8. 对称度误差的检测

对称度误差测量仪器有三坐标测量机、平板和带指示表(百分表或千分表)的表架等。

如图 4-102 所示，被测零件放置在平板上，测量被测表面①与平板之间的距离；将被测零件翻转 180°，测量被测表面②与平板之间的距离；测量截面内对应两测点的最大差值作为该零件的对称度误差。

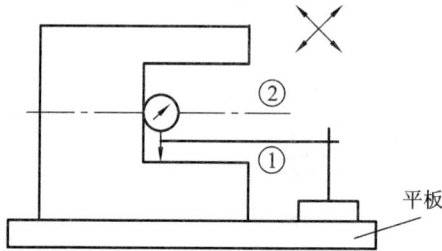

图 4-102　对称度测量示例

9. 跳动误差的检测

1) 圆跳动误差的检测

通常用两同轴顶尖、V 形块、导向套筒、心轴模拟基准轴线，将指示表(百分表或千分表)打在被测轮廓面上，测零件旋转一周，以指示表(百分表或千分表)读数的最大差值作为单个测量面的圆跳动误差。如此对若干测量面进行测量，取测得的最大差值作为该零件的圆跳动误差，图 4-103 所示。

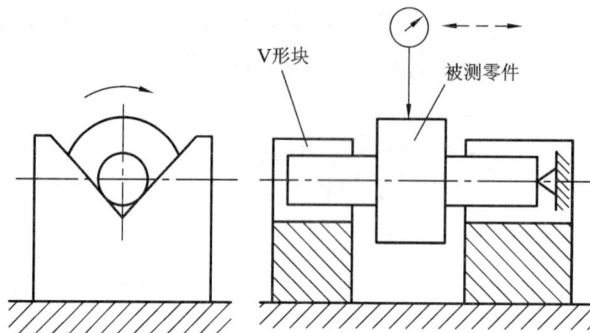

图 4-103　圆跳动测量示例

2) 全跳动误差的检测

全跳动误差的检测方法与圆跳动误差的检测方法类似，区别在于当被测表面绕基准轴线作无轴向移动的连续回转时，指示表(百分表或千分表)沿平行(或垂直)于基准轴线的方向作直线移动测量，整个测量过程中指示表(百分表或千分表)的最大读数差为误差值。

全跳动是一项综合指标，可以同时控制圆度、圆柱度、素线的直线度、平面度、垂直度、同轴度等几何误差。对同一被测要素，跳动包括了圆跳动。因此，给定相同的公差值时，标注全跳动的要求比标注圆跳动的要求更严格。

由于跳动的检测简单易行，因此在生产中常用全跳动的检测代替圆柱度、同轴度、垂直度等的检测。但因将表面的形状误差值也反映到了测量值中，会得到偏大的误差值。若全跳动误差值不超差,则其圆柱度、同轴度、垂直度等项目也不会超差;测得值超差,则原被测全跳动项目也不一定超差。

习题与思考题

4-1　几何公差项目如何分类?其名称和符号是什么?

4-2　几何公差带与尺寸公差带有何区别?几何公差带的要素有哪些?

4-3　下列几何公差项目的公差带有何相同点和不同点?

(1) 圆度和径向圆跳动公差带。

(2) 端面对轴线的垂直度和轴向全跳动公差带。

(3) 圆柱度和径向全跳动公差带。

4-4　若同一被测要素需同时规定形状公差、方向公差和位置公差时,三者的关系应如何处理?

4-5　公差原则有哪些内容?独立原则和包容要求的含义是什么?

4-6　如何正确选择几何公差项目和几何公差等级?具体应考虑哪些问题?

4-7　按要求在图4-104上进行标注:

(1) ϕ30h6 圆柱面的圆柱度公差为 0.008 mm,表面粗糙度 Ra 为 0.8 μm。

(2) ϕ50h7 轴中心线对 ϕ30 中心线同轴度公差为 0.05 mm,被测要素采用最大实体要求,表面粗糙度 Ra 为 1.6 μm。

(3) ϕ50h7 端面对 ϕ30h6 轴线垂直度公差为 0.06 mm。

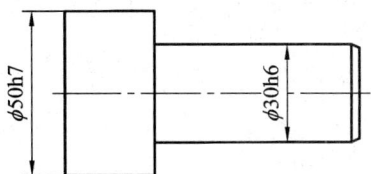

图 4-104　习题 4-7 图

4-8　按要求在图4-105上标注如下几何公差:

(1) ϕ30H7 内孔圆柱面圆度公差为 0.008 mm;表面粗糙度 Ra 为 1.6 μm。

(2) ϕ15H7 内孔圆柱面的圆柱度公差为 0.006 mm;表面粗糙度 Ra 为 0.8 μm。

(3) ϕ30H7 轴中心线对 ϕ15H7 孔中心线的同轴度公差为 ϕ0.05 mm,被测要素采用最

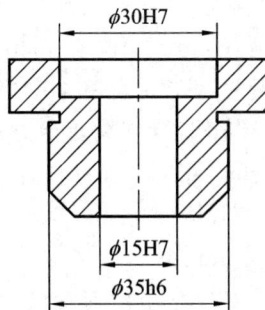

图 4-105　习题 4-8 图

大实体要求。

（4）$\phi30H7$ 孔底端面对 $\phi15H7$ 轴线垂直度公差为 0.05 mm。

（5）$\phi35h6$ 的形状公差采用包容要求；表面粗糙度 Ra 为 0.8 μm。

4-9　试将下列各几何公差的要求标注在图 4-106 中：

① $\phi100h8$ 圆柱面对 $\phi40H7$ 孔轴线的径向圆跳动公差为 0.018 mm；

② 左右两凸台端面对 $\phi40H7$ 孔轴线的端面圆跳动公差均为 0.012 mm；

③ 轮毂键槽中心平面对 $\phi40H7$ 孔轴线的对称度公差为 0.02 mm。

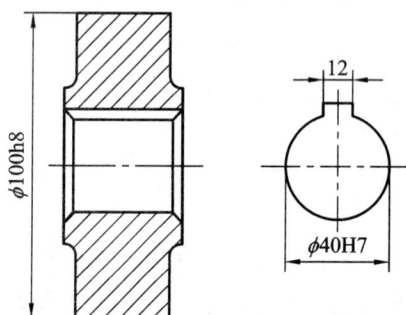

图 4-106　习题 4-9 图

4-10　试将下列各几何公差的要求标注在图 4-107 中：

① 圆锥面 A 的圆度公差为 0.006 mm；

② 圆锥面 A 的素线直线度公差为 0.005 mm；

③ 圆锥面 A 的轴线对 ϕd 圆柱面轴线的同轴度公差为 0.01 mm；

④ ϕd 圆柱面的圆柱度公差为 0.015 mm；

⑤ 右端面 B 对 ϕd 圆柱面轴线的端面圆跳动公差为 0.01 mm。

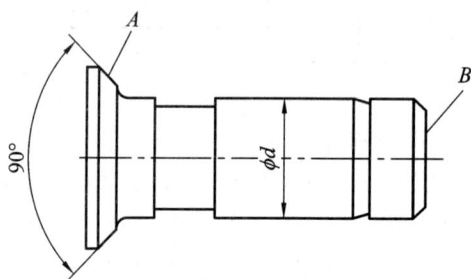

图 4-107　习题 4-10 图

4-11　试将下列各几何公差的要求标注在图 4-108 中：

① 1.6 mm 键槽中心平面对 $\phi55k6$ 圆柱面轴线的对称度公差为 0.012 mm；

② $\phi55k6$ 圆柱面、$\phi60r6$ 圆柱面和 $\phi80G7$ 孔分别对 $\phi65k6$ 圆柱面和 $\phi75k6$ 圆柱面的公共轴线的径向圆跳动公差皆为 0.025 mm；

③ 平面 F 的平面度公差为 0.02 mm；

④ 平面 F 对 $\phi65k6$ 圆柱面和 $\phi75k6$ 圆柱面的公共轴线的端面圆跳动公差为 0.04 mm；

⑤ 10×20P8EQS 孔(均布)对 ϕ65k6 圆柱面和 ϕ75k6 圆柱面的公共轴线(第一基准)及平面 F(第二基准)的位置度公差为 0.5 mm。

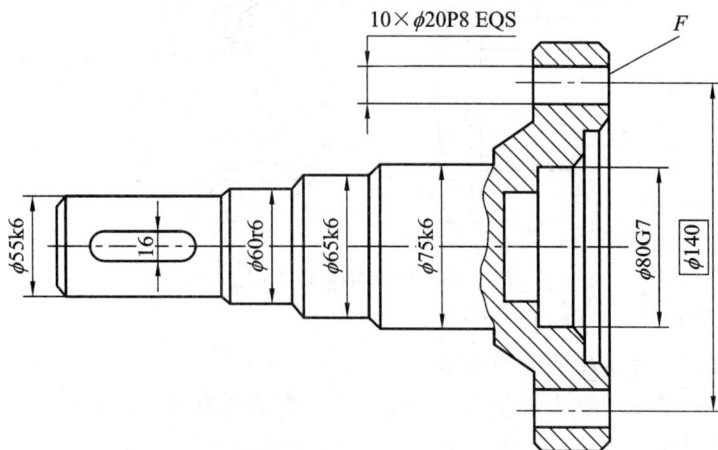

图 4-108　习题 4-11 图

4-12　根据图 4-109 所示，按下表所列各项要求填入数据。

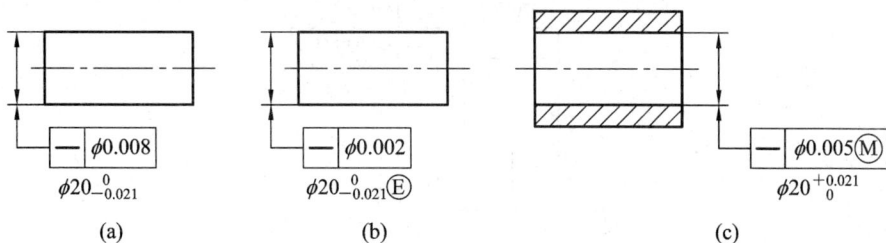

图 4-109　习题 4-12 图

图例	采用公差原则	边界及边界尺寸	给定的形位公差值	可能允许的最大形位误差值
(a)				
(b)				
(c)				

4-13　按题目要求将形位公差要求标注在图 4-110 上。

零件的技术要求：

(1) 法兰盘端面 A 对 ϕ18H8 孔的轴线的垂直度公差为 0.015 mm；

(2) ϕ35 mm 圆周上均匀分布的 4×ϕ8H8 孔，要求以 ϕ18H8 孔的轴线和法兰盘端面 A 为基准能互换装配，位置度公差为 ϕ0.05 mm；

(3) 4×ϕ8H8 四孔组中，有一个孔的轴线与 ϕ4H8 孔的轴线应在同一平面内，它的偏离量不大于 ±10 μm。

试用形位公差代号标出这些技术要求。

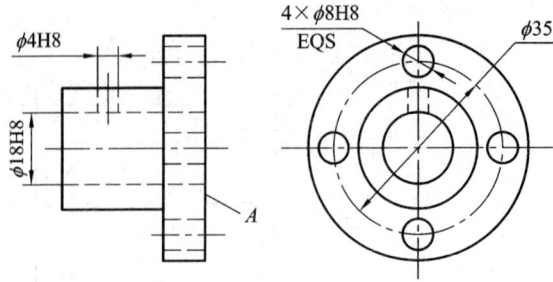

图 4 - 110　习题 4 - 13 图

4 - 14　零件如图 4 - 111 所示：

(1) 指出被测要素遵守的公差原则。

(2) 求出单一要素的最大实体实效尺寸，关联要素的最大实体实效尺寸。

(3) 求被测要素的形状、位置公差的给定值，最大允许值的大小。

(4) 若被测要素实际尺寸处处为 $\phi19.97$ mm，轴线对基准 A 的垂直度误差为 $\phi0.09$ mm，判断其垂直度的合格性，并说明理由。

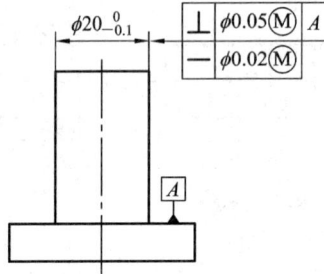

图 4 - 111　习题 4 - 14 图

4 - 15　设某轴的尺寸为 $\phi25.035$ mm，其轴线直线度公差为 0.05 mm，求其最大实体实效尺寸 DMV。

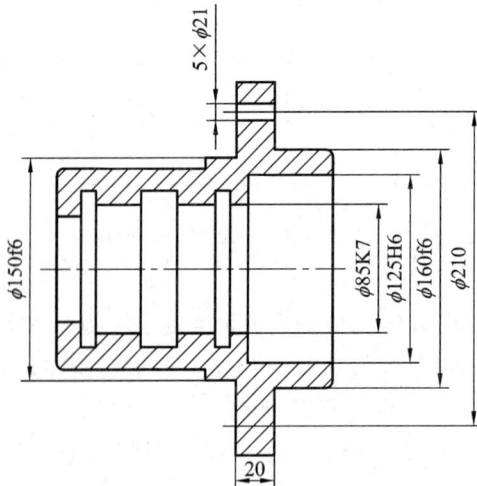

图 4 - 112　习题 4 - 16 图

4-16　将下列各项形位公差要求标注在图 4-112 上：

① φ160f6 圆柱表面对 φ85K7 圆孔轴线的圆跳动公差为 0.03 mm；

② φ150f6 圆柱表面对 φ85K7 圆孔轴线的圆跳动公差为 0.02 mm；

③ 厚度为 20 mm 的安装板左端面对 φ150f6 圆柱面的垂直度公差为 0.03 mm；

④ 安装板右端面对 φ160f6 圆柱面轴线的垂直度公差为 0.03 mm；

⑤ φ125H6 圆孔的轴线对 φ85K7 圆孔轴线的同轴度公差为 φ0.05 mm；

⑥ 5×φ21 孔由与 φ160f6 圆柱面轴线同轴，直径尺寸为 φ210 mm 确定并均匀分布，其位置的位置度公差为 φ0.125 mm。

4-17　指出图 4-113(a)、(b)、(c)、(d) 中几何公差标注的错误，并加以改正(几何公差特征项目不允许变)。

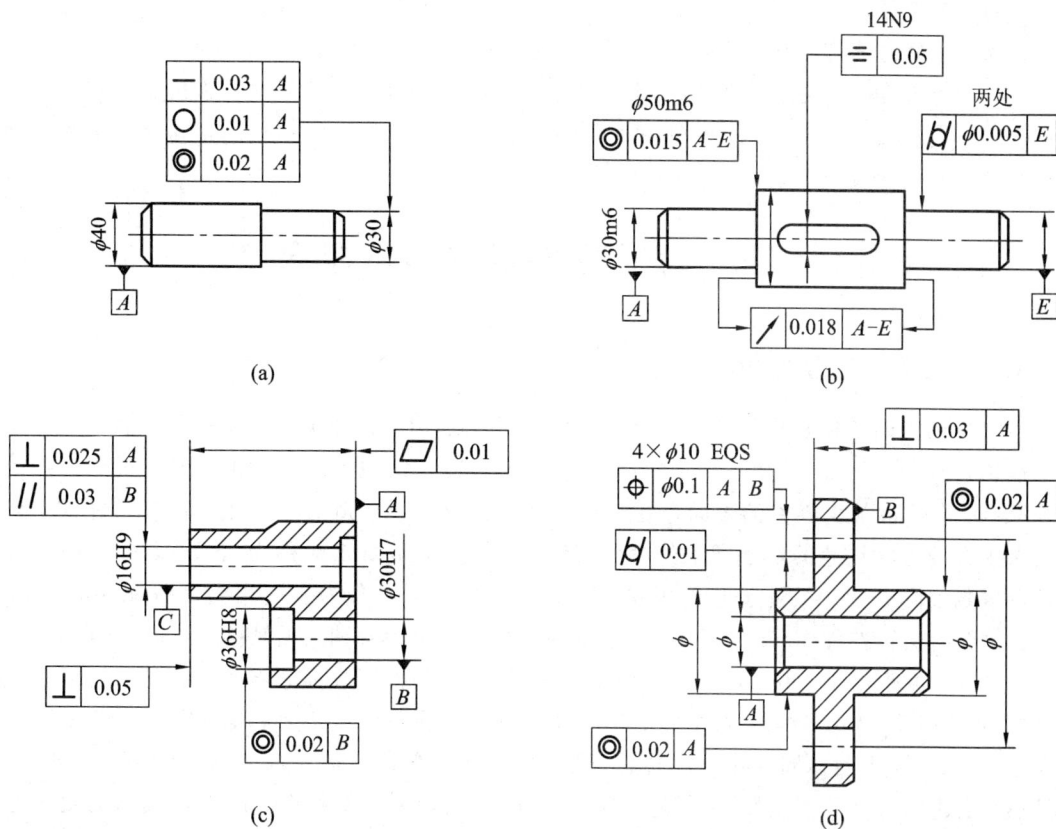

图 4-113　习题 4-17 图

第5章　表面粗糙度

本章导读

机械零件的表面粗糙度对零件的使用性能有很大影响,影响到机器工作的可靠性和使用寿命。为了保证机械产品的使用性能,应该正确选择表面粗糙度参数,并在零部件图上正确标注,同时选定合理的参数评定方法,进行检测。

通过本章学习,要求了解表面粗糙度对机械零件使用性能的影响;掌握表面粗糙度的概念、评定基准和评定参数、基本符号的意义及标注、参数值的一般选用原则;了解表面粗糙度常用的检测方法。

5.1　表面粗糙度的基本概念

5.1.1　表面粗糙度的定义

零件的表面轮廓是指物体与周围介质区分的物理边界。经机械加工后的零件表面,由于加工过程中的刀痕、切屑分离时的塑性变形、刀具与已加工表面间的摩擦、机床的振动等原因,会使被加工零件的表面存在一定的几何形状误差,造成零件表面的凹凸不平,形成微观几何形状误差的较小间距的峰谷(通常波距小于 1 mm),称为表面粗糙度。由于加工形成的实际表面一般处于非理想状态,根据其特征可以分为表面粗糙度(roughness)误差、表面形状误差(primary profile)、表面波纹度(waviness)和表面缺陷。

通常,波距小于 1 mm,大体呈周期性变化的峰谷属于表面粗糙度(微观几何形状误差);波距在 1～10 mm,呈周期性变化的峰谷属于表面波纹度(中间几何形状误差);波距大于 10 mm 且无明显周变化的峰谷属于形状误差(宏观几何形状误差),如图 5-1 所示。显然,上述传统划分方法并不严谨。实际上表面形状误差、表面粗糙度以及表面波纹度之间,并没有确定的界线,它们通常与生成表面的加工工艺和工件的使用功能有关。为此,国际标准化组织(ISO)近年来加强了对表面滤波方法和技术的研究,对复合的表面特征采用软件或硬件滤波的方式,获得与使用功能相关联的表面特征评定参数。

表面粗糙度影响零件的耐磨性、强度、抗腐蚀性、配合性质的稳定性。此外,表面粗糙度还影响零件的密封性、外观和检测精度等。因此,在保证零件尺寸、形状和位置精度的同时,对表面粗糙度也应进行控制。必须严格贯彻实施表面粗糙度标准。现阶段我国采用的表面粗糙度标准为 GB/T 3505—2009、GB/T 1031—2009、GB/T 131—2006 和 GB/T 10610—2009 等。

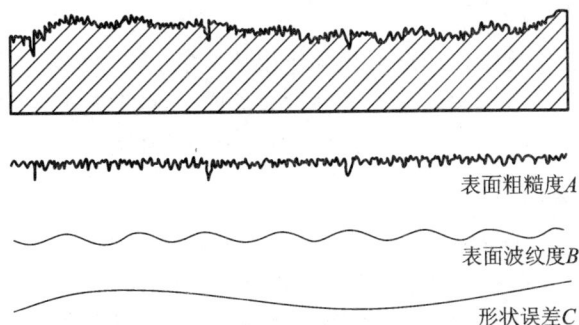

图 5-1　表面粗糙度、表面波纹度、形状误差

5.1.2　表面粗糙度对零件使用性能的影响

1. 对配合性质的影响

对于有配合要求的零件表面，无论是哪一类配合，表面粗糙度都影响配合性质的稳定性。对于间隙配合的零件，表面粗糙度值过大容易形成磨损，使间隙很快增大，从而引起配合性质的改变。特别是在小尺寸、高精度的情况下，此影响更为明显。对于过盈配合，表面粗糙度值过大，配合零件经压装后，零件表面的峰顶被压平，会减少实际有效过盈，降低连接强度。

2. 对零件耐磨性的影响

具有微观几何形状误差的两个表面只能在峰顶发生接触，实际有效接触面积很小，导致单位压力增大，若表面间有相对运动，则峰顶间的接触作用会对运动产生摩擦阻力，同时使零件产生磨损。一般来说，表面越粗糙，摩擦阻力越大，零件表面磨损速度越快，耗能越多，耐磨性越低。

因此，减少零件表面的粗糙程度，可以减小摩擦系数，对工作机械可以提高传动效率，对动力机械可以减少摩擦损失，增加输出功。此外，还可以减少零件表面的磨损，延长机器的使用寿命。但是，表面过于光滑，则不利于润滑油的储存，易使两个接触面间形成半干摩擦甚至干摩擦，反而使摩擦系数增大。同时，由于配合表面过于光洁，还增加了零件接触表面之间的吸附力，也会使摩擦系数增大。所以，特别光滑的表面会加剧磨损。实验证明，磨损量与微观不平度 Ra 之间的关系如图 5-2 所示。

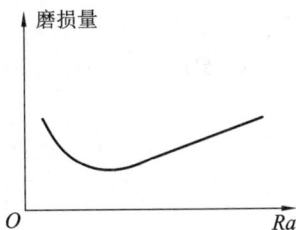

图 5-2　磨损量与 Ra 的关系曲线

3. 对零件抗腐蚀性的影响

金属腐蚀往往是由于化学作用或电化学作用造成的。零件表面越粗糙，积聚在零件表面上的腐蚀性气体或液体也越多，而且会通过表面的微观凹谷向零件内层渗透，使腐蚀加剧。因此，提高零件表面粗糙度质量，可以增强其抗腐蚀能力。

4. 对零件疲劳强度的影响

零件在交变载荷、重载荷及高速工作条件下，其疲劳强度除了与零件材料的物理、力学性能有关外，还与表面粗糙度有很大关系。微观几何形状误差的凹谷，是造成应力集中的因素，零件越粗糙，表面上的凹痕和裂纹越明显，对应力集中越敏感，特别是当零件承受交变载荷时，由于应力集中的影响，使零件疲劳强度降低，导致零件表面产生裂纹而损坏。

5. 对结合密封性的影响

粗糙不平的两个结合表面，仅在局部点上接触必然产生缝隙，影响密封性。对于接触表面之间没有相对滑动的静力密封表面，当表面粗糙，波谷过深时，密封材料在装配受预压后还不能完全填满这些波谷，则将在密封面上留下渗漏间隙。因此，提高零件表面粗糙度质量，可提高其密封性。对于相对滑动的动力密封表面，由于相对运动，表面间需有一定厚度的润滑油膜，所以表面微观不平高度应适宜，一般为 $4 \sim 5 \ \mu m$。

6. 其他影响

表面粗糙度对零件性能的影响远不止以上五个方面。如对接触刚度的影响，对冲击强度的影响，对流体流动的阻力的影响，对表面高频电流的影响以及对机器、仪器的外观质量及测量精度等都有很大影响。

总之，表面粗糙度是精度设计中的一个重要的参数，为了提高产品质量和寿命，应合理选取表面粗糙度。

5.1.3 表面波纹度对零部件性能的影响

表面波纹度对零部件性能的影响除部分与表面粗糙度的影响基本相同外，还有其自身的特点，特别是对某些产品性能的影响尤为突出。

对于滚动轴承，其工作时产生振动的主要因素是表面波纹度。因为形状误差主要反映零件表面的低频分量，而这些低频分量对轴承振动的影响要远远小于高频分量。滚珠的波纹度会使其单体振动值上升，从而使滚动轴承的整体振动和噪声增大。试验表明，滚动轴承的振动和噪声与零件的表面波纹度成正比，波纹度的大小直接影响滚动轴承的多项性能指标。将轴承滚道和滚动体的表面波纹度控制在一定范围内，对提高滚动轴承的精度和延长其使用寿命有重要作用。

波纹度对机械接触式密封件的性能有重要影响。随着波纹度幅值的增加，流体膜承受的负荷将明显增加，泄漏量也将迅速增加。从密封设计和使用要求看，对一个给定的工况，波纹度幅值有相应的最优值。

对于计算机磁盘，磁盘的表面波纹度已成为制约其读写速度的瓶颈。这是由于表面波纹度会引起工作过程中磁头和磁盘表面之间气隙的变动，尽管磁头有跟随功能，但当磁盘转速很高时，气隙的变动可能使磁头响应不及时，从而造成磁头与硬盘碰撞，导致信息丢失、设备损坏的严重后果。

另外，表面波纹度对光学介质表面的光散射具有不可忽视的影响。近年来的研究发现，当光学介质的表面粗糙度要求已提高到纳米水平时，反射率并无明显提高，其原因就是由于波纹度的影响。

5.2　表面粗糙度的评定

表面粗糙度评定的国家标准是 GB/T 3505—2009《产品几何技术规范(GPS)表面结构　轮廓法　表面结构的术语、定义及参数》。测量和评定表面粗糙度时，要确定评定基准和评定参数。

5.2.1　基本术语

1. 取样长度与评定长度

1) 取样长度 lr

在轮廓的 x 轴方向上量取用于判别具有表面粗糙度特征的一段基准长度。在取样长度范围内，一般应包括五个以上的峰和谷，见图 5-3。规定这段长度是为了限制和减弱表面波纹度对表面粗糙度测量结果的影响。取样长度应与被测表面的粗糙度相适应。表面越粗糙，取样长度应越大。

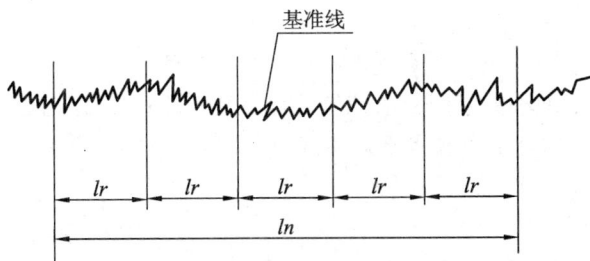

图 5-3　取样长度和评定长度

2) 评定长度 ln

评定长度是指评定轮廓表面 x 轴方向上所必需的一段长度。它可包括一个或几个取样长度，见图 5-3。由于被加工表面粗糙度不一定很均匀，只取一个取样长度中的粗糙度值来评定该表面的粗糙度的质量还不够客观，为了合理、客观反映表面质量，往往评定长度要取几个连续的取样长度。取多少个取样长度与加工方法有关，即与加工所得表面粗糙度的均匀程度有关，越均匀，所取个数可越少。一般情况下取 $ln=5lr$；对于均匀性好的表面，取 $ln<5lr$；对于均匀性较差的表面，取 $ln>5lr$。

2. 中线

中线是具有几何轮廓形状并划分轮廓的基准线，基准线有两种。

1) 轮廓最小二乘中线

轮廓最小二乘中线是指在取样长度范围内，使轮廓线上各点轮廓偏距，也就是纵坐标

值 $z_i(x)$ 的平方和为最小的线，即 $\int_0^{lr}[z(x)]^2\mathrm{d}x$，纵坐标 z 方向如图 5-4 所示。

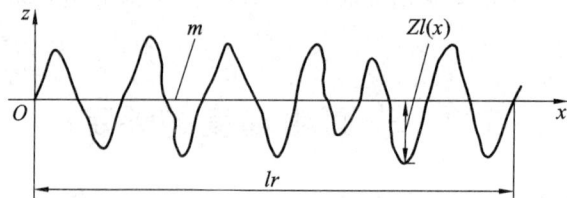

图 5-4　轮廓最小二乘中线

2) 轮廓算术平均中线

轮廓算术平均中线是指在取样长度内，划分实际轮廓为上、下两部分，且使上下两部分面积相等的线，即 $F_1+F_2+\cdots+F_n=F_1'+F_2'+\cdots+F_n'$，如图 5-5 所示。

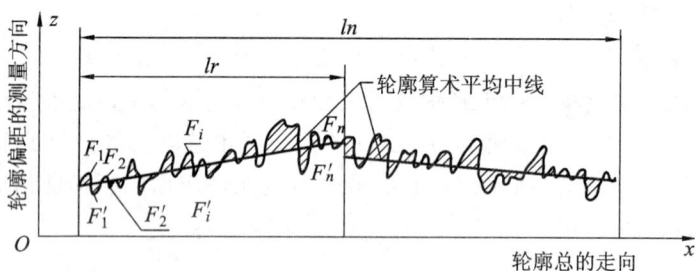

图 5-5　轮廓算术平均中线

在轮廓图形上确定最小二乘中线的位置比较困难，故在实际应用中经常采用轮廓算术平均中线，通常用目测估计确定算术平均中线。

5.2.2　评定参数

为了满足机械产品对零件表面不同的功能要求，国标 GB/T 3505—2009 从表面微观几何形状的幅度、间距等方面的特征，规定了一系列相应的评定参数。下面介绍其中的几个主要参数。

1. 幅度参数(高度参数)

1) 轮廓的算术平均偏差 Ra

在一个取样长度 lr 范围内，被评定轮廓上各点至中线的纵坐标 $z(x)$ 绝对值的算术平均值即为 Ra，如图 5-6 所示。即

$$Ra=\frac{1}{lr}\int_0^{lr}|z(x)|\,\mathrm{d}x \tag{5-1}$$

或近似为

$$Ra=\frac{1}{n}\sum_{i=1}^{n}|z_i(x)| \tag{5-2}$$

Ra 值的大小能客观地反映被测表面微观几何形状高度方面的特性，测量方法也比较简单，所以是普遍采用的评定参数。Ra 值越小，说明被测表面微小峰谷的幅度越小，表面

越光滑；反之，Ra 越大，说明被测表面越粗糙。Ra 值是用触针式电感轮廓仪测得的，受触针半径和仪器测量原理的限制，不宜用作过于粗糙或太光滑表面的评定参数，仅适用于 Ra 值在 $0.025 \sim 6.3\ \mu m$ 的表面。

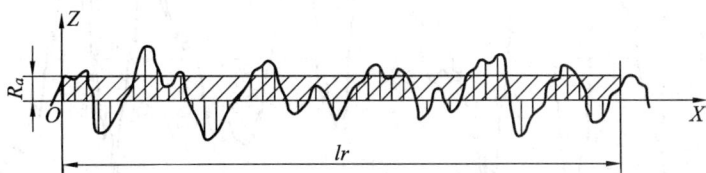

图 5 - 6　轮廓算术平均偏差

2）轮廓的最大高度 Rz

在一个取样长度内，最大轮廓峰高 $Z_{p\max}$ 和最大轮廓谷深 $Z_{v\max}$ 之和的高度，如图 5 - 7 所示，用 Rz 表示。即

$$Rz = Z_{p\max} + Z_{v\max} \tag{5-3}$$

式中：$Z_{p\max}$ 和 $Z_{v\max}$ 都取正值。

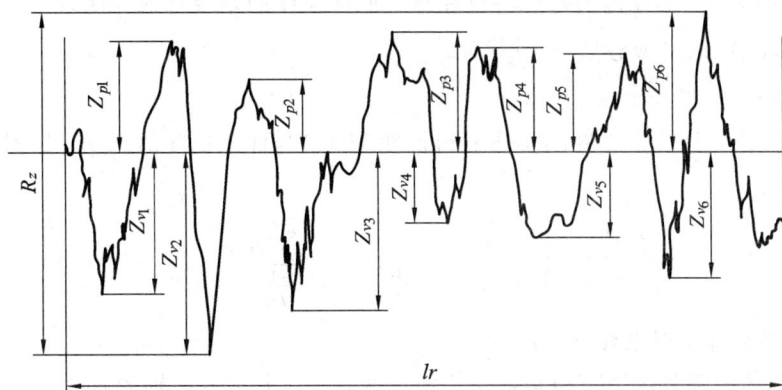

图 5 - 7　轮廓最大高度

（注：在旧的国家标准 GB/T 3505—1983 中，符号 Rz 用于表示"微观不平度十点高度"。而现在使用中的一些表面粗糙度测量仪器大多数是测量以前的 Rz 参数，因此，当采用现行的技术文件时，不能忽略用不同类型的仪器按不同规定计算所得结果之间的差别。）

幅度参数（Ra、Rz）是标准规定必须标注的参数（二者只需取其一），故又称基本参数。

2. 间距参数

在一个取样长度内轮廓单元宽度 Xs 的平均值，用 Rsm 表示，如图 5 - 8 所示。即

$$Rsm = \frac{1}{m} \sum_{i=1}^{m} X_{s_i} \tag{5-4}$$

对 Rsm 需要辨别高度和间距。若未另外规定，省略标注的高度分辨率为 Rz 的 10%，省略标注的间距分辨率为取样长度的 10%，上述两个条件都应满足。GB/T 3505—2009 规定，表面粗糙度轮廓单元的宽度 X_s 是指 x 轴线与表面粗糙度轮廓单元相交线段的长度（见图 5 - 8）；表面粗糙度轮廓单元是指一个表面粗糙度轮廓峰和一个表面粗糙度轮廓谷的组合（见图 5 - 8）。

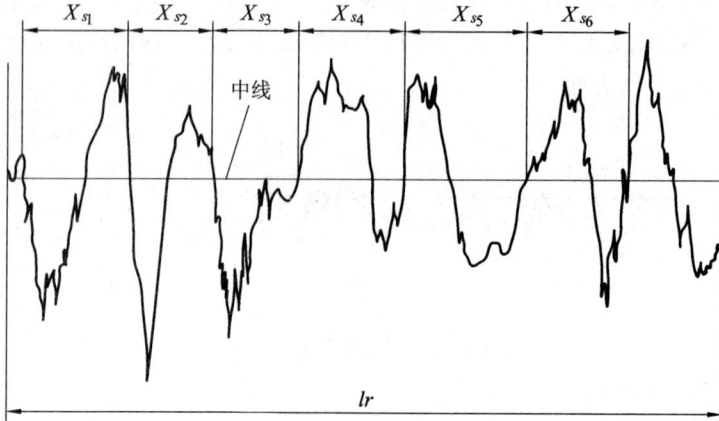

图 5-8　轮廓单元宽度

　　在取样长度始端或末端的评定轮廓的向外部分和向内部分看作是一个表面粗糙度轮廓峰或轮廓谷。当在若干个连续的取样长度上确定若干个表面粗糙度轮廓单元时，在每一个取样长度的始端或末端评定的峰和谷仅在每个取样长度的始端计入一次。

3. 混合参数(形状参数)

1)轮廓的支承长度率 $Rmr(c)$

　　在给定水平位置 C 上轮廓的实体材料长度 $Ml(c)$ 与评定长度的比率，如图 5-9 所示，用 $Rmr(c)$ 表示，即

$$Rmr(c) = \frac{Ml(c)}{ln} = \frac{\sum_{i=1}^{n} b_i}{ln} \tag{5-5}$$

2)轮廓的实体材料长度 $Ml(c)$

　　轮廓的实体材料长度 $Ml(c)$ 是指在评定长度内，一平行于 x 轴的直线从峰顶线向下移一水平截距 c 时，与轮廓相截所得的各段截线长度之和，如图 5-9(a)所示。即

$$Ml(c) = b_1 + b_2 + \cdots + b_i + \cdots + b_n = \sum_{i=1}^{n} b_i \tag{5-6}$$

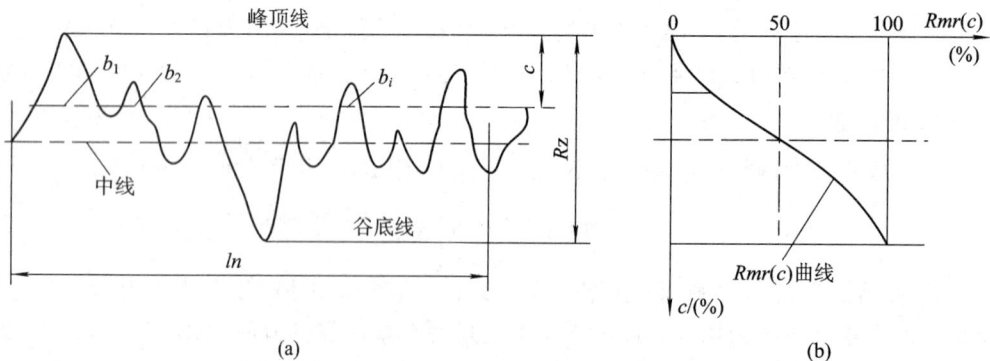

(a)　　　　　　　　　　　　　　　　(b)

图 5-9　轮廓的支承长度率

　　轮廓的水平截距 c 可用微米或用它占轮廓最大高度百分比表示。由图 5-9(a)可以看

出,支承长度率是随着水平截距的大小而变化的,其关系曲线称支承长度率曲线,如图 5-9(b)所示。支承长度率曲线对于反映表面耐磨性具有显著的功效,即从中可以明显看出支承长度的变化趋势,且比较直观。

间距参数(Rsm)与混合参数 $Rmr(c)$ 相对于基本参数而言称为附加参数。只有在少数零件的重要表面有特殊使用要求时,才选用这两个附加参数,附加参数不能单独在图样上注出,只能作为幅度参数的辅助参数注出。

5.3　表面粗糙度的选用

5.3.1　表面粗糙度的参数值

表面粗糙度的参数值已经标准化,设计时应按国家标准 GB/T 1031—2009《产品几何技术规范(GPS)　表面结构　轮廓法　表面粗糙度参数及其数值》规定的参数值系列选取。

幅度参数值列于表 5-1 和表 5-2,间距参数值列于表 5-3,混合参数值列于表 5-4。所有的这些表面粗糙度参数中特别是表 5-1 中 Ra 的参数值…,0.4,0.8,1.6,3.2,6.3,12.5,…应熟记于心,以便于在设计中应用。

表 5-1　轮廓的算术平均偏差 Ra 的数值(摘自 GB/T 1031—2009)　　　μm

0.012	0.2	3.2	50
0.025	0.4	6.3	100
0.05	0.8	12.5	
0.1	1.6	25	

表 5-2　轮廓的最大高度 Rz 的数值(摘自 GB/T 1031—2009)　　　μm

0.025	0.4	6.3	100	
0.05	0.8	12.5	200	
0.1	1.6	25	400	1600
0.2	3.2	50	800	

表 5-3　轮廓单元的平均宽度 Rsm 的数值(摘自 GB/T 1031—2009)　　　mm

0.006	0.100	1.60
0.0125	0.2	3.2
0.025	0.4	6.3
0.05	0.8	12.5

表 5-4　轮廓的支承长度率 $Rmr(c)$ 的数值(摘自 GB/T 1031—2009)　　　%

10	15	20	25	30	40	50	60	70	80	90

注:选用轮廓的支承长度率 $Rmr(c)$ 时,应同时给出轮廓水平截距 c 值。c 值可用微米或 Rz 的百分数表示。Rz 的百分数系列如下:5%、10%、15%、20%、25%、30%、40%、50%、60%、70%、80%、90%。

在规定表面粗糙度要求时，必须同时给定取样长度 lr 和评定长度 ln。取样长度 lr 的数值从表 5-5 给出的系列中选取。

表 5-5　取样长度 lr 的数值（摘自 GB/T 1031—2009）　　　　　mm

0.08	0.25	0.8	2.5	8.0	25

一般情况下，测量 Ra 和 Rz 时，推荐按表 5-6 和表 5-7 选用对应的取样长度及评定长度值，此时取样长度值的标注在图样上或技术文件中可省略。当有特殊要求不能选用表 5-6 和表 5-7 中数值时，应给出相应的取样长度，并在图样上或技术文件中标出。

表 5-6　Ra 参数值与取样长度 lr 值的对应关系（摘自 GB/T 1031—2009）

$Ra/\mu m$	lr/mm	$ln/mm(ln=5lr)$
$\geqslant 0.008\sim 0.02$	0.08	0.4
$>0.02\sim 0.10$	0.25	1.25
$>0.1\sim 2.0$	0.8	4.0
$>2.0\sim 10.0$	2.5	12.5
$>10.0\sim 80.0$	8.0	40.0

表 5-7　Rz 参数值与取样长度 lr 值的对应关系（摘自 GB/T 1031—2009）

$Rz/\mu m$	lr/mm	$ln/mm(ln=5lr)$
$\geqslant 0.025\sim 0.10$	0.08	0.4
$>0.10\sim 0.50$	0.25	1.25
$>0.50\sim 10.0$	0.8	4.0
$>10.0\sim 50.0$	2.5	12.5
$>50.0\sim 320$	8.0	40.0

对于微观不平度间距较大的端铣、滚铣及其他大进给走刀量的加工表面，应按标准中规定的取样长度系列选取较大的取样长度值。

5.3.2　表面粗糙度的选用

1. 幅度参数的选用

幅度参数（Ra 和 Rz）是标准规定的基本参数，可以独立选用。对于有表面粗糙度要求的表面，必须选用一个幅度参数。对于幅度方向的表面粗糙度参数值在 $0.025\sim 6.3\ \mu m$ 的零件表面，标准推荐优先选用 Ra。这是因为 Ra 能够比较全面地反映被测表面的微小峰谷特征，同时，上述范围内用电动轮廓仪能够很方便地测出被测表面 Ra 的实际值。Rz 通常用光学仪器中的双管显微镜或干涉显微镜测量。在表面粗糙度要求特别高或特别低（$0.008\ \mu m<Ra<0.025\ \mu m$ 或 $100\ \mu m>Ra>6.3\ \mu m$）时，选用 Rz。Rz 用于测量部位小、峰谷小或有疲劳强度要求的零件表面的评定。

如图 5-10 所示，5 种表面的轮廓最大高度参数相同，而使用质量明显不同，由此可见，只用幅度参数不能全面反映零件表面微观几何形状误差。因此，对于有特殊要求的少数零件的重要表面，需要加选附加参数 Rsm 或 $Rmr(c)$。

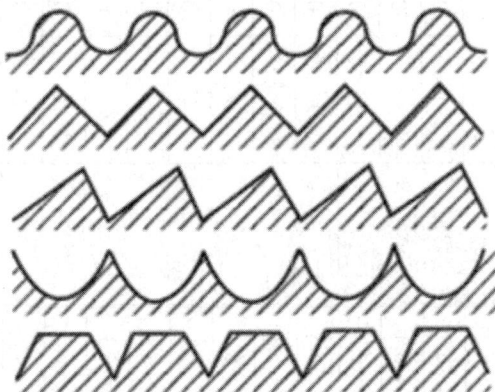

图 5 - 10 微观形状对质量的影响

2. 间距参数的选用

附加参数 Rsm 和 $Rmr(c)$ 一般不能作为独立参数选用，只有少数零件的重要表面，有特殊使用要求时才附加选用。Rsm 主要在对涂漆性能，如喷涂均匀、涂层有极好的附着性和光洁性等有要求时选用。另外要求冲压成形时抗裂纹、抗振、抗腐蚀、减小流体流动摩擦阻力等时也选用。例如，汽车外形薄钢板，除控制幅度参数 $Ra(0.9 \sim 1.3\ \mu m)$ 外，还需进一步控制 $Rsm(0.13 \sim 0.23\ \mu m)$，主要是提高钢板的可漆性。

3. 混合参数的选用

轮廓的支承长度率 $Rmr(c)$ 主要在耐磨性、接触刚度要求较高等场合附加选用。

4. 参数值的选用

表面粗糙度参数值选择的合理与否，不仅对产品的使用性能有很大的影响，而且直接关系到产品的质量和制造成本。一般来说，表面粗糙度值（评定参数值）越小，零件的工作性能越好，使用寿命也越长。但绝不能认为表面粗糙度值越小越好。为了获得表面粗糙度值小的表面，则零件需经过复杂的工艺过程，这样加工成本可能随之急剧增高。因此选择表面粗糙度参数值既要考虑零件的功能要求，又要考虑其制造成本。所以，表面粗糙度参数值的选用原则是满足零件的功能要求，其次是考虑经济性及工艺的可能性。

一般说来，表面粗糙度的选用原则是在满足功能要求的前提下，参数的允许值应尽可能大些（$Rmr(c)$ 则尽可能小些）。可以从以下几方面考虑选择表面粗糙度。

1）加工角度

采用什么样的加工方法，就能获得什么样的零件表面。因此在设计一个零件时，就应该明白，任何一个表面粗糙度的参数值都是与加工方法紧紧地联系在一起的。为了了解各种加工方法与表面粗糙度参数值的联系，表 5 - 8 列出了各种常用加工方法可能达到的表面粗糙度。

表5-8　各种常用加工方法可能达到的表面粗糙度 Ra 参数值

加工方法		Ra/μm	加工方法		Ra/μm	加工方法		Ra/μm	加工方法		Ra/μm
砂模铸造、型壳铸造		6.3~100	金刚镗孔		0.05~0.4	车端面	粗	0.8~6.3	电解磨		0.8~6.3
金属模铸造		1.6~50	镗孔	粗	6.3~50	车端面	半精	0.8~6.3	电火花加工		0.8~6.3
离心铸造		1.6~25	镗孔	半精	0.4~6.3	车端面	精	0.8~6.3	切割	气割	0.8~6.3
精密铸造		0.8~12.5	镗孔	精	0.4~1.6	磨外圆	粗	0.8~6.3	切割	锯	0.8~6.3
蜡模铸造		0.4~12.5	铰孔	粗	1.6~12.5	磨外圆	半精	0.8~6.3	切割	车	0.8~6.3
压力铸造		0.4~6.3	铰孔	半精	0.4~3.2	磨外圆	精	0.8~6.3	切割	铣	0.8~6.3
热轧		6.3~100	铰孔	精	0.1~1.6	磨平面	粗	0.8~6.3	切割	磨	0.8~6.3
模锻		1.6~100	拉削	半精	0.4~3.2	磨平面	半精	0.8~6.3	螺纹加工	丝锥板牙	0.8~6.3
冷轧		0.2~12.5	拉削	精	0.1~0.4	磨平面	精	0.8~6.3	螺纹加工	梳铣	0.8~6.3
挤压		0.4~12.5	滚铣	粗	3.2~25	珩磨	平面	0.8~6.3	螺纹加工	滚	0.8~6.3
冷拉		0.2~6.3	滚铣	半精	0.8~6.3	珩磨	圆柱	0.8~6.3	螺纹加工	车	0.8~6.3
锉		0.4~25	滚铣	精	0.4~1.6	研磨	粗	0.8~6.3	螺纹加工	搓丝	0.8~6.3
刮削		0.4~12.5	端面铣	粗	3.2~12.5	研磨	半精	0.8~6.3	螺纹加工	滚压	0.8~6.3
刨削	粗	6.3~25	端面铣	半精	0.4~6.3	研磨	精	0.8~6.3	齿轮及花键加工	磨	0.8~6.3
刨削	半精	1.6~6.3	端面铣	精	0.2~1.6	抛光	一般	0.8~6.3	齿轮及花键加工	研磨	0.8~6.3
刨削	精	0.4~1.6	车外圆	粗	6.3~25	抛光	精	0.8~6.3	齿轮及花键加工	刨	0.8~6.3
插削		1.6~25	车外圆	半精	1.6~12.5	滚压抛光		0.8~6.3	齿轮及花键加工	滚	0.8~6.3
钻孔		0.8~25	车外圆	精	0.2~1.6	超精加工	平面	0.8~6.3	齿轮及花键加工	插	0.8~6.3
扩孔	粗	6.3~25	金刚车		0.025~0.2	超精加工	柱面	0.8~6.3	齿轮及花键加工	磨	0.8~6.3
扩孔	精	1.6~6.3				化学磨		0.8~6.3	齿轮及花键加工	剃	0.8~6.3

2）设计角度

零件本身的功能要求和零件间的装配关系也与选择该零件表面的表面粗糙度值有关。对有装配要求的配合表面，外观要求美观的表面，承受交变载荷的表面等，应该选用较小的表面粗糙度值，而对某些非配合的表面则可以尽量选用较大的表面粗糙度值。现以某轴为例来说明轴的配合面和非配合面的表面粗糙度的选择，如表 5-9 所示。

表 5-9　某轴表面的表面粗糙度值 Ra 的选择

配合情况	加工手段	表面粗糙度值 Ra	应用举例
非配合面	粗加工	12.5	轴端面、倒角、键槽底面、轴肩等
	半精加工	6.3	
配合面	半精加工	3.2	键槽侧面、轴肩
	精加工	1.6	轴颈、轴肩
		0.8	
		0.4	

3）选择参数值时的一般原则

零件表面粗糙度参数值的选择即要满足零件表面的功能要求，也要考虑到经济性，一般选择原则如下：

（1）同一零件上，工作表面的 Ra 或 Rz 值比非工作表面小。

（2）摩擦表面比非摩擦表面的 Ra 或 Rz 值要小；滚动摩擦表面比滑动摩擦表面的 Ra 或 Rz 值要小。

（3）运动速度高、单位面积压力大的摩擦表面应比运动速度低、单位面积压力小的摩擦表面 Ra 或 Rz 值要小。

（4）受交变应力作用表面和容易引起应力集中的部分（如零件的圆角、沟槽等）的 Ra 或 Rz 值应较小。

（5）配合性质要求高的结合表面（如小间隙配合的配合表面）以及要求连接可靠、受重载荷作用的过盈配合表面的 Ra 或 Rz 值都应较小；间隙配合比过盈配合的表面粗糙度值要小。

（6）配合性质相同，一般情况下，零件尺寸越小则表面粗糙度参数值应越小；同一精度等级的小尺寸比大尺寸、轴比孔的 Ra 或 Rz 值要小。

（7）在确定表面粗糙度参数值时，应注意协调好它与尺寸公差值和形位公差值之间的关系。一般尺寸公差和形位公差值越小，表面粗糙度的 Ra 或 Rz 值应越小。但表面粗糙度参数值和尺寸公差、表面形状公差之间并不存在确定的函数关系，如手轮、手柄的尺寸公差较大，但表面粗糙度参数值却较小。

（8）防腐蚀、密封性要求高或外表要求美观的表面 Ra 或 Rz 值应较小。

（9）凡有关标准已对表面粗糙度要求作出规定的标准件或常用典型零件（如与滚动轴承配合的轴颈和基座孔、与键配合的轴槽和轮毂槽的工作面等），则应按该标准确定其表面粗糙度参数值。

表 5-10 列出了表面粗糙度的表面特征、经济加工方法和应用举例供选择表面粗糙度时参考。

表 5 – 10　表面粗糙度的表面特征、经济加工方法及应用举例

表面微观特性		$Ra/\mu m$	加工方法	应用举例
粗糙表面	微见刀痕	≤20	粗车、粗刨、粗铣、钻、毛锉、锯断	半成品粗加工过的表面，非配合的加工表面，如轴端面、倒角、钻孔壁、齿轮和皮带轮侧面、键槽底面、垫圈接触面
半光表面	微见加工痕迹	≤10	车、刨、铣、镗、钻、粗铰	轴上不安装轴承表面、齿轮处的非配合表面，紧固件的自由装配表面，轴和孔的退刀槽
半光表面	微见加工痕迹	≤5	车、刨、铣、镗、磨、拉、粗刮、滚压	半精加工表面，箱体、支架、盖面、套筒等和其他零件结合且无配合要求的表面，需要发蓝的表面等
半光表面	看不清加工痕迹	≤2.5	车、刨、铣、镗、磨、拉、刮、压、铣齿	接近于精加工表面，箱体上安装轴承的镗孔表面，齿轮的工作面
光表面	可辨加工痕迹方向	≤1.25	车、镗、磨、拉、刮、精铰、磨齿、滚压	圆柱销、圆锥销，与滚动轴承配合的表面，普通车床导轨面，内、外花键定心表面
光表面	微辨加工痕迹方向	≤0.63	精铰、精镗、磨、刮、滚压	要求配合性质稳定的配合表面，工作时受交变应力的重要零件，较高精度车床的导轨面
光表面	不可辨加工痕迹方向	≤0.32	精磨、珩磨、研磨、超精加工	精密机床主轴锥孔、顶尖圆锥面、发动机曲轴、凸轮轴的工作表面，高精度齿轮齿面
极光表面	暗光泽面	≤0.16	精磨、研磨、普通抛光	精密机床主轴轴颈表面，一般量规工作表面，汽缸套内表面，活塞销表面
极光表面	亮光泽面	≤0.08	超精磨、精抛光、镜面磨削	精密机床主轴轴颈表面，滚动轴承的滚珠，高压油泵中柱塞和柱塞套的配合表面
极光表面	镜状光泽面	≤0.04		
极光表面	镜面	≤0.01	镜面磨削、超精研	高精度量仪、量块的工作表面，光学仪器中的金属镜面

4）类比法选用表面粗糙度值

在工程实际中，由于表面粗糙度和功能的关系十分复杂，因而很难准确确定参数的允许值，在具体设计时，除有特殊要求的表面外，一般多采用经验统计资料用类比法来选用。根据类比法初步确定表面粗糙度后，再对比工作条件做适当调整。例如，用类比法选择齿轮齿面的表面粗糙度值。机械手册规定，对于平稳性精度为 8 级精度的齿轮，闭式传动，它的齿面的表面粗糙度值应该是 Ra 为 1.6 μm。从加工角度来看，表示齿轮经过滚刀加工后表面粗糙度可以达到的值。如果设计时，齿轮的平稳性精度为 9 级，开式传动，那么根据齿轮的精度等级和齿轮的工作条件，可以考虑将表面粗糙度降低一级，取 Ra 值为 3.2 μm。从加工角度来看，表示可以采用仿形法加工齿轮，即使用盘状铣刀或指状铣刀加工齿轮，提高了齿轮加工的经济性。如果设计时，齿轮的平稳性精度为 7 级，同样是闭式传动，即精度等级虽然高一级，但工作条件相同。这时，如果想提高齿轮加工的经济性，可以同样选择齿面表面粗糙度 Ra 为 1.6 μm，表示该齿轮仍然可以用滚刀来加工；如果想提高齿轮的工作性能，增加齿轮的接触刚度，也可以选择齿轮齿面表面粗糙度 Ra 为

0.8 μm，此时，齿轮必须上磨床磨削以达到设计的精度标准。为了便于使用类比法，表 5-11 列出了各类配合要求的孔和轴的表面粗糙度参数推荐值，供选用类比法时参考。

表 5-11 各类配合要求的孔和轴的表面粗糙度 *Ra* 的推荐值

表面特征			*Ra*/μm 不大于				
	公差等级	表面	公称尺寸/mm				
			≤50		>50～500		
轻度装卸零件的配合表面（如挂轮、滚刀等）	5	轴	0.2		0.4		
		孔	0.4		0.8		
	6	轴	0.4		0.8		
		孔	0.4～0.8		0.8～1.6		
	7	轴	0.4～0.8		0.8～1.6		
		孔	0.8		1.6		
	8	轴	0.8		1.6		
		孔	0.8～1.6		1.6～3.2		
过盈配合的配合表面 ① 按机械压入法装配； ② 按热处理法装配	公差等级	表面	公称尺寸/mm				
			≤50	>50～120		>120～500	
	5	轴	0.1～0.2	0.4		0.4	
		孔	0.2～0.4	0.8		0.8	
	6～7	轴	0.4	0.8		1.6	
		孔	0.8	1.6		1.6	
	8	轴	0.8	0.8～1.6		1.6～3.2	
		孔	1.6	1.6～3.2		1.6～3.2	
	—	轴	1.6				
		孔	1.6～3.2				
精密定心用配合的零件表面		表面	径向跳动公差/μm				
			2.5	4	6	10	16	25
			Ra/μm 不大于				
		轴	0.05	0.1	0.1	0.2	0.4	0.8
		孔	0.1	0.2	0.2	0.4	0.8	1.6
滑动轴承的配合表面		表面	公差等级		液体湿摩擦条件		
			6～9	10～12			
			Ra/μm 不大于				
		轴	0.4～0.8	0.8～3.2	0.1～0.4		
		孔	0.8～1.6	1.6～3.2	0.2～0.8		

5.4 表面粗糙度的符号、代号及其标注

图样上所标注的表面粗糙度符号、代号，是该表面完工后的要求。表面粗糙度的标注应符合国家标准 GB/T 131—2006《产品几何技术规范(GPS)技术产品文件中表面结构的表示法》的规定。

5.4.1 表面粗糙度的符号

1. 基本图形符号

基本图形符号由两条不等长的与标注表面成 60°夹角的直线构成，如图 5-11 所示。基本图形符号仅用于简化代号标注，没有补充说明时不能单独使用。

2. 扩展图形符号

在基本图形符号上加一短横，表示指定表面是用去除材料的方法获得，如车、铣、钻、磨、剪切、抛光、腐蚀、电火花加工、气割等，如图 5-12 所示。

在基本图形符号上加一个圆圈，表示指定表面是用不去除材料的方法获得，如铸、锻、冲压变形、热轧、冷轧、粉末冶金等，如图 5-13 所示。

图 5-11 表面粗糙度基本图形符号 　　图 5-12 去除材料的扩展图形符号 　　图 5-13 不去除材料的扩展图形符号

3. 完整图形符号

当要求标注表面粗糙度的补充信息时，应在上述三个图形符号的长边上加一横线，如图 5-14 所示。

(a) 允许任何工艺　　(b) 去除材料　　(c) 不去除材料

图 5-14 完整图形符号

4. 工件轮廓各表面的图形符号

当在图样某个视图上构成封闭轮廓的各表面有相同的表面粗糙度要求时，应在图 5-14 的完整图形符号上加一圆圈，标注在图样中工件的封闭轮廓线上，如图 5-15 所示。如果标注会引起歧义时，各表面应分别标注。

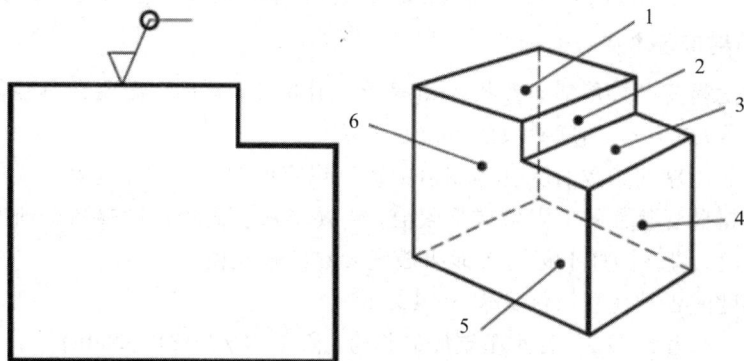

注：图示的表面结构符号是指对图形中封闭轮廓的六个面的共同要求（不包括前后面）。

图 5 - 15　对周边各面有相同要求的标注

5. 表面粗糙度完整图形符号的组成

为了明确表面粗糙度要求，除了标注表面粗糙度参数和数值外，必要时应标注补充要求，补充要求包括传输带、取样长度、加工工艺、表面纹理及方向、加工余量等。

在完整符号中，对表面粗糙度的单一要求和补充要求应注写在图 5 - 16 所示的指定位置。

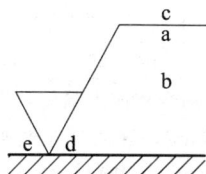

图 5 - 16　补充要求的注写位置

在图 5 - 16 中，位置 a～e 分别注写以下内容：

（1）位置 a 注写表面粗糙度的单一要求，即标注表面粗糙度参数代号、极限值和传输带或取样长度。为避免误解，在参数代号和极限值之间应插入空格。传输带或取样长度后应有一斜线"/"，之后是表面粗糙度参数代号，最后是数值。

（2）位置 a 和 b 注写两个或多个表面粗糙度要求。在位置 a 注写第一个表面粗糙度要求，在位置 b 注写第二个表面粗糙度要求。如果要注写第三个或更多个表面粗糙度要求，图形符号应在垂直方向扩大，以空出足够的空间。扩大图形符号时，a 和 b 的位置随之上移。

（3）位置 c 注写加工方法，即注写加工方法、表面处理、图层或其他加工工艺要求等，如车、磨、镀等加工表面。

（4）位置 d 注写表面纹理和方向，即注写所要求的表面纹理和纹理的方向，如"＝"、"X"、"M"。

（5）位置 e 注写加工余量，即注写所要求的加工余量，以毫米为单位给出数值。

5.4.2　表面粗糙度要求在图样和其他技术产品文件中的注法

表面粗糙度要求对每一表面一般只注写一次，并尽可能注写在相应的尺寸及其公差的同一视图上。除了另有说明，所标注的表面粗糙度要求是对零件最后完工表面的要求。

1. 表面粗糙度基本参数的标注

表面粗糙度幅度参数是基本参数，Ra 和 Rz 用数值表示时，需要在参数值前标注出相应的参数代号 Ra 或 Rz，幅度参数的单位是 μm。

当允许表面粗糙度参数的所有实测值中超过规定值的个数少于总数的 16% 时，应在图样上标注表面粗糙度参数的上限值或下限值；当要求在表面粗糙度参数的所有实测值中不得超过规定值时，应在图样上标注表面粗糙度参数的最大值。

表面粗糙度的各种代号示例见表 5-12。

表 5-12　表面粗糙度的代号(摘自 GB/T 131—2006)

符号	含义/解释
$Rz0.4$	表示不允许去除材料，单向上限值，默认传输带，R 轮廓，粗糙度的最大高度为 $0.4~\mu m$，评定长度为 5 个取样长度(默认)，"16% 规则"(默认)
$Rz_{\max}0.2$	表示去除材料，单向上限值，默认传输带，R 轮廓，粗糙度最大高度的最大值为 $0.2~\mu m$，评定长度为 5 个取样长度(默认)，"最大规则"
$-0.8/Ra3~3.2$	表示去除材料，单向上限值，传输带：根据 GB/T 6062，取样长度 $0.8~\mu m$，R 轮廓，算术平均偏差 $3.2~\mu m$，评定长度包含 3 个取样长度，"16% 规则"(默认)
U $Ra_{\max}3.2$ L $Ra0.8$	表示不允许去除材料，双向极限值，两极限值均采用默认传输带，R 轮廓，上限值：算术平均偏差 $3.2~\mu m$，评定长度为 5 个取样长度(默认)，"最大规则"；下限值：算术平均偏差 $0.8~\mu m$，评定长度为 5 个取样长度(默认)，"16% 规则"(默认)
磨 $Ra~1.6$ $\perp-2.5/Rz_{\max}6.3$	表示去除材料，两个单向上限值，算术平均偏差 $Ra=1.6~\mu m$，"16% 规则"(默认)，默认传输带，默认评定长度；粗糙度最大高度 Rz 在的最大值为 $6.3~\mu m$，"最大规则"，传输带 $-2.5~\mu m$，默认评定长度(5×2.5 mm)；表面纹理垂直于视图的投影面；加工方法：磨削

2. 表面粗糙度符号、代号的标注位置与方向

表面粗糙度符号、代号的标注原则是表面粗糙度的注写和读取方向与尺寸的注写和读取方向一致，如图 5-17 所示。

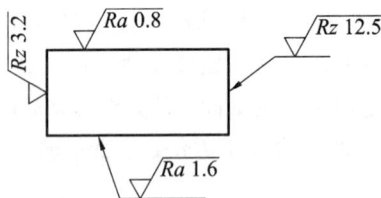

图 5-17　表面粗糙度要求的注写方向

1) 标注在轮廓线上或指引线上

表面粗糙度要求可标注在轮廓线上，其符号应从材料外指向并接触表面。必要时，表面粗糙度符号也可用带箭头或黑点的指引线引出标注，如图 5-18 和图 5-19 所示。

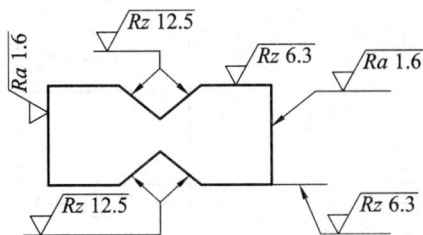

图 5 - 18　表面粗糙度要求在轮廓线上或指引线上的标注

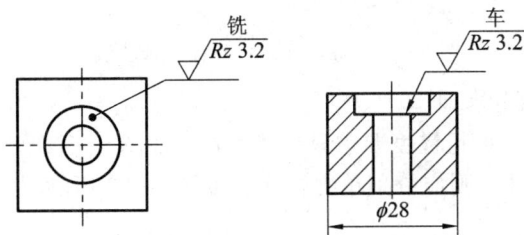

图 5 - 19　用指引线引出标注表面粗糙度

2）标注在特征尺寸的尺寸线上

在不致引起误解时，表面粗糙度要求可以标注在给定的尺寸线上，如图 5 - 20 所示。

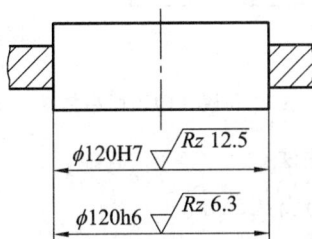

图 5 - 20　表面粗糙度要求标注在尺寸线上

3）标注在形位公差的框格上

表面粗糙度要求可以标注在形位公差框格的上方，如图 5 - 21 所示。

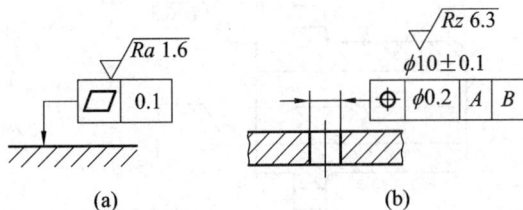

（a）　　　　　　　　　　　　（b）

图 5 - 21　表面粗糙度要求标注在形位公差框格的上方

4）标注在延长线上

表面粗糙度要求可以直接标注在延长线上，或用带箭头的指引线引出标注，如图 5 - 18 和图 5 - 22 所示。

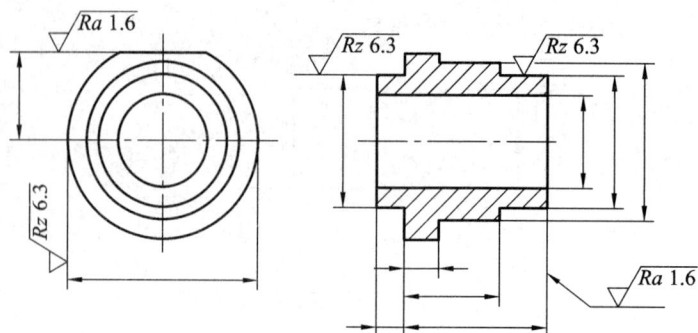

图 5-22　标注在圆柱特征的延长线上

5）标注在圆柱或棱柱表面上

　　圆柱和棱柱表面的表面粗糙度要求只标注一次，如图 5-22 所示。如果每个棱柱表面有不同的表面粗糙度要求，则应分别单独标注，如图 5-23 所示。

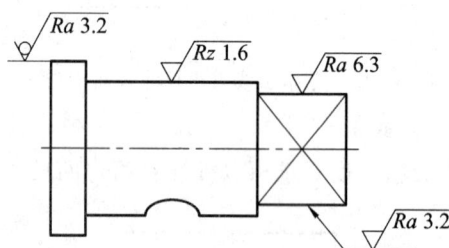

图 5-23　圆柱和棱柱的表面粗糙度要求的注法

3. 表面粗糙度要求的简化注法

1）有相同表面粗糙度要求的简化注法

　　如果在工件的多数（包括全部）表面有相同的表面粗糙度要求，则其表面粗糙度要求可统一标注在图样的标题栏附近，此时（除全部表面有相同要求的情况外），表面粗糙度要求的符号后面应有：

　　（1）在圆括号内给出无任何其他标注的基本符号，如图 5-24 所示。

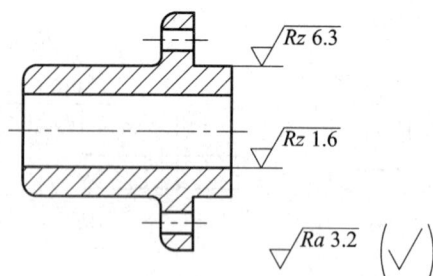

图 5-24　大多数表面有相同表面粗糙度要求的简化注法（一）

　　（2）在圆括号内给出不同的表面粗糙度要求，如图 5-25 所示。

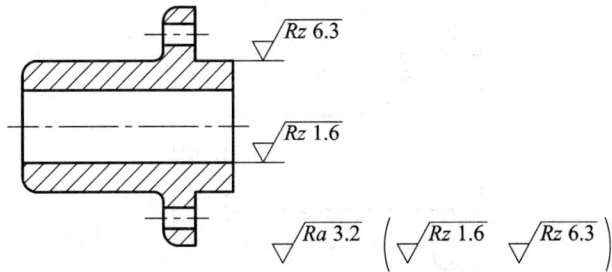

图 5 - 25　大多数表面有相同表面粗糙度要求的简化注法(二)

不同的表面粗糙度要求应直接标注在图形中,如图 5 - 24 和图 5 - 25 所示。

2) 多个表面有共同要求的注法

当多个表面有相同的表面粗糙度要求或图纸空间有限时,可以采用简化注法。

(1) 用带字母的完整符号的简化注法。

可用带字母的完整符号,以等式的形式,在图形或标题栏附近,对有相同表面粗糙度要求的表面进行简化标注,如图 5 - 26 所示。

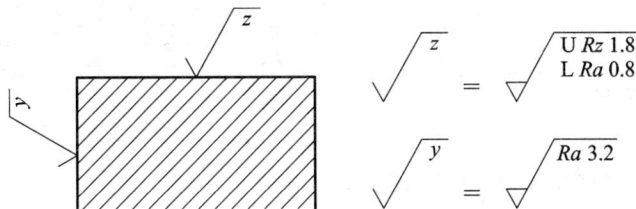

图 5 - 26　在图纸空间有限时的简化注法

(2) 只用表面粗糙度符号的简化注法。

可用基本图形符号和扩展图形符号以等式的形式给出多个表面共同的表面粗糙度要求,如图 5 - 27 所示。

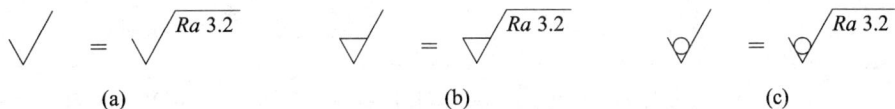

图 5 - 27　各种工艺方法多个表面粗糙度要求的简化注法

4. 两种或多种工艺获得的同一表面的注法

由几种不同的工艺方法获得的同一表面,当需要明确每种工艺方法的表面粗糙度要求时,可按图 5 - 28 进行标注。

5. 表面纹理的注法

纹理方向是指表面纹理的主要方向,通常由加工工艺决定。表面纹理及其方向用表 5 - 13 中规定的符号标注在完整符号中。

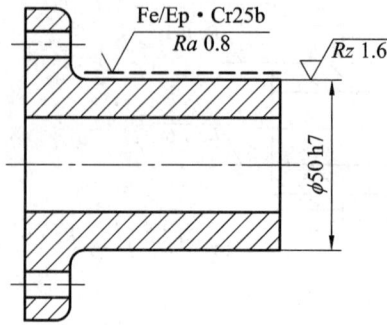

图 5-28　同时给出镀覆前后的表面粗糙度要求的注法

表 5-13　表面纹理的标注(GB/T 131—2006)

符　　号	解 释 和 示 例	
=	纹理平行于视图所在的投影面	
⊥	纹理垂直于视图所在的投影面	
X	纹理呈两斜向交叉且与视图所在的投影面相交	
M	纹理呈多方向	
C	纹理呈近似同心圆且圆心与表面中心相关	

符　号	解 释 和 示 例	
R	纹理呈近似放射状且与表面圆心相关	
P	纹理呈微粒、凸起，无方向	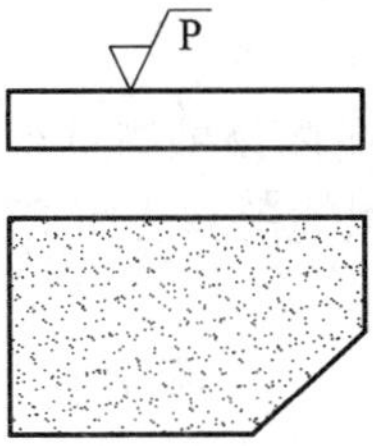

注：如果表面纹理不能清楚地用这些符号表示，必要时，可以在图样上加注说明。

5.5　表面粗糙度的检测

对于表面粗糙度，如未指定测量截面的方向时，则应在幅度参数最大值的方向上进行测量，一般来说，就是在垂直于表面加工纹理方向上测量。表面粗糙度的检测方法主要有：比较法、光切法、干涉法、针描法、激光反射法、激光全息法、印模法和三维几何表面测量法等。

5.5.1　比较法

比较法是用被测表面与已知高度参数值的粗糙度样板相比较来确定表面粗糙度的一种方法。比较时，可用肉眼判断，也可用手摸感觉，被测表面精度较高时还可借助于放大镜和比较显微镜。选择表面粗糙度样板时，应注意被测工件和标准样板的材料、形状（圆、平面）和加工方法（车、铣、刨、磨）等尽可能相同。这样可以减少误差，提高判断的准确性。

比较法较为简单，适合于车间条件下判断比较粗糙的表面。其判断的准确性在很大程度上取决于检验人员的技术熟练程度。当有争议或进行工艺分析时，可用仪器进行测量。

5.5.2　光切法

光切法是应用光切原理测量表面粗糙度的一种测量方法。常用仪器是光切显微镜（又称双管显微镜）。

光切法测量原理如图 5-29 所示。在图 5-29(a)中，P_1、P_2 阶梯面表示被测表面，其阶梯高度为 h。A 为一扁平光束，当它从 $45°$ 方向投射在阶梯表面上时，就被折射成 S_1 和 S_2 两段，经 B 方向反射后，就可在显微镜内看到 S_1 和 S_2 两段光带的放大像 S_1'' 和 S_2''；同样，

S_1 和 S_2 之间的距离 h，也被放大为 S_1 和 S_2 之间的距离 h''，只要用测微目镜测出 h'' 值，就可以根据放大关系算出 h 值。

图 5-29(b) 是双管显微镜的光学系统。显微镜有照明管和观察管，二管轴线互成 90°。在照明管中，光源 1 通过聚光镜 2、窄缝 3 和透镜 5，以 45° 角的方向投射在被测工件表面 4 上，形成一狭细光带。光带边缘的形状，即为光束与工件表面相交的曲线，工件在 45° 截面上的表面形状，此轮廓曲线的波峰在 S_1 点反射，波谷在 S_2 点反射，通过观察管的透镜 5，分别成像在分划板 6 上的 S_1'' 点和 S_2'' 点，h'' 是峰、谷影像的高度差。

测量笨重零件及内表面（如孔、槽等表面）的粗糙度时，可用石蜡、低熔点合金或其他印模材料压印在被检验表面上，取得被检表面的复制模型，放在双管显微镜上间接地测量被检表面的粗糙度。

用光切显微镜可测量车、铣、刨或其他类似方法加工的金属零件的表面，但不便于检验用磨削或抛光等方法加工的零件表面。光切法主要用于测 Rz 值，测量范围 $0.8 \sim 80\ \mu m$。

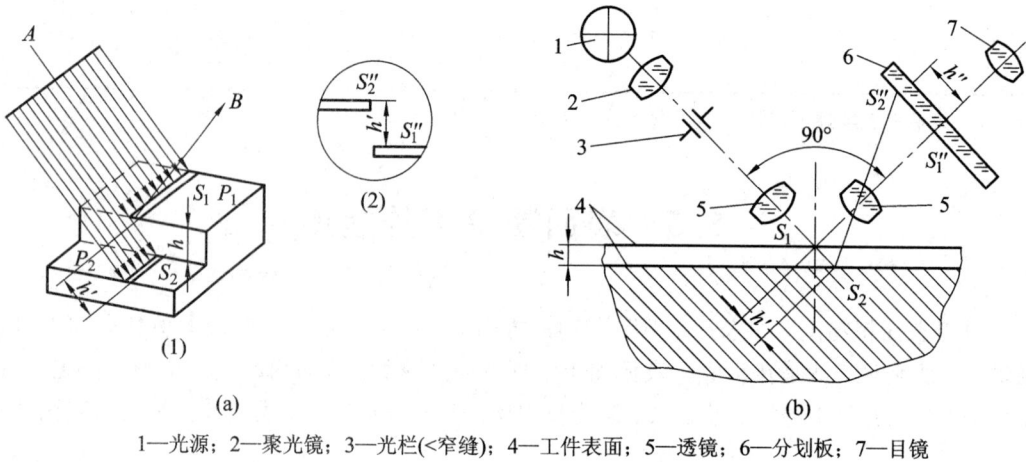

1—光源；2—聚光镜；3—光栏(<窄缝)；4—工件表面；5—透镜；6—分划板；7—目镜

图 5-29　光切法测量原理与双管显微镜的光学系统图

5.5.3　干涉法

干涉法是利用光波干涉原理测量表面粗糙度的一种测量方法，一般用于测量表面粗糙度要求高的表面。常用的仪器是干涉显微镜。

干涉显微镜光学系统如图 5-30(a) 所示，由光源 1 发出的光线经聚光镜 2、滤色片 3、光栏 4 及透镜 5 成平行光线，射向底面半镀银的分光镜 7 后分为两束：一束光线通过补偿镜 8、物镜 9 到平面反射镜 10，被反射又回到分光镜 7，再由分光镜经聚光镜 11 到反射镜 16，由 16 反射进入目镜 12 的视野；另一束光线向上通过物镜 6，投射到被测零件表面，由被测表面反射回来，通过分光镜 7、聚光镜 11 到反射镜 16，由 16 反射也进入目镜 12 的视野。这样，在目镜 12 的视野内即可观察到这两束光线因光程差而形成的干涉带图形。由测微目镜可读出相邻两干涉带距离 a 及干涉带弯曲高度 b，如图 5-30(b) 所示。干涉带的弯曲程度反映了被测表面不平度的状况。仪器的测微装置可按定义测出相应的评定参数 Rz 值，其测量范围为 $0.025 \sim 0.8\ \mu m$。

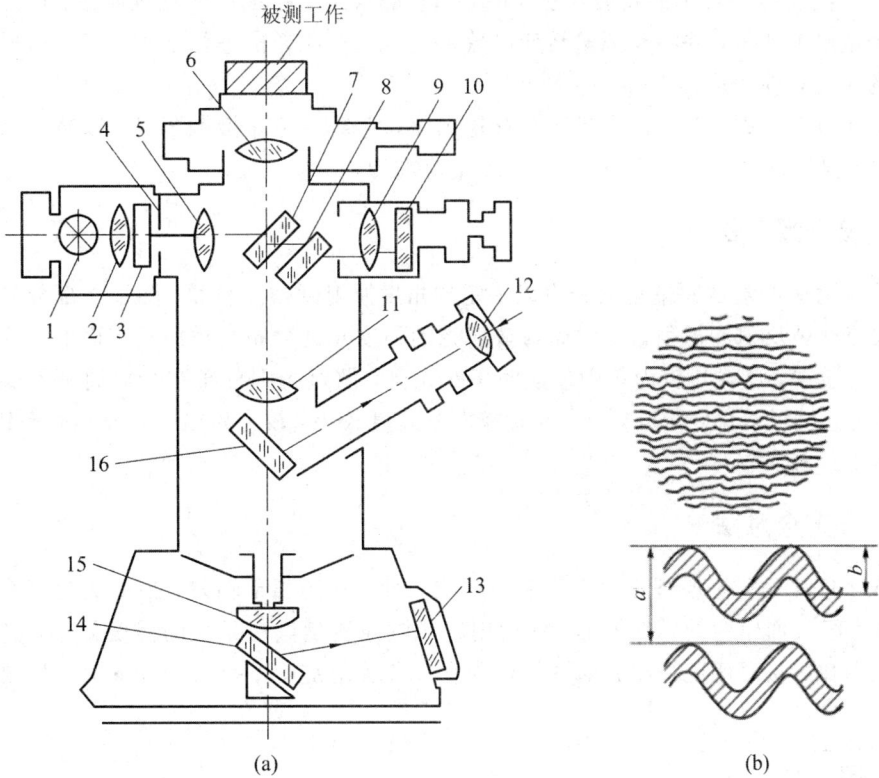

1—光源；2—聚光镜；3—滤色片；4—光栏；5—透镜；6、9—物镜；7—分光镜；8—补偿镜；
10、14、16—反射镜；11—聚光镜；12—目镜；13—毛玻璃；15—照相物镜

图 5-30　干涉显微镜原理图与目镜视场图

5.5.4　针描法

针描法是利用触针直接在被测表面上移动，被测表面轮廓的峰、谷起伏将使触针做垂直方向的位移，通过杠杆使铁芯在线圈中上、下移动，引起线圈中电感量的变化。此电信号经处理后，由记录仪绘出被测表面轮廓的误差图形，或由显示器显示粗糙度的参数值。其测量原理示意图如图 5-31 所示。

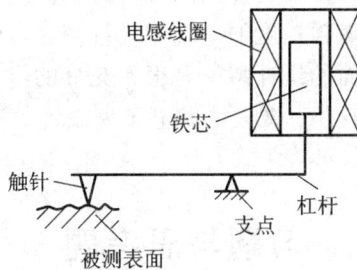

图 5-31　针描法测量原理示意图

电动轮廓仪就是利用针描法测量表面粗糙度的仪器，适合于测量 $0.02\sim6.3\ \mu m$ 范围内的 Ra 值，$0.1\sim25\ \mu m$ 范围内的 Rz 值。通过数值处理机或记录图形，还可获得 Rsm 和

$Rmr(c)$值。随着电子技术的发展，也可将电动轮廓仪用于粗糙度的三维测量，即在相互平行的多个截面上测量，并将模拟量转变成数字量，送入计算机进行数据处理，由屏幕显示出表面的三维立体图形。

除上述电动轮廓仪外，还有光学触针轮廓仪，它适用于非接触测量，以防止划伤零件表面，这种仪器通常直接显示 Ra 值，其测量范围为 $0.02\sim5\ \mu m$。

5.5.5　激光反射法

激光反射法的基本原理是激光束以一定的角度照射到被测表面，除了一部分光被吸收以外，大部分被反射和散射。反射光与散射光的强度及其分布与被照射表面的微观不平度状况有关。通常，反射光较为集中形成明亮的光斑，散射光则分布在光斑周围形成较弱的光带。较为光洁的表面，光斑较强、光带较弱且宽度较小，较为粗糙的表面则光斑较弱，光带较强且宽度较大。

5.5.6　激光全息法

激光全息法的基本原理是以激光照射被测表面，利用相干辐射，拍摄被测表面的全息照片，即一组表面轮廓的干涉图形，然后用硅光电池测量黑白条纹的强度分布，测出黑白条纹的反差比，从而评定被测表面的粗糙程度。当激光波长 $\lambda=632.8\ nm$ 时，其测量范围为 $0.05\sim0.8\ \mu m$。

5.5.7　印模法

印模法是用塑性材料将被测表面印下来，然后对印模表面进行测量的方法。对于一些不便用表面粗糙度仪器直接测量，也不便于用样板相对比的零件表面，如深孔、盲孔、凹槽以及大型零件的内表面等，可用印模法来评定其表面粗糙度。常用的印模材料有川蜡、石蜡和低熔点合金等。由于印模材料不能完全填满谷底以及印模材料的收缩效应，所以测得印模的粗糙度值通常比零件实际表面的粗糙度值偏小。因此，对测量结果一般应根据实验结果进行修正。

5.5.8　三维几何表面测量法

三维几何表面测量法是用三维评定参数来真实反映被测表面的几何特征，从而评定被测表面粗糙度轮廓的方法。表面粗糙度的一维和二维测量，只能反映表面不平度的某些几何特征，把它作为表征整个表面的统计特征是很不充分的，为此国内外都在致力于研究开发三维几何表面测量技术，光纤法、微波法和电子显微镜等测量方法已成功地应用于三维几何表面的测量。

习题与思考题

5-1　表面粗糙度对零件的使用性能有哪些影响？

5-2　设计时如何协调尺寸公差、形状公差和表面粗糙度参数值之间的关系？

5-3　试述粗糙度轮廓中线的意义及其作用。为什么要规定取样长度和评定长度？两者有何关系?

5-4 评定表面粗糙度的主要轮廓参数有哪些? 分别论述其含义和代号。

5-5 将下列要求标注在图 5-32 上,各加工面均采用去除材料法获得。

① 直径为 $\phi 50$ mm 的圆柱外表面粗糙度 Ra 的允许值为 3.2 μm。

② 左端面的表面粗糙度 Ra 的允许值为 1.6 μm。

③ 直径为 $\phi 50$ mm 的圆柱的右端面的表面粗糙度 Ra 的允许值为 1.6 μm。

④ 内孔表面粗糙度 Ra 的允许值为 0.4 μm。

⑤ 螺纹工作面的表面粗糙度 Rz 的最大值为 1.6 μm,最小值为 0.8 μm。

⑥ 其余各加工面的表面粗糙度 Ra 的允许值为 25 μm。

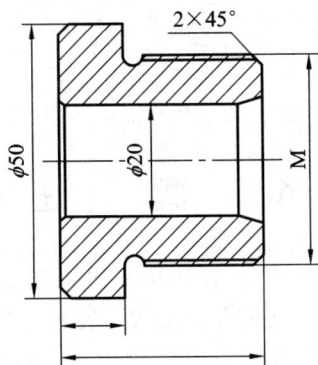

图 5-32 习题 5-5 图

5-6 一般情况下,$\phi 65$H7/d6 与 ϕ 65H7/h6 相比,哪种配合应选用较小的表面粗糙度参数值? 为什么?

第6章　光滑极限量规设计

本章导读

1. 了解光滑极限量规的特点、作用和种类；
2. 理解泰勒原则的含义；
3. 掌握工作量规公差带的分布及设计方法。

6.1　概　　述

光滑工件尺寸通常采用普通计量器具或用光滑极限量规检验。而对于一个具体的零件，是选用计量器具还是选用光滑极限量规检验，要根据零件图样上遵守的公差原则来确定。当零件图样上被测要素的尺寸和几何公差遵守独立原则时，该零件加工后的实际尺寸和几何误差采用通用计量器具来检验；当零件图上被测要素的尺寸公差和几何公差遵守相关原则（包容要求）时，应采用光滑极限量规来检验。

光滑极限量规是一种没有刻度的专用检验工具，用它检验零件时，只能判别零件是否在规定的验收范围内，而不能测出零件实际尺寸和几何误差的数值。

光滑极限量规都是成对使用，其中一个是通规，另一个是止规。

6.1.1　光滑极限量规的设计原理

1. 极限尺寸判断原则（泰勒原则）

极限尺寸判断原则：要求其被测要素的实体处处不超过最大实体边界，而实际要素局部尺寸不得超过最小实体尺寸。

对于孔应满足：$D_{fe} \geqslant D_{min} = D_M$，$D_a \leqslant D_{max} = D_L$

对于轴应满足：$d_{fe} \leqslant d_{max} = D_M$，$d_a \geqslant d_{min} = D_L$

由上述原则可知，孔和轴尺寸的合格性，应是作用尺寸和实际尺寸两者的合格性。

2. 光滑极限量规的检验原理

（1）塞规：检验孔的量规，由通规和止规组成。如图 6-1(b)所示。

① 通规：按孔的最小极限尺寸设计，作用是防止孔的作用尺寸小于其最小极限尺寸。

② 止规：按孔的最大极限尺寸设计，作用是防止孔的实际尺寸大于其最大极限尺寸。

（2）卡规：检验轴的量规，由通规和止规组成。如图 6-2(b)所示。

① 通规：按轴的最大极限尺寸设计，作用是防止轴的作用尺寸大于其最大极限尺寸。

② 止规：按轴的最小极限尺寸设计，作用是防止轴的实际尺寸小于其最小极限尺寸。

3. 用光滑极限量规检验工件

用光滑极限量规检验孔和轴，如图 6-1、图 6-2 所示。

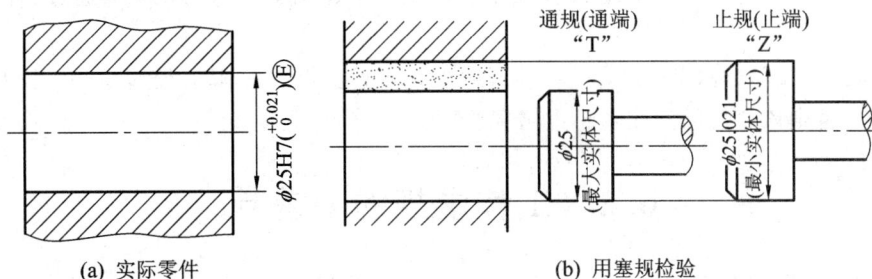

(a) 实际零件　　　　　　　　　(b) 用塞规检验

图 6-1　用塞规检验孔

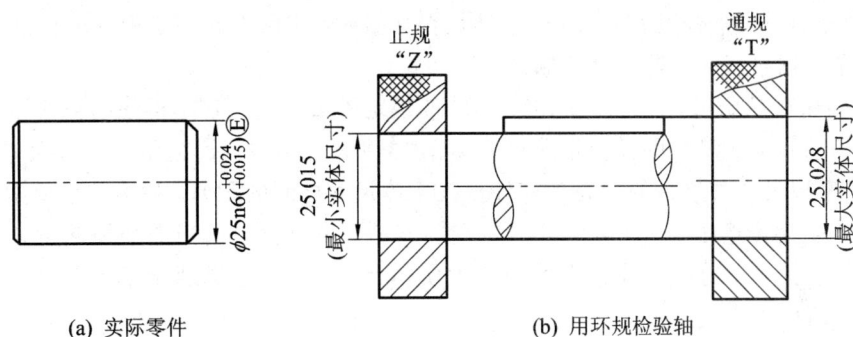

(a) 实际零件　　　　　　　　　(b) 用环规检验轴

图 6-2　用环规检验轴

测量时，必须把通规和止规联合使用，只有当通规能够通过被测孔或轴，同时，止规不能通过被测孔或轴时，该孔或轴才是合格品。

6.1.2　光滑极限量规的分类

量规按检验对象的不同可分为孔用量规和轴用量规；按用途的不同可分为工作量规、验收量规和校对量规。

1. 按检验对象的不同分类

（1）孔用量规：称为塞规，用于检验孔的合格性。

（2）轴用量规：分为环规和卡规，用于检验轴的合格性。其中环规用于检验较小尺寸的轴径，卡规用于检验较大尺寸或台阶形的轴径。

2. 按用途的不同分类

（1）工作量规：零件制造中，生产工人检验工件时所使用的量规。应以新量规或磨损量小的量规用作工作量规，以促使操作者提高加工精度，保证工件的合格率。通规代号用"T"表示，止规代号用"Z"表示。

（2）验收量规：检验人员或者用户代表验收工件时所用的量规。一般选择磨损较多或者接近其磨损极限的通规和接近最小实体尺寸的止规作为验收量规，以使更多的合格件得以验收，并减少验收纠纷。

（3）校对量规：用于检验轴用工作量规的量规称为校对量规。校对量规有三种：

①"校通-通"塞规（TT）：是检验轴用通规的校对量规。校对时，应该通过，否则塞规不合格。

②"校止-通"塞规（ZT）：是检验轴用止规的校对量规。校对时，应该通过，否则塞规不合格。

③"校通-损"塞规（TS）：是检验轴用通规是否达到磨损极限的校对量规。校对时，不通过合格，否则该塞规已到或者超过磨损极限。

6.2 工作量规的公差带

量规的制造精度比零件高得多，但不可能绝对准确地按某一指定尺寸制造，因此，对量规要规定制造公差。由于量规的实际尺寸与零件的极限尺寸不可能完全一样，多少会有些差别，因此在用量规检验零件以决定其是否合格时，实际上并不是根据零件规定的极限尺寸，而是根据量规的实际尺寸判断的。

为了确保产品质量，国标 GB 1957—2006 规定了量规公差带不得超越被检零件的公差带。孔用和轴用工作量规的公差带分布如图 6-3 所示。图中，T_1 为量规尺寸公差（制造公差），Z_1 为通规尺寸公差带的中心到零件最大实体尺寸之间的距离，称为位置要素。通规在使用过程中会逐渐磨损，为了使它具有一定的寿命，需要留出适当的磨损储量，即规定磨损极限，其磨损极限等于被检验零件的最大实体尺寸。因为止规遇到合格零件时不通过，磨损很慢，所以不需要磨损储量。

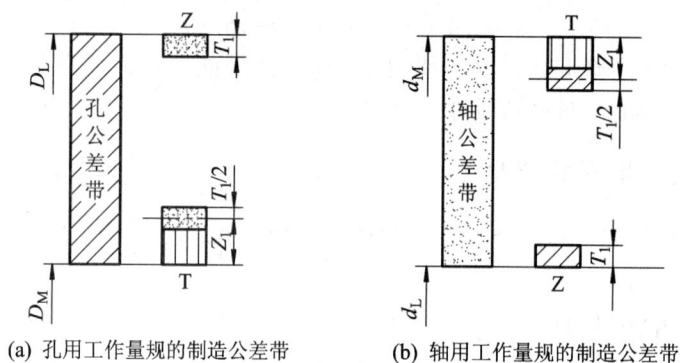

(a) 孔用工作量规的制造公差带   (b) 轴用工作量规的制造公差带

图 6-3 量规的公差带分布

工作量规极限偏差的计算公式见表 6-1。工作量规公差 T_1 和通端位置要素 Z_1 值见表 6-2。

表 6-1 工作量规极限偏差计算公式

	检验孔用量规（塞规）	检验轴用量规（卡规或环规）
通端上偏差	$T_s = EI + Z + T/2$	$T_{sd} = es - Z + T/2$
通端下偏差	$T_i = EI + Z - T/2$	$T_{id} = es - Z - T/2$
止端上偏差	$Z_s = ES$	$Z_{sd} = ei + T$
止端下偏差	$Z_i = ES - T$	$Z_{id} = ei$

表 6-2　工作量规公差 T_1 和通端位置要素 Z_1 值（摘自 GB/T 1957－2006）

工件孔或轴的基本尺寸/mm		工件孔或轴的公差等级								
		IT6			IT7			IT8		
		孔或轴的公差值	T_1	Z_1	孔或轴的公差值	T_1	Z_1	孔或轴的公差值	T_1	Z_1
大于	至					μm				
—	3	6	1.0	1.0	10	1.2	1.6	14	1.6	2.0
3	6	8	1.2	1.4	12	1.4	2.0	18	2.0	2.6
6	10	9	1.4	1.6	15	1.8	2.4	22	2.4	3.2
10	18	11	1.6	2.0	18	2.0	2.8	27	2.8	4.0
18	30	13	2.0	2.4	21	2.4	3.4	33	3.4	5.0
30	50	16	2.4	2.8	25	3.09	4.0	39	4.0	6.0
50	80	19	2.8	3.4	30	3.6	4.6	46	4.6	7.0
80	120	22	3.2	3.8	35	3.2	5.4	54	5.4	8.0
120	180	25	3.8	4.4	40	4.8	6.0	63	6.0	9.0
180	250	29	4.4	5.0	46	5.4	7.0	72	7.0	10.0
250	315	32	4.8	5.6	52	6.0	8.0	81	8.0	11.0
315	400	36	5.4	6.2	57	7.0	9.0	89	9.0	12.0
400	500	50	6.0	7.0	63	8.0	10.0	97	10.0	14.0

工件孔或轴的基本尺寸/mm		工件孔或轴的公差等级								
		IT9			IT10			IT11		
		孔或轴的公差值	T_1	Z_1	孔或轴的公差值	T_1	Z_1	孔或轴的公差值	T_1	Z_1
大于	至					μm				
—	3	25	2.0	3	40	2.4	4	60	3	6
3	6	30	2.4	4	48	3.0	5	75	4	8
6	10	36	2.8	5	58	3.6	6	90	5	9
10	18	43	3.4	6	70	4.0	8	110	6	11
18	30	52	4.0	7	84	5.0	9	130	7	13
30	50	62	5.0	8	100	6.0	11	160	8	15
50	80	74	6.0	9	120	7.0	13	190	9	19
80	120	87	7.0	10	140	8.0	15	220	10	22
120	180	100	8.0	12	160	9.0	18	250	12	25
180	250	115	9.0	14	185	10.0	20	290	14	29
250	315	130	10.0	16	210	12.0	22	320	16	32
315	400	140	11.0	18	230	14.0	25	360	18	36
400	500	155	12.0	20	250	16.0	28	400	20	40

续表

工件孔或轴的基本尺寸/mm		工件孔或轴的公差等级								
		IT12			IT13			IT14		
		孔或轴的公差值	T_1	Z_1	孔或轴的公差值	T_1	Z_1	孔或轴的公差值	T_1	Z_1
大于	至	μm								
—	3	100	4	9	140	6	14	250	9	20
3	6	120	5	11	180	7	16	300	11	25
6	10	150	6	13	220	8	20	360	13	30
10	18	180	7	15	270	10	24	430	15	35
18	30	210	8	18	330	12	28	520	18	40
30	50	250	10	22	390	14	34	620	22	50
50	80	300	12	26	460	16	40	740	26	60
80	120	350	14	30	540	20	46	870	30	70
120	180	400	16	35	630	22	52	1000	35	80
180	250	460	18	40	720	26	60	1150	40	90
250	315	520	20	45	810	28	66	1300	45	100
315	400	570	22	50	890	32	74	1400	50	110
400	500	630	24	55	970	36	80	1550	55	120

工件孔或轴的基本尺寸/mm		工件孔或轴的公差等级					
		IT15			IT16		
		孔或轴的公差值	T_1	Z_1	孔或轴的公差值	T_1	Z_1
大于	至	μm					
—	3	400	14	30	600	20	40
3	6	480	16	35	750	25	50
6	10	580	20	40	900	30	60
10	18	700	24	50	1100	35	75
18	30	840	28	60	1300	40	90
30	50	1000	34	75	1600	50	110
50	80	1200	40	90	1900	60	130
80	120	1400	46	100	2200	70	150
120	180	1600	52	120	2500	80	180
180	250	1850	60	130	2900	90	200
250	315	2100	66	150	3200	100	220
315	400	2300	74	170	3600	110	250
400	500	2500	80	190	4000	120	280

6.3　工作量规设计

6.3.1　量规设计原则

光滑极限量规依照极限尺寸判断原则检验孔、轴尺寸的合格性。这一原则 1905 年最先由泰勒(WilliamTaylor)提出，因此也称为"泰勒原则"。

1. 极限尺寸判断原则的内容

1) 作用尺寸(Mating size)

作用尺寸是指在被测要素的给定长度上，与实际内表面体外相接的最大理想面或与实际外表面体外相接的最小理想面的直径或宽度。对于单一要素，实际内、外表面的作用尺寸分别用 D_{fe}、d_{fe} 表示，见图 6 - 4。

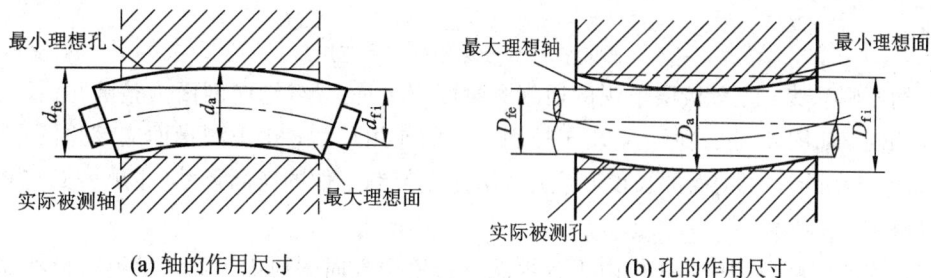

(a) 轴的作用尺寸　　　　　　　　(b) 孔的作用尺寸

图 6 - 4　单一要素作用尺寸

2) 孔或轴的作用尺寸不允许超过最大实体尺寸

对于孔，其作用尺寸应不小于它的最小极限尺寸；对于轴，其作用尺寸应不大于它的最大极限尺寸，即

$$D_M \geqslant D_{min}, \quad d_M \leqslant d_{max} \tag{6-1}$$

3) 孔或轴任何部位的实际尺寸不允许超过最小实体尺寸

对于孔，其实际尺寸应不大于它的最大极限尺寸；对于轴，其实际尺寸应不小于它的最小极限尺寸，即

$$D_a \leqslant D_{max}, \quad d_a \geqslant d_{min} \tag{6-2}$$

这两条内容体现了孔、轴尺寸公差带的控制功能，即不论作用尺寸还是任一局部实际尺寸，均应位于给定公差带内。

极限尺寸判断原则为综合检验孔、轴尺寸的合格性提供了理论基础，光滑极限量规就是由此而设计出来的；通规根据式(6-1)设计，体现最大实体尺寸控制作用尺寸；止规根据式(6-2)设计，体现最小实体尺寸控制实际尺寸。

2. 极限尺寸判断原则对量规的要求

如图 6-5 所示,1 为零件的实际轮廓,2 为该工件的尺寸公差带。可以看出 x 方向已小于下极限尺寸,y 方向已大于上极限尺寸,故该工件为不合格品。但若用(b)和(e)在图示位置测量,则通规通过,止规不通过,认为该工件为合格品。若再用(a)和(d)组合测量,通规和止规都通不过去,则判定该工件为不合格品。

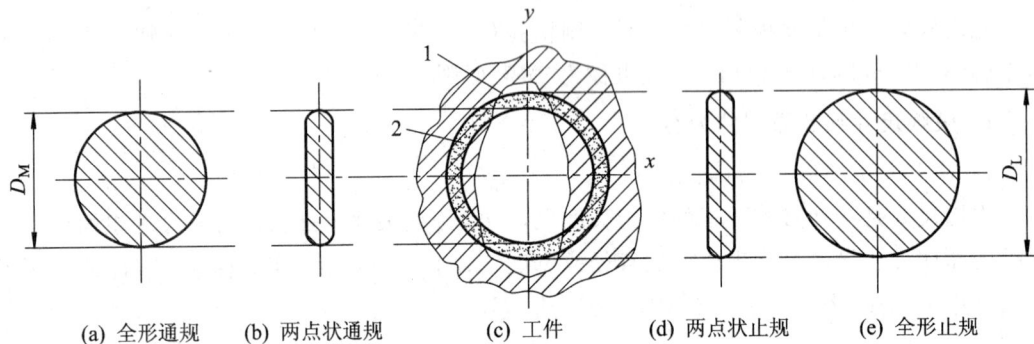

(a) 全形通规　　(b) 两点状通规　　(c) 工件　　(d) 两点状止规　　(e) 全形止规

图 6-5　泰勒原则的实际应用

泰勒原则认为:光滑极限量规的通规测量面应该是全形(轴向剖面为整圆)且长度与零件长度相同,如图 6-5(a)所示,用于控制工件的作用尺寸;止规测量面应该是两点状的,如图 6-5(d)所示,测量面的长度则应短些,用于控制工件的实际尺寸(止规表面与被测件为点接触)。

在量规的实际应用中,往往由于量规制造和使用方面的原因,要求量规的形状完全符合极限尺寸判断原则是困难的,有时甚至不能实现,因而不得不使用偏离极限尺寸判断原则的量规。例如,标准通规的长度,常不等于零件的配合长度;大尺寸的孔和轴通常要用非全形的通规(杆规)和卡规来检验,代替笨重的全形通规;曲轴的轴颈只能用卡规检验,不能用环规检验;由于点接触易产生磨损,止规不得不采用小平面或圆柱面;检验小孔用的止规为了增加刚度和便于制造,常采用全形塞规;检验薄壁零件时,为防止两点状止规造成零件变形,也常采用全形止规。

为了尽量减少在使用偏离极限尺寸判断原则的量规检验时造成的误判,操作量规一定要正确。例如,使用非全形的通端塞规时,应在被检孔的全长上沿圆周的几个位置上检验,使用卡规时,应在被检轴的配合长度的几个部位并围绕被检轴的圆周的几个位置上检验。

6.3.2　光滑极限量规的结构形式

光滑极限量规的结构形式很多,图 6-6 分别给出了几种常用的轴用、孔用量规的结构形式,供设计时选用。其具体尺寸参见国标 GB/T 10920—2008《螺纹量规和光滑极限量规型式与尺寸》。国标规定的量规的结构形式及应用尺寸范围如图 6-7 所示。

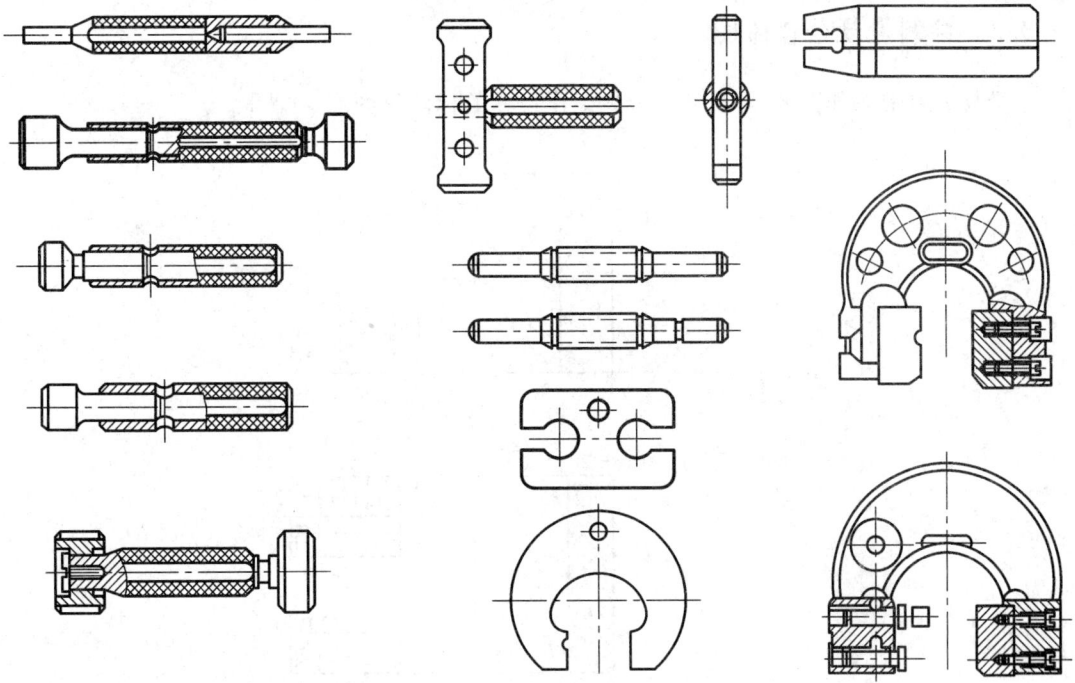

图 6-6　常见量规的结构形式

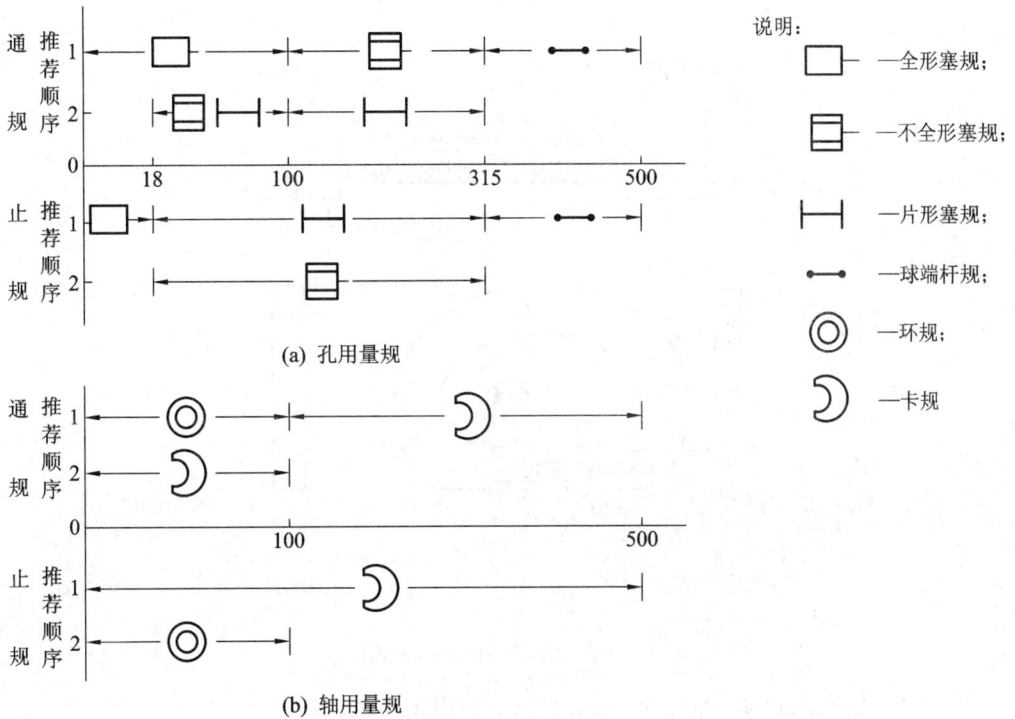

(a) 孔用量规

(b) 轴用量规

图 6-7　量规的结构形式及应用尺寸范围

6.3.3　绘制量规公差带图

量规公差带图如图 6-8 所示，量规工作尺寸的标注见图 6-9。

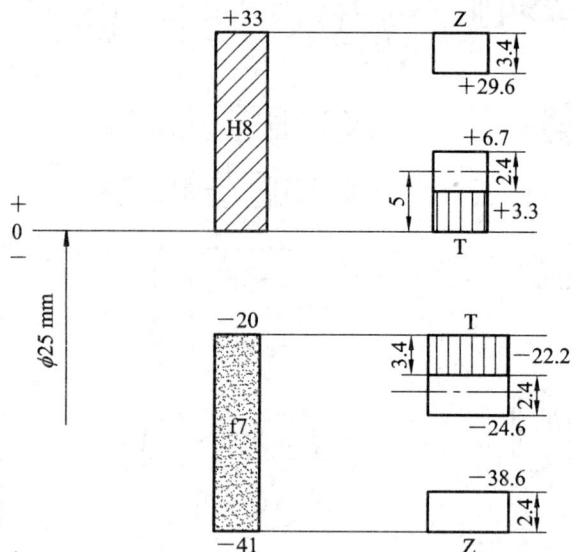

图 6-8　量规公差带图（偏差单位为 μm）

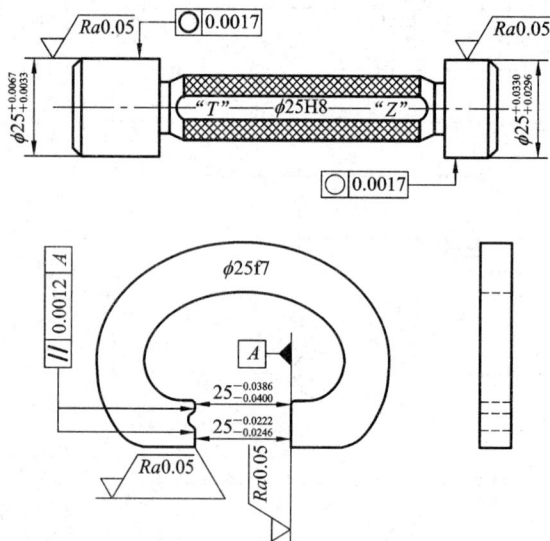

图 6-9　量规工作尺寸的标注

例 6-1　已知配合 $\phi25\mathrm{H8/f7}$，试设计孔、轴用工作量规。

解：（1）由国标查出孔与轴的上、下偏差为

25H8 孔：ES＝＋0.033，EI＝0

25f7 轴：es＝－0.020，ei＝－0.041

（2）由表 6 - 2 查得工作量规的制造公差 T_1 和位置要素 Z_1

$\phi25H8$ 孔用塞规：制造公差 $T_1=0.0034$，位置要素 $Z_1=0.005$

$\phi25f7$ 轴用卡规：制造公差 $T_1=0.0024$，位置要素 $Z_1=0.0034$

（3）工作量规的极限偏差计算：

① $\phi25H8$ 孔用塞规：

通规：上偏差 $=EI+Z_1+\dfrac{T_1}{2}=0+0.005+0.0017=+0.0067$

下偏差 $=EI+Z_1-\dfrac{T_1}{2}=0+0.005-0.0017=+0.0033$

磨损极限 $=EI=0$

止规：上偏差 $=ES=+0.033$

下偏差 $=ES-T_1=0.033-0.0034=+0.0296$

② $\phi25f7$ 轴用卡规：

通规：上偏差 $=ES-Z_1+\dfrac{T_1}{2}=-0.02-0.0034+0.0012=-0.0222$

下偏差 $=ES-Z_1-\dfrac{T_1}{2}=-0.02-0.0034-0.0012=-0.0246$

磨损极限 $=es=-0.020$

止规：上偏差 $=ei+T_1=-0.041+0.0024=-0.0386$

下偏差 $=ei=-0.041$

6.3.4 量规的主要技术要求

量规的技术要求包括量规材料、硬度、几何公差和表面粗糙度等。

1. 量规材料

量规测量部位可用淬硬钢（合金工具钢、碳素工具钢、渗碳钢）或硬质合金等耐磨材料制造，也可在测量面上镀上厚度大于磨损量的铬层、氮化层等耐磨材料。

2. 硬度

量规测量面的硬度取决于被检验零件的公称尺寸、公差等级和粗糙度以及量规的制造工艺水平，一般测量表面的硬度不小于 60HRC。

3. 几何公差

工作量规的几何公差为量规尺寸公差的 50%，考虑到制造和测量的困难，当量规制造公差小于或等于 0.002 时，其几何公差为 0.001。

4. 表面粗糙度

量规表面粗糙度值的大小，随上述因素和量规结构形式的变化而异，一般不低于光滑极限量规国标推荐的表面粗糙度数值（见表 6 - 3）。

表 6－3　量规测量面的表面粗糙度数值 *Ra*

工作量规	工作基本尺寸/mm		
	至 120	大于 120 至 315	大于 315 至 500
	Ra 最大允许值/μm		
IT6 级孔用量规	0.04	0.08	0.16
IT6～IT9 级轴用量规 IT7～IT9 级孔用量规	0.08	0.16	0.32
IT10～IT12 级孔、轴用量规	0.16	0.32	0.63
IT13～IT16 级孔、轴用量规	0.32	0.63	0.63

注：校对量规测量面的表面粗糙度值比被校对的轴用量规测量面的粗糙度值小 50％。

习题与思考题

6－1　计算检验 ϕ30H7、ϕ80K8 孔用工作量规的极限尺寸，并画出量规公差带图。

6－2　计算检验 ϕ60f7、ϕ18p8 轴用工作量规及校对量规的工作尺寸，并画出量规公差带图。

6－3　计算检验 ϕ50H7f6 用工作量规及轴用校对量规的工作尺寸，并画出量规公差带图。

6－4　光滑极限量规有何特点？如何用它判断工件的合格性？

6－5　光滑极限量规分为几类？各有何用途？孔用工作量规为何没有校对量规？

6－6　量规的尺寸公差带与工件的尺寸公差带有何关系？

第 7 章　滚动轴承的互换性

本章导读

　　掌握滚动轴承的精度等级及其选用；

　　掌握滚动轴承内径、外径公差带的特点；

　　掌握国家标准有关与滚动轴承配合的轴、孔公差带的规定。

　　滚动轴承是机器上广泛应用的一种标准部件，它主要用于现代机器、仪器和仪表中的转动支承，它与滑动轴承相比，具有摩擦系数小、润滑简单、便于更换等优点。其最基本的结构一般是由两个套圈，一组滚动体和一个保持架所组成的通用性强、标准化、系列化程度高的机械基础件。按照滚动轴承所能承受的主要负荷方向，滚动轴承可分为向心轴承（主要承受径向载荷）、推力轴承（承受轴向载荷）、向心推力轴承（能同时承受径向载荷和轴向载荷）。由此可见，滚动轴承可用于承受径向、轴向、或径向与轴向的联合负荷。

　　滚动轴承由内圈、外圈、滚动体和保持架组成（如图 7-1 所示），轴承的外圈和内圈分别与壳体孔及轴颈相配合，其外互换为完全互换。滚动轴承的内、外圈滚道与滚动体的装配一般采用分组装配，其内互换为不完全互换。

　　滚动轴承的类型：按滚动体形状可分为球轴承、圆柱（圆锥）滚子轴承和滚针轴承；按承载负荷方向又可分为向心轴承（承受径向力）、向心推力轴承（同时承受径向力和轴向力）和推力轴承（承受轴向力）。滚动轴承的工作性能和使用寿命不仅取决于本身的制造精度，还和与它配合的轴颈和壳体孔的尺寸精度、形位精度和表面粗糙度、选用的配合性质以及安装正确与否等因素有关。

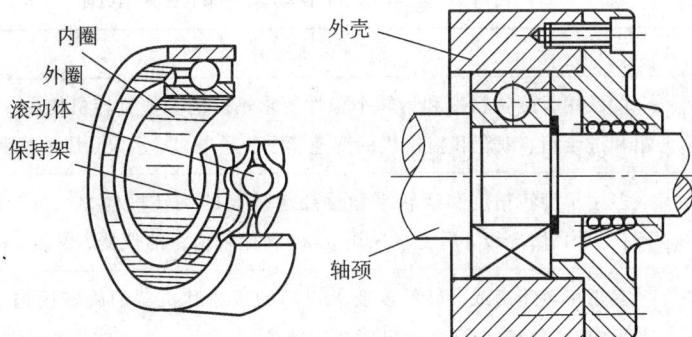

图 7-1　滚动轴承与轴和壳体的配合

7.1 滚动轴承的精度等级及其应用

7.1.1 滚动轴承的公差等级

滚动轴承的精度是指滚动轴承主要尺寸的公差值及旋转精度。根据滚动轴承的结构尺寸、公差等级和技术性能等产品特征，国家标准 GB/T 307.3—2005《滚动轴承通用技术规则》将滚动轴承公差等级按精度等级由低至高分为 0、6(6X)、5、4、2。不同种类的滚动轴承公差等级稍有不同，具体如下：

向心轴承(圆锥滚子轴承除外)公差等级共分为五级，即 0、6、5、4 和 2 级。

圆锥滚子轴承公差等级共分为四级，即 0、6X、5 和 4 级。

推力轴承公差等级共分为四级，即 0、6、5 和 4 级。

7.1.2 滚动轴承的应用

滚动轴承常用精度为 0 级精度，属普通精度，在机械制造业中应用最广，主要用于旋转精度要求不高的机械中。例如，卧式车床变速箱和进给箱、汽车和拖拉机的变速箱、普通电机、水泵、压缩机和涡轮机等。

除 0 级外，其余各级统称高精度轴承，主要用于高线速度或高旋转精度的场合，这类精度的轴承在各种金属切削机床中应用较多，普通机床主轴的前轴承多采用 5 级轴承，后轴承多采用 6 级轴承；用于精密机床主轴上的轴承精度应为 5 级及其以上级；而对于数控机床、加工中心等高速、高精密机床的主轴支承，则需选用 4 级及其以上级超精密轴承。

主轴轴承作为机床的基础配套件，其性能直接影响到机床的转速、回转精度、刚性、抗颤振性能、切削性能、噪声、温升及热变形等，进而影响到加工零件的精度、表面质量等。因此，高性能的机床必须配用高性能的轴承。各个公差等级的滚动轴承的应用范围参见表 7-1。

表 7-1 各个公差等级的滚动轴承的应用范围

轴承精度等级	应 用 范 围
0 级(普通级)	广泛用于旋转精度和运转平稳性要求不高的一般旋转机构中，如卧式车床变速箱和进给箱、汽车和拖拉机的变速箱、普通电机、水泵、压缩机和涡轮机等
6 级、6X 级(中级) 5 级(较高级)	多用于旋转精度和运转平稳性要求较高的旋转机构中，如普通机床主轴轴系(前支承采用 5 级，后支承采用 6 级)和比较精密的仪器、仪表、机械的旋转机构
4 级(高级)	多用于转速高或旋转精度要求很高的机床和机器的旋转机构中，如数控机床、加工中心等高速、高精密机床的主轴支承
2 级(精密级)	多用于精密机械的旋转机构中，如精密坐标镗床、高精度齿轮磨床和数控机床等的主轴轴系

7.2　滚动轴承内径、外径公差带及其特点

由于滚动轴承是标准部件，所以滚动轴承内圈与轴颈的配合采用基孔制，滚动轴承外圈与外壳孔的配合采用基轴制。

通常情况下，滚动轴承的内圈是随轴一起旋转的，为防止内圈和轴颈的配合面之间相对滑动而导致磨损，影响轴承的工作性能和使用寿命，因此要求滚动轴承的内圈和轴颈配合具有一定的过盈，同时考虑到内圈是薄壁件，其过盈量又不能太大，如果作为基准孔的轴承内圈内径仍采用基本偏差代号 H 的公差带布置，轴颈公差带从 GB/T 1801－2009 中的优先、常用和一般公差带中选取，则这样的过渡配合的过盈量太小，而过盈配合的过盈量又太大，不能满足轴承工作的需要。而轴颈一般又不能采用非标准的公差带。所以，国家标准规定：滚动轴承内径为基准孔公差带，但其位置由原来的位于零线的上方改为位于以公称内径 d 为零线的下方，即上偏差为零，下偏差为负值。如图 7-2 所示。当它与 GB/T 1801－2009 中的过渡配合的轴相配合时，能保证获得一定大小的过盈量，从而满足轴承的内孔与轴颈的配合要求。

通常滚动轴承的外圈安装在外壳孔中不旋转，国家标准规定轴承外圈外径的公差带分布于以其公称直径 D 为零线的下方，即上偏差为零，下偏差为负值。如图 7-2 所示，它与 GB/T 1801－2009 标准中基本偏差代号为 h 的公差带相类似，只是公差值不同。

因此，国家标准 GB/T 4199－2003《滚动轴承　公差　定义》对轴承内径 d 与外径 D，不仅规定了直径公差，还规定了轴承套圈任一横截面内平均内径和平均外径(用 d_{mp} 或 D_{mp} 表示)的平均偏差(用 $\Delta_{d_{mp}}$ 或 $\Delta_{D_{mp}}$ 表示)，后者相当于轴承在正确制造的轴上或外壳孔中装配后，它的内径或外径的尺寸公差。其目的是控制轴承的变形程度及轴承与轴颈和外壳孔的配合尺寸精度。国家标准 GB/T 307.1－2005《滚动轴承向心轴承公差》规定了 0、6、5、4、2 各公差等级的轴承的内径 d_{mp} 和外径 D_{mp} 的公差带均为单向制，而且统一采用公差带位于以公称直径为零线的下方，即上偏差为零，下偏差为负值的分布，如图 7-2 所示。

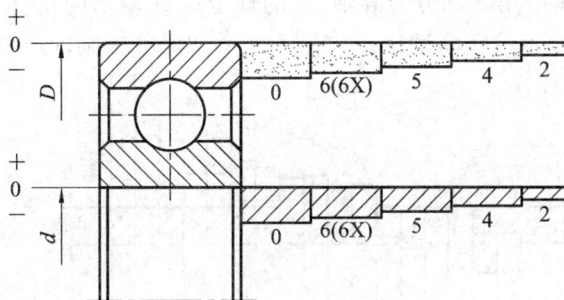

图 7-2　轴承内径、外径公差带的分布

表 7-2 列出了部分向心轴承 Δd_{mp} 和 ΔD_{mp} 的极限值。

表 7-2   向心轴承 Δ_{dmp} 和 Δ_{Dmp} 的极限值(摘自 GB/T 307.1—2005)

精度等级		0		6		5		4		2	
基本直径/mm		极限偏差/μm									
大于	到	上偏差	下偏差	上偏差	下偏差	上偏差	下偏差	上偏差	下偏差	上偏差	下偏差
内圈	10 / 18	0	−8	0	−7	0	−5	0	−4	0	−2.5
	18 / 30	0	−10	0	−8	0	−6	0	−5	0	−2.5
	30 / 50	0	−12	0	−10	0	−8	0	−6	0	−2.5
外圈	30 / 50	0	−11	0	−9	0	−7	0	−6	0	−4
	50 / 80	0	−13	0	−11	0	−9	0	−7	0	−4
	80 / 120	0	−15	0	−13	0	−10	0	−8	0	−5

7.3   滚动轴承与轴和外壳孔的配合及其选择

1. 轴颈和外壳孔公差带

当选定了滚动轴承的种类和精度后,轴承内圈和轴颈、外圈和外壳孔的配合面间需要的配合性质,只由轴颈和外壳孔的公差带决定。也就是说,轴承配合的选择就是确定轴颈和外壳孔的公差带的过程。国家标准 GB/T 275—2015《滚动轴承   配合》对与 0 级和 6(6X)级轴承配合的轴颈规定了 17 种公差带,外壳孔规定了 16 种公差带。一般,轴取 IT6,外壳孔取 IT7。

2. 轴和外壳孔公差带的种类

滚动轴承是标准件,其选择的任务是:确定与轴承内圈配合的轴的公差带和确定与轴承外圈配合的外壳孔的公差带。在 GB/T 275—2015《滚动轴承   配合》中,规定了轴与轴承内径和外壳孔与轴承外径公差带的相对位置,见图 7-3 和图 7-4。并且该标准对轴和外壳孔规定的公差带只适用于下列场合:① 轴承外形尺寸符合 GB/T 273.3—2015《滚动轴承   外形尺寸总方案   第 3 部分向心轴承》的规定;② 轴承的精度等级为 0 级和 6(6X)级;③ 轴承的游隙为基本组径向游隙;④ 轴为实心或厚壁钢制轴;⑤ 外壳为铸钢或铸铁。

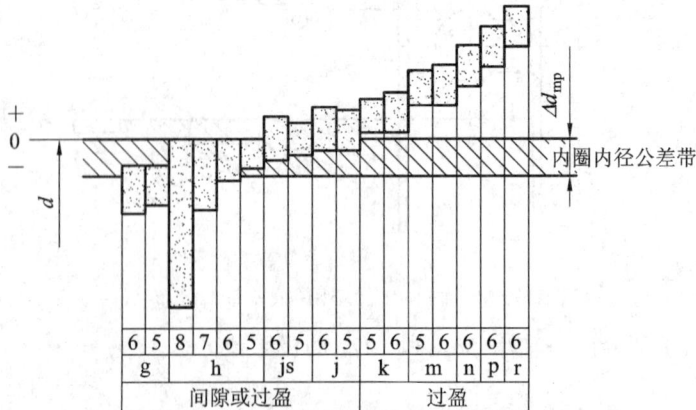

图 7-3   轴承内圈与轴颈配合的常用公差带关系图

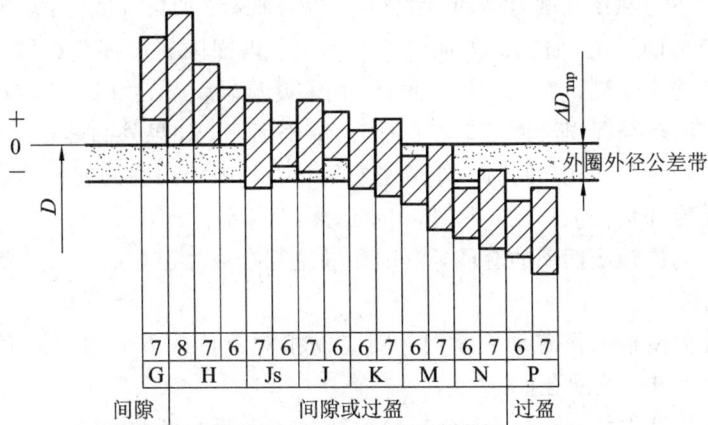

图 7 - 4　轴承外圈与外壳孔配合的常用公差带关系图

3. 滚动轴承配合的选择

滚动轴承配合的选择应考虑的主要因素有：轴承套圈相对于负荷的状况、负荷的类型和大小、轴承的尺寸大小、轴承游隙、轴和轴承座的材料、工作环境以及拆装等。

(1) 轴承套圈的负荷状况。机器运转时，作用在轴承套圈上的径向负荷，一般是由定向负荷(如皮带的拉力)和旋转负荷(如机件的惯性离心力)合成的。滚动轴承内、外套圈可能承受以下三种负荷：

① 定向负荷。轴承套圈与负荷方向相对固定，即该负荷始终不变地作用在套圈的局部滚道上，套圈承受的这种负荷称为定向负荷。例如，轴承承受一个方向不变的径向负荷 P_r，此时，固定不转的套圈所承受的负荷即为定向负荷，如图 7 - 5(a)、(b)所示。

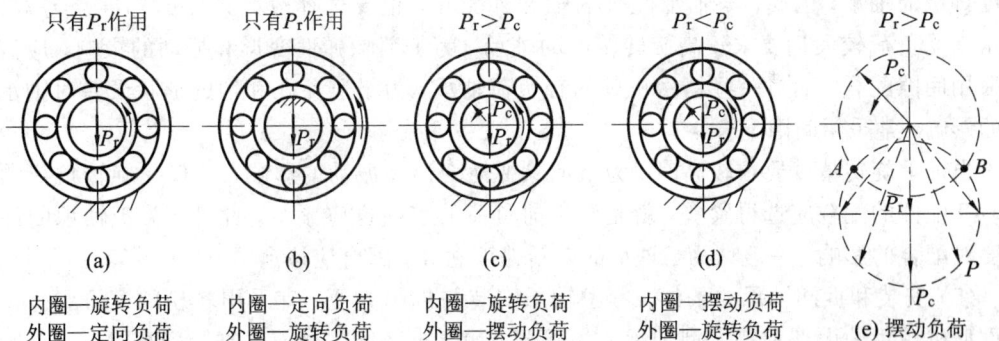

图 7 - 5　轴承套圈的负荷状况

② 旋转负荷。轴承套圈与负荷方向相对旋转，即径向负荷依次作用在套圈的整个圆周滚道上，套圈承受的这种负荷称为旋转负荷。例如，轴承承受一个方向不变的径向负荷 P_r，此时，旋转套圈所承受的负荷即为旋转负荷，如图 7 - 5(a)、(b)所示。

③ 摆动负荷。轴承套圈与负荷方向相对摆动，即该负荷连续摆动地作用在套圈的局部滚道上，套圈承受的这种负荷称为摆动负荷。例如，轴承承受一个方向不变的径向负荷 P_r 及一个较小的旋转负荷 P_c，二者的合成径向负荷 P 的大小与方向都在变动。当 $P_r > P_c$ 时，

合成负荷在轴承下方 AB 区域内摆动，如图 7-5(e)所示；如果外圈静止，则外圈部分滚道轮流受到变动负荷的作用，此时，外圈受摆动负荷。内圈因与循环负荷同步旋转，内圈滚道的整个圆周都受到变动负荷的作用，此时，内圈受旋转负荷，如图 7-5(c)所示。当 $P_r <$ P_c 时，合成负荷沿整个圆周滚道变动，如图 7-5(d)所示，如果外圈静止，则外圈滚道的整个圆周受到变动负荷的作用，此时，外圈受旋转负荷；内圈因与旋转负荷同步旋转，内圈只有部分滚道受变动负荷的作用，此时，内圈受摆动负荷。

对于负荷方向旋转或摆动的套圈，应选择过盈配合或过渡配合。对于负荷方向固定的套圈，应选择间隙配合。

当以不可分离型轴承作游动支承时，则应以相对于负荷方向固定的套圈作为游动套圈，选择间隙配合或过渡配合。

（2）负荷的类型和大小。选用配合与轴承所受的负荷类型和大小有关，因为在负荷作用下，轴承套圈会变形，使配合面间的实际过盈量减小和轴承内部游隙增大。所以，当受冲击负荷或重负荷时，一般应选择比正常、轻负荷时更紧的配合。对向心轴承负荷的大小用径向当量动负荷 P 与径向额定动负荷 C_r 的比值区分。即：当 $P/C_r \leqslant 0.07$ 时，为轻负荷；$0.07 < P/C_r < 0.15$ 时，为正常负荷；$P/C_r > 0.15$ 时，为重负荷。负荷越大，配合过盈越大。

（3）工作温度的影响。轴承运转时，由于摩擦热和其他热源的影响，使轴承套圈的温度经常高于与其结合的零件温度。因此，轴承内圈因热膨胀而与轴的配合可能松动，外圈因热膨胀而与外壳孔的配合可能变紧。所以在选择配合时，必须考虑温度的影响，并加以修正。温度升高，内圈选紧，外圈选松。所谓紧和松，是相对于国家标准规定的推荐公差带而言。

（4）旋转精度和旋转速度的影响。因机器要求较高的旋转精度时，相应地要选用较高精度等级的轴承，因此，与轴承配合的轴和外壳孔，也要选择较高精度的标准公差等级。对于承受负荷较大且要求较高旋转精度的轴承，为了消除弹性变形和振动的影响，应该避免采用间隙配合。而对一些精密机床的轻负荷轴承，为了避免孔和轴的形状误差对轴承精度的影响，常采用间隙配合。

当轴承旋转精度要求较高时，为了消除弹性变形和振动的影响，不仅受旋转负荷的套圈与互配件的配合应选得紧些，就是受定向负荷的套圈也应紧些。此外，关于轴承的旋转速度对配合的影响，一般认为，轴承的旋转速度愈高，配合应该愈紧。

（5）安装和拆卸轴承的条件。考虑轴承安装与拆卸方便，宜采用较松的配合，这一点对重型机械用的大型和特大型轴承尤为重要。如要求装卸方便而又需紧配合时，可采用分离型轴承，或内圈带锥孔、带紧定套和退卸套的轴承。

（6）其他因素。空心轴颈比实心轴颈、薄壁外壳比厚壁外壳、轻合金外壳比钢铁外壳所采用的配合要紧些；而剖分式外壳比整体式外壳所采用的配合要松些，以免过盈将轴承外圈夹扁，甚至将轴卡住。轴承的工作温度一般低于 100℃，在高温工作的轴承，要对所选用的配合作适当的修正。

综上所述，滚动轴承配合的选用通常采用类比法。配合选用可参考表 7-3、表 7-4。

表 7 - 3　向心轴承和轴的配合、轴公差带代号

圆柱孔轴承					
载荷情况	举例	深沟球轴承、调心球轴承和角接触球轴承	圆柱滚子轴承和圆锥滚子轴承	调心滚子轴承	公差带
		轴承公称内径/mm			
内圈承受旋转载荷或方向不定载荷	内载荷（输送机、轻载齿轮箱）	≤18	—	—	h5
		>18~100	≤40	≤40	j6①
		>100~200	>40~140	>40~100	k6①
		—	>140~200	>100~200	m6①
	正常载荷（一般通用机械、电动机、泵、内燃机、正齿轮传动装置）	≤18	—	—	j5、js5
		>18~100	≤40	≤40	k5②
		>100~140	>40~100	>40~65	m5②
		>140~200	>100~140	>65~100	m6
		>200~280	>140~200	>100~140	n6
		—	>200~400	>140~280	p6
				>280~500	r6
	重负荷（铁路机车车辆轴箱、牵引电机、破碎机等）		>50~140	>50~100	n6③
			>140~200	>100~140	p6③
			>200	>140~200	r6③
			—	>200	r7③
内圈承受固定载荷（所有载荷）	内圈需在轴向易移动（非旋转轴上的各种轮子）	所有尺寸			f6
					g6①
	内圈不需在轴向易移动（张紧轮、绳轮）				h6
					j6
仅有轴向载荷		所有尺寸			j6、js6
所有负荷	铁路机车车辆轴箱（装在退卸套上）	所有尺寸			h8 (IT6)④⑤
	一般机械传动（装在紧定套上）	所有尺寸			h9 (IT7)④⑤

注：① 凡对精度有较高要求的场合，应用 j5，k5，…，代替 j6，k6，…；
② 圆锥滚子轴承、角接触球轴承配合对游隙影响不大，可用 k6，m6 代替 k5，m5；
③ 重负荷下轴承游隙应大于基本组游隙的滚子轴承；
④ 凡有较高精度或转速要求的场合，应选用 h7(IT5) 代替 h8(IT6) 等；
⑤ IT6、IT7 表示圆柱度公差数值。

表 7 - 4　向心轴承和外壳孔的配合、孔公差带代号

载荷情况		举例	其他状态	公差带①	
				球轴承	滚子轴承
外圈承受固定载荷	轻、正常、重	一般机械、铁路机车车辆轴箱	轴向易移动，可采用倒分式轴承座	H7、G7①	
	冲击		轴向能移动，可采用整体或部分式轴承座	J7、JS7	
方向不定载荷	轻、正常	电机、泵、曲轴主轴承			
	正常、重			K7	
	重、冲击	牵引电机	轴向不移动，采用整体式轴承座	M7	
外圈承受旋转载荷	轻	皮带张紧轮		J7	K7
	正常	轮毂轴承		M7	N7
	重			—	N7、P7

注：① 并列公差带随尺寸的增大从左至右选择，对旋转精度有较高要求时，可相应提高一个公差等级；
　　② 不适用于剖分式外壳。

4. 轴承内外圈配合表面的形位公差和粗糙度要求

（1）形状公差。因轴承套圈为薄壁件，装配后靠轴颈和轴承座孔来矫正，故套圈工作时的形状与轴颈及轴承座孔表面形状密切相关。应对轴颈和轴承座孔表面提出圆柱度公差要求。

（2）位置公差。为保证轴承工作时有较高的旋转精度，应限制与套圈端面接触的轴肩及轴承座孔肩的倾斜，以避免轴承装配后滚道位置不正而使旋转不平稳，因此规定了轴肩和轴承座孔肩的端面跳动公差。轴颈和轴承座孔的几何公差见表 7 - 5。

（3）表面粗糙度。表面粗糙度直接影响配合性质和连接强度，因此，对与轴承内、外圈配合的表面提出较高的粗糙度要求。表 7 - 6 给出了轴颈和轴承座孔的配合表面粗糙度。

表 7 - 5　轴颈和轴承座孔的几何公差

公称尺寸/mm	圆柱度 $t/\mu m$				轴向圆跳动 $t_1/\mu m$			
	轴颈		轴承座孔		轴肩		轴承座孔肩	
	轴承公差等级							
	0	6(6X)	0	6(6X)	0	6(6X)	0	6(6X)
≤6	2.5	1.5	4	2.5	5	3	8	5
>6～10	2.5	1.5	4	2.5	6	4	10	6
>10～18	3.0	2.0	5	3.0	8	5	12	8
>18～30	4.0	2.5	6	4.0	10	6	15	10
>30～50	4.0	2.5	7	4.0	12	8	20	12
>50～80	5.0	3.0	8	5.0	15	10	25	15

续表

公称尺寸 /mm	圆柱度 $t/\mu m$				轴向圆跳动 $t_1/\mu m$			
	轴颈		轴承座孔		轴肩		轴承座孔肩	
	轴承公差等级							
	0	6(6X)	0	6(6X)	0	6(6X)	0	6(6X)
>80~120	6.0	4.0	10	6.0	15	10	25	15
>120~180	8.0	5.0	12	8.0	20	12	30	20
>180~250	10.0	7.0	14	10.0	20	12	30	20
>250~315	12.0	8.0	16	12.0	25	15	40	25
>315~400	13.0	9.0	18	13.0	25	15	40	25
>400~500	15.0	10.0	20	15.0	25	15	40	25

表 7-6　轴颈和轴承座孔的配合表面粗糙度

轴颈或轴承座孔的直径 /mm	轴颈或轴承座孔的标准公差等级					
	IT7		IT6		IT5	
	$Ra/\mu m$					
	磨	车(镗)	磨	车(镗)	磨	车(镗)
≤80	1.6	3.2	0.8	1.6	0.4	0.8
>80~500	1.6	3.2	1.6	3.2	0.8	1.6
2500≤1250	3.2	6.3	1.6	3.2	1.6	3.2
端面	3.2	6.3	3.2	6.3	1.6	3.2

5. 滚动轴承的配合公差和技术要求在图样上的标注

由于滚动轴承用单一平面内的平均直径(D_{mp}、d_{mp})作为轴承的配合尺寸,其公差数值与国标 GB/T 1801—2009 中的标准公差数值不同,因此,在装配图上标注滚动轴承与轴和轴承座孔的配合时,只需标注轴和轴承座孔的公差带代号。

例 7-1　某车床主轴后轴承为两个 6 级精度的单列向心球轴承 6210,轴承外形尺寸为 $d \times D \times B = 50 \text{ mm} \times 90 \text{ mm} \times 20 \text{ mm}$,车床主轴要求较高的旋转精度,径向负荷 $P/C_r < 0.07$,工作温度低于 60℃。求:① 试确定轴承内圈与轴颈和外圈与轴承座孔的配合公差带代号并标注在装配图和零件图上,且画出公差带图。② 确定轴和轴承座孔的形位公差及表面粗糙度并分别标注在零件图上。

解:车床主轴后支承主要承受齿轮传递的力,属于定向负荷。内圈转动,受旋转负荷;外圈静止,受定向负荷。因为径向负荷 $P/C_r < 0.07$,所以,轴承承受轻负荷;因工作温度低于 60℃,故不考虑温度补偿。按轴承的工作条件,查表 7-3 取轴颈公差带为 $\phi50j5$(基孔制)。因车床主轴要求较高的旋转精度,故公差等级提高一级,查表 7-4,取轴承座孔公差带为 $\phi90J6$(基轴制),标注图 7-6(a)所示。

查得轴颈和轴承座孔的极限偏差分别为:es = +0.006,ei = -0.005,ES = +0.016,EI = -0.006。查表 7-5、表 7-6 选取轴颈和轴承座孔的形位公差值及表面粗糙度数值,见图 7-6(b),(c)标注。轴承平均内径偏差 Δ_{dmp}、轴承平均外径偏差 Δ_{Dmp} 的上偏差为

0 μm，下偏差为负值；公差带图如图 7 - 6(d) 所示。

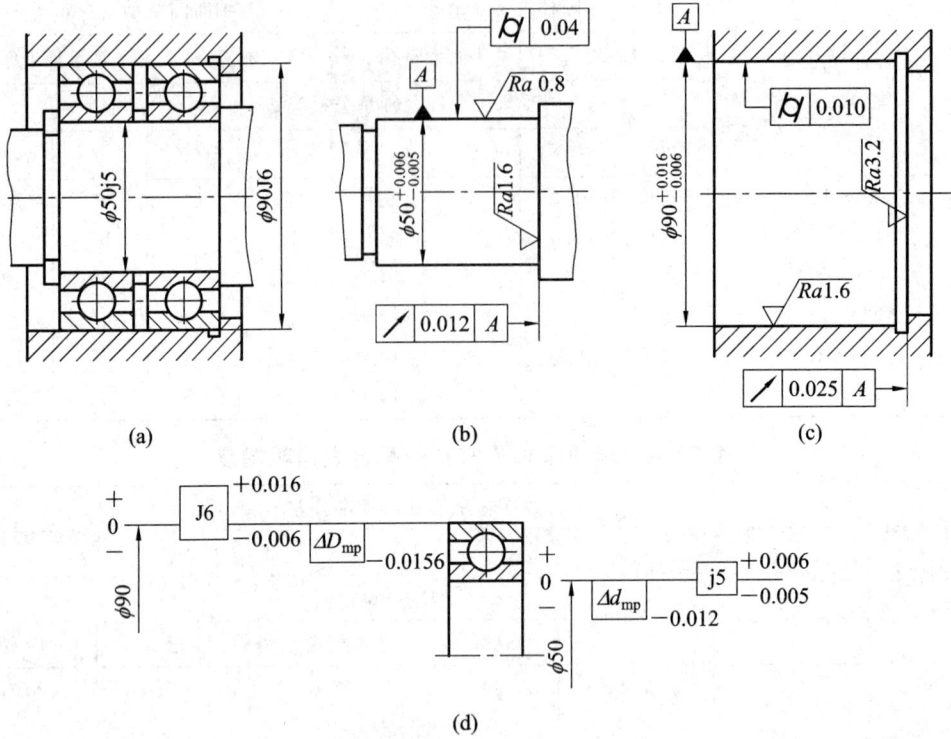

(a)　　　　　　　　(b)　　　　　　　　(c)

(d)

图 7 - 6　轴和轴承座孔的公差标注及公差带图

习题与思考题

7 - 1　滚动轴承的精度分为几级？各应用在什么场合？

7 - 2　选择轴承与结合件配合的主要依据是什么？

7 - 3　滚动轴承的内、外径公差带布置有何特点？

7 - 4　某普通机床主轴后支承上安装深沟球轴承，其内径为 40 mm，外径为 90 mm，该轴承承受一个 4000 N 的定向径向负荷，轴承的额定动负荷为 31 400 N，内圈随轴一起转动，外圈固定。试确定：

① 与轴承配合的轴颈、轴承座孔的公差带代号。

② 轴颈和轴承座孔的形位公差和表面粗糙度数值。

③ 将所选的公差带代号和各项公差标注在公差图样上。

第 8 章　圆锥配合的互换性与检测

本章导读

了解圆锥配合的特点、基本参数、形成方法和基本要求；

了解圆锥几何参数误差对互换性的影响；

掌握圆锥公差的项目及其给定方法并会正确选用；

了解圆锥的主要检测方法。

8.1　概　　述

8.1.1　圆锥配合的特点

圆锥配合是机器结构中常用的典型结构，其配合要素为内、外圆锥表面，在工业生产中应用广泛。但是由于圆锥是由直径、长度、锥度（或锥角）多尺寸要素构成的，所以影响互换性的因素比较多，在配合性质的确定和配合精度设计方面，比圆柱配合要复杂得多。如图 8-1 所示，圆锥配合与光滑圆柱体配合相比较，具有以下特点：

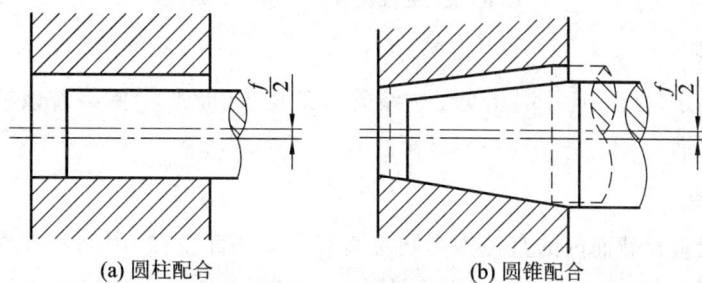

| (a) 圆柱配合 | (b) 圆锥配合 |

图 8-1　圆柱配合与圆锥配合的比较

1. 保证配合件相互自动对准中心

在圆柱配合中，当配合存在间隙时，孔与轴的中心线就存在同轴度的误差，而圆锥配合则不同，内外圆锥体沿轴向做相对运动，就可减少间隙，甚至产生过盈，消除间隙引起的偏心，使配合件轴线重合，即轴线自动对准。

2. 配合性质可以调整

圆锥配合可以调整配合间隙和过盈的大小来满足不同的工作要求。在圆柱配合中，孔、轴的间隙、过盈是由基本偏差和标准公差确定的，其大小是不能调整的。而圆锥配合中，通过调整内、外圆锥轴向的相对位置，可以改变其间隙和过盈的大小，得到不同的配合性质。且可补偿表面的磨损，延长圆锥的使用寿命。

3. 配合紧密且便于装拆

内外圆锥沿轴向适当地移动，可得到较紧的配合，而反向移动又很容易拆开。由于配合紧密，圆锥配合具有良好的密封性，常被用在防止漏气、漏水或漏油等方面。当有足够的过盈时，圆锥配合还具有自锁性，能够传递一定的扭矩，甚至可以取代花键配合，使传动装置结构简单、紧凑。

4. 结构复杂

圆锥配合的结构较为复杂，加工和检测也较为困难，故不如圆柱配合应用广泛。

8.1.2　圆锥及其配合的基本参数

圆锥及其配合的基本参数如图 8-2 所示。

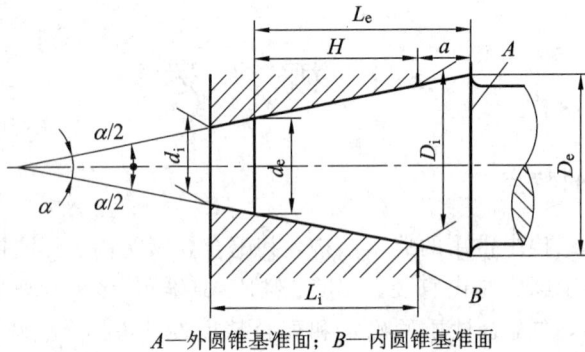

A—外圆锥基准面；B—内圆锥基准面

图 8-2　圆锥配合中的基本参数

1. 圆锥表面

与轴线成一定角度，且一端相交于轴线的一条直线（母线），围绕着该轴线旋转形成的表面称为圆锥表面。

2. 圆锥直径

与圆锥轴线垂直截面内的直径称为圆锥直径。圆锥直径有内、外圆锥的最大直径 D_i、D_e，内、外圆锥的最小直径 d_i、d_e，任意给定截面圆锥直径 d_x（距端面一定距离）。

3. 圆锥角 α

在通过圆锥轴线的截面内，两条素线间的夹角称为圆锥角。

4. 锥度 C

两个垂直圆锥轴线截面的圆锥直径 D 和 d 之差与该两截面之间的轴向距离 L 之比称为锥度。

$$C = \frac{D - d}{L}$$

锥度 C 与圆锥角 α 的关系为

$$C = 2\tan\frac{\alpha}{2} = 1 : \frac{1}{2}\cot\frac{\alpha}{2} \qquad\qquad (8-1)$$

锥度一般用比例或分式形式表示，例如 $C=1:5$、$1/5$、20%。

5. 圆锥长度 L

圆锥最大直径与最小直径所在截面之间的轴向距离称为圆锥长度。内、外圆锥长度分别用 L_i、L_e 表示。

6. 圆锥配合长度 H

内、外圆锥配合面间的轴向距离称为圆锥配合长度。

7. 基面距 a

基面距是外锥体基面(轴肩或轴端面)与内锥体基面(端面)之间的距离。基面距决定两配合锥体的轴向相对位置。

基面距的位置取决于所指定的基本直径，如以内圆锥的大端直径为基本直径，则基面距的位置在大端；如以外圆锥的小端直径为基本直径，则基面距的位置在小端。

8.1.3　圆锥配合的种类

圆锥配合是由基本圆锥直径和基本圆锥角或基本锥度相同的内、外圆锥形成的。圆锥尺寸公差带的数值是按基本圆锥直径给出的，间隙或过盈是指垂直于圆锥轴线方向即直径上的尺寸，而与圆锥角大小无关。圆锥配合根据内、外圆锥相对轴向位置不同，可以获得间隙配合、过渡配合或过盈配合。

1. 间隙配合

这类配合有间隙，在装配和使用过程中，间隙量的大小可以调整，零件易拆卸。如机床顶尖、车床主轴的圆锥轴颈与滑动轴承的配合。

2. 过渡配合

这类配合具有间隙，也可能具有过盈，要求内、外圆锥紧密配合，它用于对中定心和密封。当用于密封时，可以防止漏水和漏气，例如内燃机中气阀与气阀座的配合。为了使配合的圆锥面接触严密，内、外圆锥要成对研磨，因而这类圆锥通常不具有互换性。

3. 过盈配合

这类配合有过盈，过盈量的大小可通过圆锥的轴向移动来调整。过盈配合具有自锁性，用以传递扭矩，而且装卸方便。如机床上的刀具(钻头、立铣刀等)的锥柄与机床主轴锥孔的配合。

8.1.4　圆锥配合的形成方法

圆锥配合的类型是通过改变内、外圆锥的相对轴向位置而得到的，按确定相配合的内、外圆锥轴向位置的方法不同，主要有以下两种类型的圆锥配合：结构型圆锥配合和位移型圆锥配合。

1. 结构型圆锥配合

结构型圆锥配合是指由内、外圆锥本身的结构或基面距，来确定装配后的最终轴向位置,以得到所需配合性质的圆锥配合,如图 8-3 所示。这种配合方式可以得到间隙配合,过渡配合和过盈配合,配合性质完全取决于内、外圆锥直径公差带的相对位置。

如图 8-3(a)所示,通过外圆锥的轴肩与内圆锥的大端端面相接触,使两者相对轴向位置确定,形成所需要的圆锥间隙配合。

如图 8-3(b)所示,通过控制基面距 a 来确定装配后的最终轴向位置,形成所需要的圆锥过盈配合。

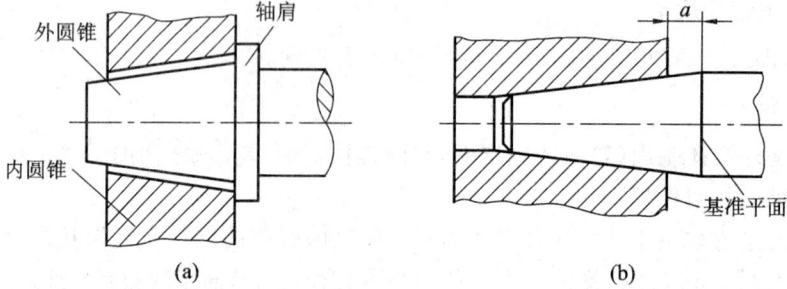

图 8-3　结构型圆锥配合

2. 位移型圆锥配合

位移型圆锥配合是通过调整内、外圆锥相对轴向位置的方法,以得到所需配合性质的圆锥配合,如图 8-4 所示。

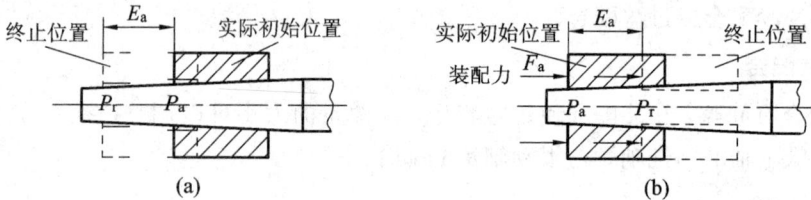

图 8-4　位移型圆锥配合

在圆锥配合中由初始实际位置 P_a 开始,对内圆锥作向左的轴向位移 E_a,直至终止位置 P_f,即可获得要求的间隙配合,如图 8-4(a)所示。图 8-4(b)表示在圆锥配合中由初始实际位置 P_a 开始,对内圆锥施加一定的轴向力 F_a,使其向右到达终止位置 P_f,则形成所需的过盈配合。位移型圆锥配合一般不用于形成过渡配合。

8.1.5　锥度与锥角系列

为了减少加工圆锥体零件所用的专用刀具、量具种类和规格,国家标准 GB/T 157—2001 规定了锥度与锥角系列,设计时应从标准系列中选用标准锥角 α 或标准锥度 C。

1. 一般用途圆锥的锥度与锥角

一般用途的锥度和锥角系列见表 8-1,选用时应优先选用系列 1,其次选用系列 2。表中给出了圆锥角或锥度的推算值,其有效位数可按需要确定。

表 8－1　一般用途圆锥的锥度与锥角系列(摘自 GB/T 157—2001)

基本值		推　算　值			
系列 1	系列 2	圆锥角 a			锥度 C
		(°)(′)(″)	(°)	rad	
120°		—	—	2.09439510	1∶0.2886751
90°		—	—	1.57079633	1∶0.5000000
	75°	—	—	1.30899694	1∶0.6516127
60°		—	—	1.04719755	1∶0.8660254
45°		—	—	0.78539816	1∶1.2071068
30°		—	—	0.52359878	1∶1.8660254
1∶3		18°55′287199″	18.924644420°	0.33029735	—
	1∶4	14°15′0.1177″	14.25003270°	0.24870999	—
1∶5		11°25′16.2706″	11.42118627°	0.19933730	—
	1∶6	9°31′38.2202″	9.52728338°	0.16628246	—
	1∶7	8°10′16.4408″	8.17123356°	0.14261493	—
	1∶8	7°9′9.6075″	7.15266875°	0.12483762	—
1∶10		5°43′29.3176″	5.72481045°	0.09991679	—
	1∶12	4°46′18.7970″	4.77188806°	0.08328516	—
	1∶15	3°49′5.8975″	3.81830487°	0.06664199	—
1∶20		2°51′51.0925″	2.86419237°	0.04998959	—
1∶30		1°54′34.8570″	1.90968251°	0.03333025	—
1∶50		1°8′45.1586″	1.14587740°	0.01999933	—
1∶100		0°34″22.6309″	0.57295302°	0.00999992	—
1∶200		0°17′11.3219″	0.28647830°	0.00499999	—
1∶500		0°6′52.5295″	0.11459152°	0.00200000	—

　　注：系列 1 中 120°～1∶3 的数值近似按 R10/2 优先数系列,1∶5～1∶500 按 R10/3 优先数系列(见 GB/T 321)。

2. 特殊用途圆锥的锥度与锥角

　　特殊用途圆锥的锥度与锥角系列见表 8－2,其仅适用于表中所说明的特殊行业和用途。

表 8 - 2　特殊用途圆锥的锥度与锥角系列(GB/T 157—2001)

基本值	推算值				标准号 GB/T (ISO)	用途
	圆锥角 α			锥度 C		
	(°)(′)(″)	(°)	rad			
11°54′	—	—	0.20769418	1：4.7974511	(5237) (8489—5)	纺织机械和附件
8°40′	—	—	0.15126187	1：6.5984415	(8489—3) (8489—4) (324.575)	
7°	—	—	0.12217305	1：8.1749277	(8489—2)	
1：38	1°30′27.7080″	1.507696670°	0.02631427	—	(368)	
1：64	0°53′42.8220″	0.895228340°	0.01562468	—	(368)	
7：24	16°35′39.4443″	16.5942900°	0.28962500	1：3.4285714	3837.3 (297)	机床主轴工具配合
1：12.262	4°40′12.1514″	4.6700420°	0.08150761	—	(239)	贾各锥度 No.2
1：12.972	4°24′52.9039″	4.41469552°	0.07705097	—	(239)	贾各锥度 No.1
1′15.748	3°38′13.4429″	3.63706747°	0.06347880	—	(239)	贾各锥度 No.33
6：100	3°26′12.1776″	3.43671600°	0.05998201		1962 (594—1) (595—1) (595—2)	医疗设备
1：18.779	3°3′1.2070″	3.05033527°	0.05323839	—	(239)	贾各锥度 No.3
1：19.002	3°0′52.3956″	3.01455434°	0.05261390	—	1443 (296)	莫氏锥度 No.5
1：19.180	2°59′11.7258″	2.98659050°	0.05212584	—	1443 (296)	莫氏锥度 No.6
1：19.212	2°58′53.8255″	2.98161820°	0.05203905	—	1443 (296)	莫氏锥度 No.0
1：19.254	2°58′30.4217″	2.97511713°	0.05192559	—	1443 (296)	莫氏锥度 No.4
1：19.264	2°58′24.8644″	2.97357343°	0.05189865	—	(239)	莫氏锥度 No.6
1：19.922	2°52′31.4463″	2.87540176°	0.05018523	—	1443 (296)	莫氏锥度 No.3
1：20.020	2°51′40.7960″	2.86133223°	0.04993967	—	1443 (296)	莫氏锥度 No.2

基本值	推算值				标准号 GB/T (ISO)	用途
	圆锥角 α			锥度 C		
	$(°)(')('')$	$(°)$	rad			
1:20.047	2°51′26.9283″	2.85748008°	0.04987244	—	1443 (296)	莫氏锥度 No.1
1:20.288	2°49′24.7802″	2.82355006°	0.04928025	—	(239)	贾各锥度 No.0
1:23.904	2°23′47.6244″	2.39656232°	0.04182790	—	1443 (296)	布朗班普锥度 No.1 至 No.3
1:28	2°2′45.8174″	2.04606038°	0.03571049	—	(8382)	复苏器(医用)
1:36	1°35′29.2096″	1.59144711°	0.02777599	—	(5356—1)	麻醉器具
1:40	1°25′56.3516″	1.43231989°	0.02499870	—		

莫氏圆锥共有七种，从 0 ～6 号，其中 0 号尺寸最小，6 号尺寸最大。每个莫氏号的圆锥不但尺寸不同，而且锥度虽然都接近 1:20，但也都不相同，所以只有相同号的内、外莫氏圆锥才能配合。

8.2　圆锥几何参数误差对互换性的影响

圆锥的直径和和锥度误差以及形状误差均会对圆锥配合产生影响。

8.2.1　圆锥直径误差对配合的影响

对于结构型圆锥，基面距是一定的，直径误差影响圆锥配合的实际间隙或过盈的大小，影响情况和圆柱配合一样。

对于位移型圆锥，直径误差影响圆锥配合的实际初始位置，所以影响装配后的基面距。

8.2.2　圆锥角误差对配合的影响

不管是哪种类型的圆锥配合，圆锥角有误差(特别是内、外圆锥角误差不相等时)都会影响接触均匀性。

对于位移型圆锥，圆锥角误差有时还会影响基面距。

设以内圆锥最大直径 D_i 为基本圆锥直径，基面距在大端，内、外圆锥大端直径均无误差，只有圆锥角误差 $\Delta\alpha_i$、$\Delta\alpha_e$，且 $\Delta\alpha_i \neq \Delta\alpha_e$，如图 8-5 所示。

当 $\Delta\alpha_i < \Delta\alpha_e$，即 $\alpha_i < \alpha_e$ 时，内、外圆锥在大端接触，它们对基面距的影响很小，可忽略不计。但由于内、外圆锥在大端局部接触，接触面积小，将使磨损加剧，且可能导致内、外圆锥相对倾斜，影响使用性能，如图 8-5(a)所示。

当 $\Delta\alpha_i > \Delta\alpha_e$，即 $\alpha_i > \alpha_e$ 时，内、外圆锥在小端接触，不但影响接触均匀性，而且影响位移型圆锥配合的基面距，由此产生的基面距变化量为 $\Delta\alpha''$，如图 8-5(b)所示。

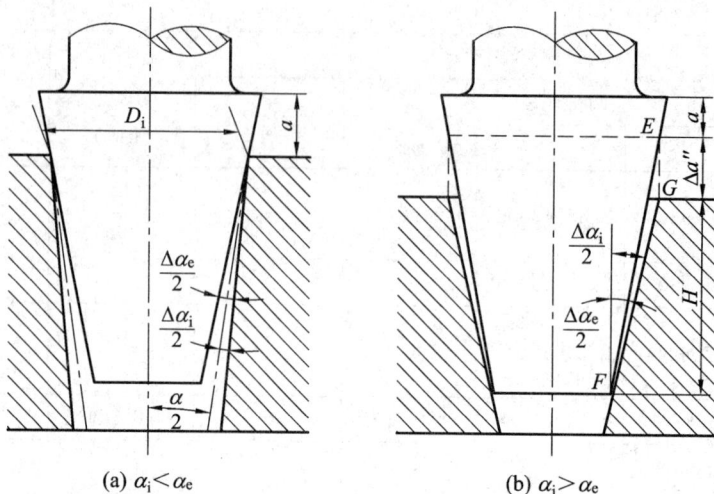

图 8-5　圆锥角误差的影响

8.2.3　圆锥形状误差对配合的影响

圆锥形状误差包括圆锥素线直线度误差和截面圆度误差。它们主要影响配合表面的接触精度。对于间隙配合，使其间隙大小不均匀，磨损加剧，影响使用寿命；对于过盈配合，由于接触面积减小，降低连接强度；对于紧密配合会降低密封性。

8.3　圆锥的公差与配合

圆锥公差国家标准 GB/T 157—2001 是采用国际标准 ISO 1119:1998《产品几何量技术规范(GPS)　圆锥的锥度与锥角系列》制订，适用于锥度 C 从 $1:3\sim1:500$，圆锥长度 L 从 $6\sim630$ mm 的光滑圆锥工件。

圆锥公差的项目有圆锥直径公差、圆锥角公差、圆锥的形状公差和给定截面圆锥直径公差。

8.3.1　圆锥公差的术语及定义

1. 公称圆锥

由设计给定的理想形状的圆锥，如图 8-6 所示。

公称圆锥可用两种形式确定：

(1) 一个公称圆锥直径(最大圆锥直径 D、最小圆锥直径 d、给定截面圆锥直径 d_x)、公称圆锥长度 L、公称圆锥角 α 或公称锥度 C。

(2) 两个公称圆锥直径和公称圆锥长度 L。

2. 实际圆锥

实际存在并与周围介质分隔的圆锥。实际圆锥上的任一直径 d_a 称为实际圆锥直径。

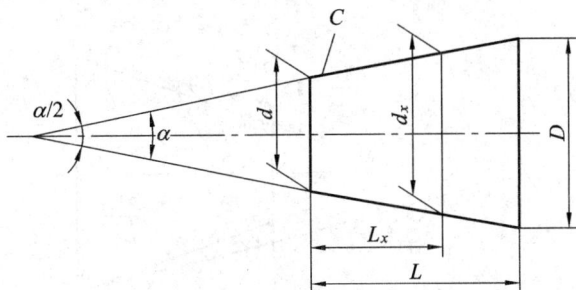

图 8-6　理想形状的圆锥

3. 实际圆锥角

实际圆锥的任一轴向截面内，包容其素线且距离为最小的两对平行直线之间的夹角称为实际圆锥角，如图 8-7 所示。

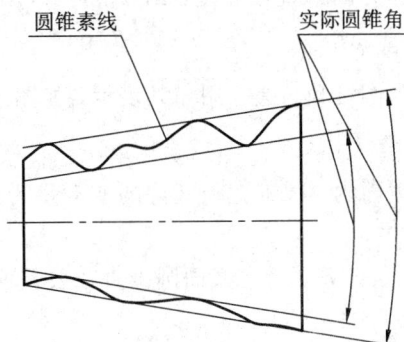

图 8-7　实际圆锥角

4. 极限圆锥

与公称圆锥共轴且圆锥角相等，直径分别为上极限直径和下极限直径的两个圆锥称为极限圆锥。在垂直圆锥轴线的任一截面上，这两个圆锥的直径差都相等，如图 8-5 所示。极限圆锥上的任一直径称为极限圆锥直径，如图 8-8 中的 D_{max}、D_{min}、d_{max}、d_{min}。

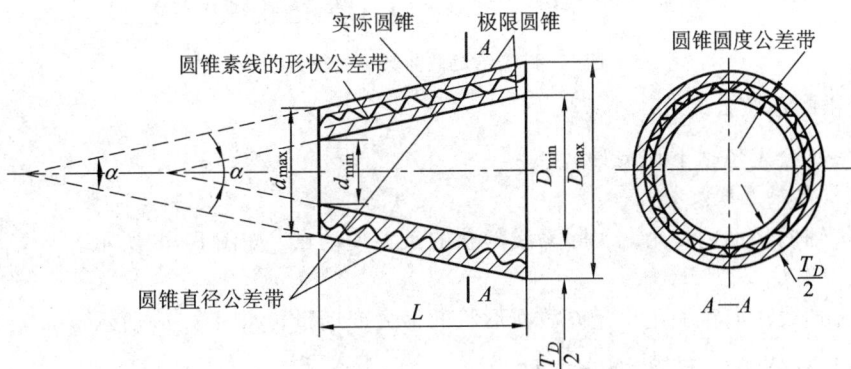

图 8-8　极限圆锥

5. 极限圆锥角

极限圆锥角即允许的上极限或下极限圆锥角，如图 8-9 所示。

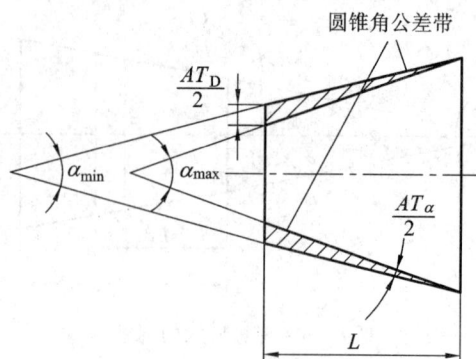

图 8-9 极限圆锥角

6. 圆锥直径公差 T_D

圆锥直径的允许变动量称为圆锥直径公差,用 T_D 表示,如图 8-8 所示。

7. 圆锥角公差 $AT(AT_a$ 或 $AT_D)$

圆锥角的允许变动量称为圆锥角公差,用 AT 表示,如图 8-9 所示。

8. 给定截面圆锥直径公差 T_{DS}

在垂直圆锥轴线的给定截面内,圆锥直径允许的变动量为给定截面圆锥直径公差,用 T_{DS} 表示,如图 8-10 所示。

注:圆锥直径公差、圆锥角公差、给定截面圆锥直径公差均是没有符号的绝对值。

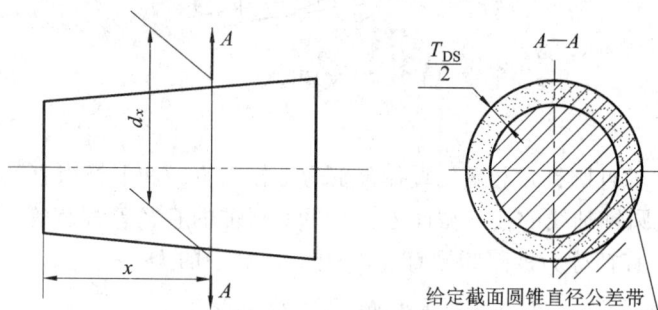

图 8-10 给定截面圆锥直径公差

9. 圆锥的形状公差 T_F

圆锥形状公差包括下述两种:

1) 圆锥素线直线度公差

在圆锥轴向平面内,允许实际素线形状的最大变动量,如图 8-8 所示。

2) 截面圆度公差

在圆锥轴线法向截面上,允许截面形状的最大变动量,如图 8-8 所示。

8.3.2 圆锥公差项目和给定方法

1. 圆锥公差项目

1) 圆锥直径公差 T_D

圆锥直径公差 T_D,以公称圆锥直径(一般取最大圆锥直径 D)为公称尺寸,按 GB/T

1800.3 规定的标准公差选取。

2) 圆锥角公差 AT

圆锥角公差 AT 共分 12 个公差等级，用 $AT1$、$AT2$、……、$AT12$ 表示。其中 $AT1$ 级精度最高，$AT12$ 级精度最低。圆锥角公差的数值见表 8 - 3。表 8 - 3 中数值用于棱体的角度时，以该角短边长度作为 L 选取公差值。

如需要更高或更低等级的圆锥角公差时，按公比 1.6 向两端延伸得到。更高等级用 $AT0$、$AT01$……表示，更低等级用 $AT13$、$AT14$……表示。

圆锥角公差可用角度值 AT_α 和线性值 AT_D 两种形式表示，AT_α 和 AT_D 的关系如下：

$$AT_D = AT_\alpha \times L \times 10^{-3} \tag{8-2}$$

式中：AT_D 单位为 μm；AT_α 单位为 μrad；L 单位为 mm。

注：1 微弧度（μrad）等于在半径为一米，弧长为一微米时所产生的角度。即 $5\mu rad \approx 1''$（秒），$300\mu rad \approx 1'$（分）。

AT_D 值应按式（8 - 2）计算，表 8 - 3 中仅给出圆锥长度 L 的尺寸段相对应的 AT_D 范围值。AT_D 计算结果的尾数按 GB/T 8170—2008《数值修约规则与极限数值的表示和判定》的规定进行修约，其有效位数应与表 8 - 3 中所列该 L 尺寸段的最大范围值的位数相同。

表 8 - 3　圆锥角公差（摘自 GB/T 11334—2005）

公称圆锥长度 L/mm		圆锥角公差等级								
		$AT4$			$AT5$			$AT6$		
		AT_α		AT_D	AT_α		AT_D	AT_α		AT_D
大于	至	μrad	$('')$	μm	(μrad)	$('')$	μm	μrad	$(')('')$	μm
16	25	125	26	>2.0~3.2	200	41	>3.2~5.0	315	1'05"	>5.0~8.0
25	40	100	21	>2.5~4.0	160	33	>4.0~6.3	250	52"	>6.3~10.0
40	63	80	16	>3.2~5.0	125	26	>5.0~8.0	200	41"	>8.0~12.5
63	100	63	13	>4.0~6.3	100	21	>6.3~10.0	160	33"	>10.0~16.0
100	160	50	10	>5.0~8.0	80	16	>8.0~12.5	125	26"	>12.5~20.0

公称圆锥长度 L/mm		圆锥角公差等级								
		$AT7$			$AT8$			$AT9$		
		AT_α		AT_D	AT_α		AT_D	AT_α		AT_D
大于	至	μrad	$(')('')$	μm	μrad	$(')('')$	μm	μrad	$(')('')$	μm
16	25	500	1'43"	>8.0~12.5	800	2'45"	>12.5~20.0	315	4'18"	>20~32
25	40	400	1'22"	>10.0~16.0	630	2'10"	>16.0~20.5	250	3'26"	>25~40
40	63	315	1'05"	>12.5~20.0	500	1'43"	>20.0~32.0	200	2'45"	>32~50
63	100	250	52"	>16.0~25.0	400	1'22"	>25.0~40.0	160	2'10"	>40~63
100	160	200	41"	>20.0~32.0	315	1'05"	>32.0~50.0	125	1'43"	>50~80

表 8-3 中 AT_D 取值举例：

例 1　L 为 63 mm，选用 $AT7$，查表 8-3 得 AT_a 为 315μrad 或 $1'05''$，AT_D 为 20 μm。

例 2　L 为 50 mm，选用 $AT7$，查表 8-3 得 AT_a 为 315 μrad 或 $1'05''$，则

$$AT_D = AT_a \times L \times 10^{-3} = 315 \times 50 \times 10^{-3} = 15.75 \ \mu m$$

取 AT_D 为 15.8 μm。

3）圆锥的形状公差 T_F

圆锥的形状公差包括素线直线度公差和截面圆度公差。在一般情况下，不单独给出，而是由对应的两极限圆锥公差带限制。

当对形状精度有更高要求时，应单独给出相应的形状公差。其数值推荐按 GB/T 1184 —1996 中附录 B"图样上注出公差值的规定"选取，但应不大于圆锥直径公差值的一半。

4）给定截面圆锥直径公差 T_{DS}

给定截面圆锥直径公差 T_{DS}，以给定截面圆锥直径 d_x 为公称尺寸，按 GB/T 1800.3 规定的标准公差选取。选取的公差值仅适用于该给定截面，其公差带位置按功能要求确定。

2. 圆锥公差给定方法

对一个具体的圆锥零件来说，并不需要都给定上述四项公差，而是按圆锥零件的功能要求和工艺特点选取公差项目。我国国家标准规定了两种圆锥公差的给定方法。

（1）给出圆锥的公称圆锥角 α（或锥度 C）和圆锥直径公差 T_D。由 T_D 确定两个极限圆锥，此时圆锥角误差和圆锥的形状误差均应在极限圆锥所限定的区域内。圆锥直径公差 T_D 所能限制的圆锥角误差如图 8-11 所示。

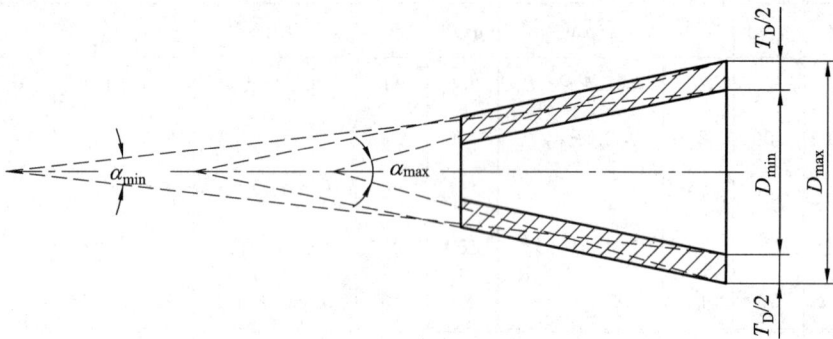

图 8-11　用圆锥直径公差限制的圆锥角误差

当对圆锥角公差、圆锥的形状公差有更高的要求时，可再给出圆锥角公差 AT、圆锥的形状公差 T_F。此时，AT 和 T_F 仅占 T_D 的一部分。这种方法通常适用于有配合要求的内、外锥体。例如，圆锥滑动轴承、钻头的锥柄等。

（2）给出给定截面圆锥直径公差 T_{DS} 和圆锥角公差 AT。此时，给定截面圆锥直径和圆锥角应分别满足这两项公差的要求。T_{DS} 和 AT 的关系如图 8-12 所示。

该方法是在假定圆锥素线为理想直线的情况下给出的，它适用于对圆锥工件的给定截面有较高精度要求的情况。例如阀类零件，为使圆锥配合在给定截面上有良好接触，保证有良好的密封性，常采用这种公差。

当对圆锥形状公差有更高的要求时，可再给出圆锥的形状公差 T_F。

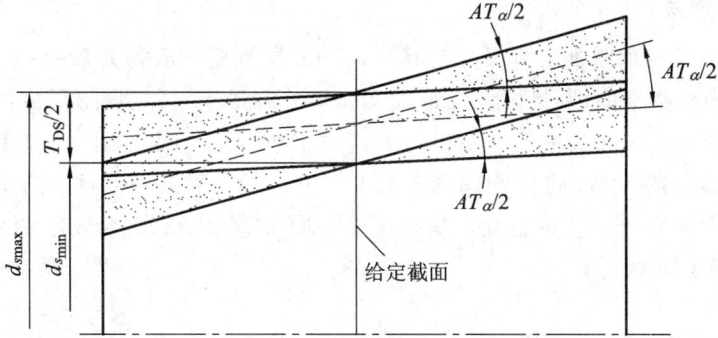

图 8 - 12　T_{DS} 与 AT 的关系

8.3.3　圆锥的公差标注

按 GB/T 15754—1995 规定：通常，应按面轮廓度法标注圆锥公差；有配合要求的结构型内、外圆锥，也可采用基本锥度法标注圆锥公差；当无配合要求时，可采用公差锥度法标注圆锥公差。

1. 面轮廓度法

面轮廓度法是将圆锥看作曲面，标注形位公差中的面轮廓度公差值，必要时还可以给出附加的形位公差值，但其只占面轮廓度公差的一部分，形位误差在面轮廓度公差带内浮动。此法适用于有配合要求的结构型内、外圆锥。它是常用的圆锥公差给定方法，由面轮廓度公差带确定最大与最小极限圆锥，将圆锥的直径偏差、圆锥角偏差、素线直线度误差和横截面圆度误差等都控制在面轮廓度公差带内。标注如图 8 - 13 所示。

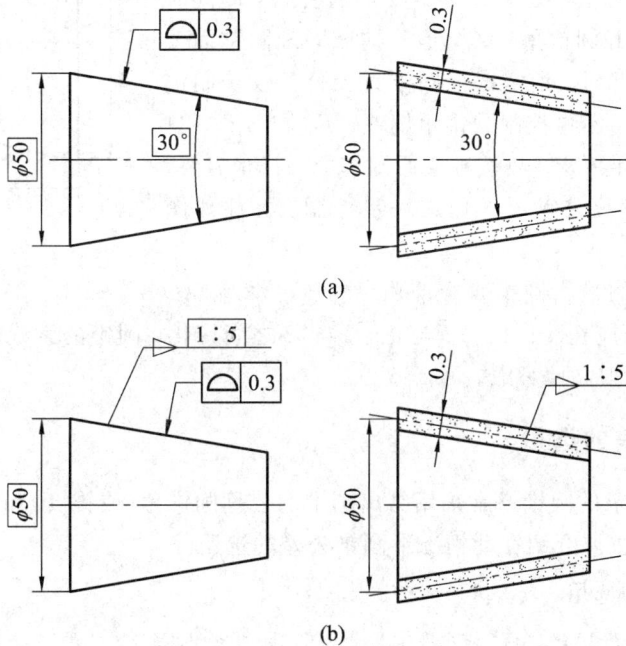

(a)

(b)

图 8 - 13　面轮廓度法标注

2. 基本锥度法

基本锥度法是表示圆锥要素尺寸与其几何特征具有相互从属关系的一种公差带的标注方法，即由二同轴圆锥面（圆锥要素的最大实体尺寸和最小实体尺寸）形成两个具有理想形状的包容面公差带。实际圆锥处处不得超越这两个包容面。因此，该公差带既控制圆锥直径的大小及圆锥角的大小，也控制圆锥表面的形状。若有需要，可附加给出圆锥角公差和有关形位公差要求作进一步的控制。基本锥度法通常适用于有配合要求的结构型内、外圆锥。标注如图 8-14 所示。

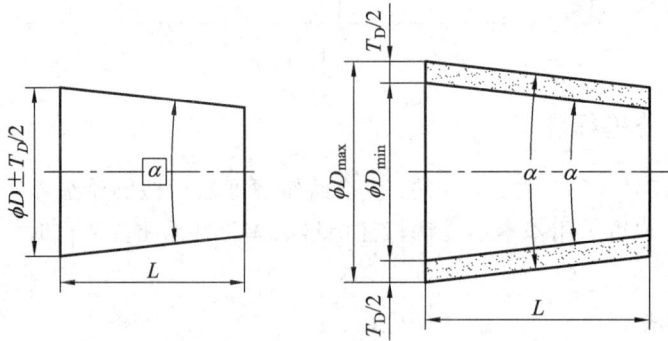

图 8-14　基本锥度法标注

3. 公差锥度法

公差锥度法仅适用于对某给定截面圆锥直径有较高要求的圆锥和要求密封及非配合圆锥。

公差锥度法是直接给定有关圆锥要素的公差，即同时给出圆锥直径公差和圆锥角公差，但不构成同轴圆锥面公差带的标注方法。此时，给定截面圆锥直径公差仅控制该截面圆锥直径偏差，不再控制圆锥角偏差，T_{DS} 和 AT 各自分别规定、分别满足要求，故按独立原则解释。若有需要，可附加给出有关形位公差要求作进一步控制。标注如图 8-15 所示。

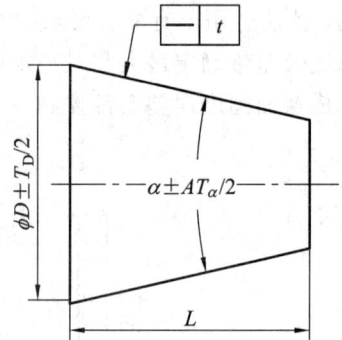

图 8-15　公差锥度法标注

说明：该圆锥的最大圆锥直径应由 $\phi D+T_D/2$ 和 $\phi D-T_D/2$ 确定，锥角应在 $\alpha+AT_\alpha/2$ 与 $\alpha-AT_\alpha/2$ 之间变化，圆锥的素线直线度公差要求为 t。这些要求应各自独立地考虑。

8.3.4　圆锥公差的选用

由于有配合要求的圆锥通常采用给出圆锥的公称圆锥角（或锥度）和圆锥直径公差方法给出公差，故本节主要介绍在此情况下圆锥公差的选用。

1. 直径公差的选用

对于结构型圆锥配合，直径误差主要影响实际配合间隙或过盈。选用时可根据圆锥直径配合量 T_{Df}（圆锥配合在配合直径上允许的间隙或过盈的变动量）来确定内、外圆锥直径

公差 T_{Di}、T_{De}。

与圆柱配合一样，对于结构型圆锥配合，圆锥直径间隙配合量是最大间隙（X_{max}）与最小间隙（X_{min}）之差；圆锥直径过盈配合量是最小过盈（Y_{min}）与最大过盈（Y_{max}）之差；圆锥直径过渡配合量是最大间隙（X_{max}）与最大过盈（Y_{max}）之差。圆锥直径配合量也等于内圆锥直径公差（T_{Di}）与外圆锥直径公差（T_{De}）之和。即

$$圆锥直径间隙配合量 \ T_{Df} = X_{max} - X_{min}$$

$$圆锥直径过盈配合量 \ T_{Df} = Y_{min} - Y_{max}$$

$$圆锥直径过渡配合量 \ T_{Df} = X_{max} - Y_{max}$$

$$圆锥直径配合量 \ T_{Df} = T_{Di} + T_{De}$$

关于圆锥配合的国家标准 GB/T 12360—2005 推荐结构型圆锥配合优先采用基孔制。

对于位移型圆锥配合，其配合性质是通过给定内、外圆锥的轴向位移量或装配力确定的，与直径公差带无关。直径公差仅影响接触的初始位置和终止位置及接触精度。因此，对位移型圆锥配合，可根据终止位置基面距有无要求来选取直径公差。如对基面距有要求，公差等级一般在 IT8～IT12 级之间选取，必要时应通过计算来选取和校核内、外圆锥角的公差带；如对基面距无严格要求，可选较低的公差等级，使加工更经济；如对接触精度要求较高，可用给定圆锥角公差的方法来满足。为了计算和加工方便，国家标准 GB/T 12360—2005 推荐位移型圆锥配合的内、外圆锥直径公差带代号的基本偏差选用 H、h 或 JS、js 的组合。

2. 圆锥角公差的选用

按圆锥的公称圆锥角（或锥度）和圆锥直径公称给定圆锥公差，圆锥角误差限定在两个极限圆锥范围内，可不另外给出圆锥角公差。表 8-4 列出了当圆锥长度 $L = 100$ mm 时，圆锥直径公差 T_D 所能限制的最大圆锥角误差 $\Delta\alpha_{max}$。

表 8-4 圆锥直径公差所能限制的最大圆锥角误差 $\Delta\alpha_{max}$（摘自 GB/T 11334—2005）

公差等级	圆锥直径/mm								
	>6～10	>10～18	>18～30	>30～50	>50～80	>80～120	>120～180	>180～250	>250～315
	$\Delta\alpha_{max}/\mu rad$								
IT4	40	50	60	70	80	100	120	140	160
IT5	60	80	90	110	130	150	180	200	230
IT6	90	110	130	160	190	220	250	290	320
IT7	150	180	210	250	300	350	400	460	520
IT8	220	270	330	390	460	540	630	720	810
IT9	360	430	520	620	740	870	1000	1150	1300
IT10	580	700	840	1000	1200	1400	1600	1850	2100
IT11	900	1000	130	1600	1900	2200	2500	2900	3200
IT12	1500	1800	2100	2500	3000	3500	4000	4600	5200
IT13	2200	2700	3300	3900	4600	5400	6300	7200	8100
IT14	3600	4300	5200	6200	7400	8700	10 000	11 500	13 000

注：圆锥长度不等于 100 mm 时，须将表中的数值乘以 $100/L$，L 的单位为 mm。

当对圆锥角有更高的要求时,可另外给出圆锥角公差。

对于国家标准规定的圆锥角的 12 个公差等级的适用范围大体如下:

$AT1\sim AT5$ 用于高精度的圆锥量规和角度样板;

$AT6\sim AT8$ 用于工具圆锥、圆锥销、传递大转矩的摩擦圆锥;

$AT8\sim AT10$ 用于圆锥套、圆锥齿轮之类的中等精度零件;

$AT11\sim AT12$ 用于低精度的零件。

从加工角度考虑,角度公差 AT 的等级数字与相应的尺寸公差 IT 等级有大体相当的加工难度。例如 $AT6$ 级与 $IT6$ 级加工难度大体相当。

圆锥角的极限偏差,可以按单向或双向取值。双向取值时,可以是对称的,也可以是不对称的,如图 8-16 所示。

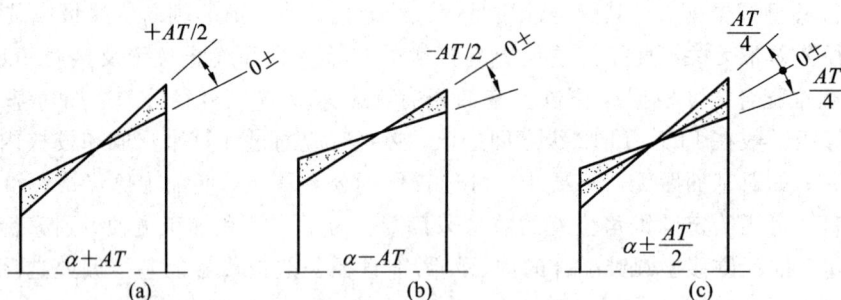

图 8-16　圆锥角的极限偏差

对于有配合要求的圆锥,若只要求接触均匀性,则内、外圆锥锥角的极限偏差方向应尽量一致。

3. 未注圆锥公差角度的极限偏差

国家对金属切削加工工件的未注公差角度规定了极限偏差,即 GB 11335—1989《未注公差角度的极限偏差》将未注公差角度的极限偏差分为三个等级,见表 8-5。以角度的短边长度查取。用于圆锥时,以圆锥素线长度查取。

表 8-5　未注圆锥公差角度的极限偏差(摘自 GB 11335—1989)

公差等级	长度/mm				
	≤10	>10~50	>50~120	>120~400	>400
m(中等级)	±1°	±30′	±20′	±10′	±5′
c(粗糙级)	±1°30′	±1°	±30′	±15′	±10′
v(最粗级)	±3°	±2°	±1°	±30′	±20′

未注公差角度的公差等级在图样或技术文件上用标准号和公差等级表示,例如选用中等级时,表示为 GB 11335—m。

8.4　圆　锥　的　检　测

检测圆锥角度和锥度的方法很多,测量器具也有多种类型,常用的主要有以下测量方法。

8.4.1　比较测量法

比较测量法是将角度量具与被测角度或锥度相比较,用光隙法或涂色法估计出被测角度或锥度的偏差,或判断被测角度或锥度是否在允许公差范围内的测量方法。常用的角度量具有角度量块、角度样板、直角尺和圆锥量规等。

角度量块是角度检测中的标准量具,用来检定、调整一般精度的测角仪器和量具以及校对角度样板,也可直接用于检验高精度的工件。角度量块有三角形(有一个工作角)和四边形(有四个工作角)两种,如图 8-17 所示。角度量块的测量范围为 $10° \sim 350°$,可以单独使用,也可以利用角度量块附件组合使用,与被测工件比较时,借光隙法估计工件的角度偏差。

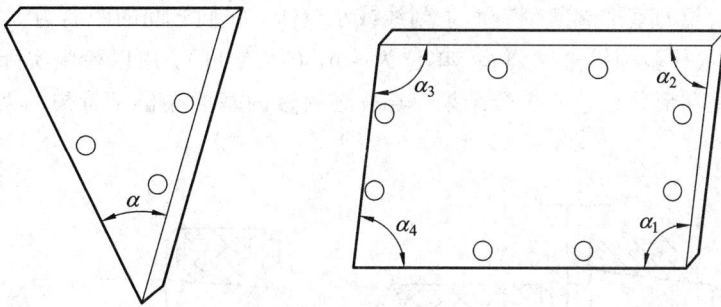

图 8-17　角度量块

角度极限样板是根据被测角度的两个极限角值制成的,因此有通端和止端之分。若用通端角度极限样板检测工件角度时,光线从角顶到角底逐渐增大,而用止端角度极限样板检测时,光线从角底到角顶逐渐增大,这就表明,被测角度的实际值在规定的两个极限范围内,被测角度合格,如图 8-18 所示,反之,则不合格。

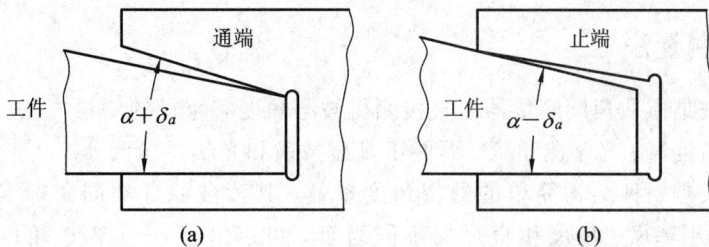

图 8-18　角度极限样板

直角尺的公称角度为 90°，用于检验工件的直角偏差。直角偏差的大小是通过目测光隙或用塞尺来确定的。直角尺按工作角极限偏差的大小分为 0～3 级四种精度等级，0 级直角尺精度最高，用于检定精密量具，1 级直角尺用于检定精密工具的制造，2 级和 3 级直角尺用于检定一般机械产品。图 8-19 所示为常用的两种直角尺的结构形式。

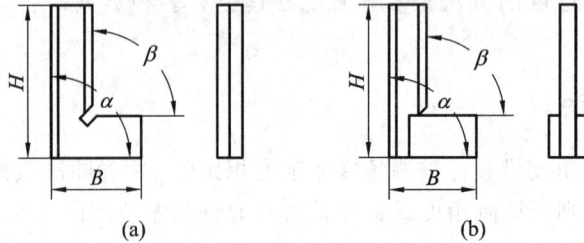

图 8-19　直角尺

圆锥量规用于检验内、外圆锥的圆锥角实际偏差的大小和锥体直径。如图 8-20 所示，测内圆锥用圆锥塞规检验；测外圆锥用圆锥环规检验。检测锥度时，先在量规圆锥面素线的全长上，涂 3～4 条极薄的显示剂，然后把量规与被测圆锥对研（来回旋转角应小于180°）。根据被测圆锥上的着色或量规上擦掉的痕迹，来判断被测锥度或圆锥角是否合格。

此外，在量规的基准端部刻有两条刻线或小台阶，它们之间的距离为 z，$z=(T_D/C)\times 10^{-3}$ mm（T_D 为被检验圆锥直径公差，单位为 μm，C 为锥度），用以检验实际圆锥的直径偏差、圆锥角偏差和形状误差的综合结果。若被测圆锥的基面端位于量规的两刻线之间，则表示合格。

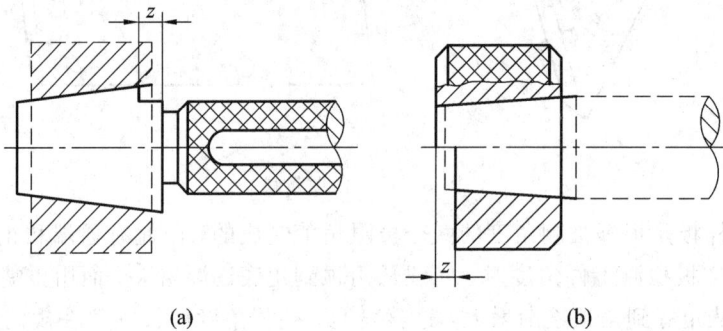

图 8-20　圆锥量规

8.4.2　直接测量法

直接测量法是指从角度测量器上直接测得被测角度和直径的测量方法。常用的角度测量器具有万能角度尺、光学测角仪、万能工具显微镜和光学经纬仪等。

万能角度尺是一种结构简单的通用角度量具，其读数原理类同游标卡尺，结构如图8-21 所示。利用基尺、角尺和直尺的不同组合，可以进行 0°～320°角度的测量，如图8-22 所示。

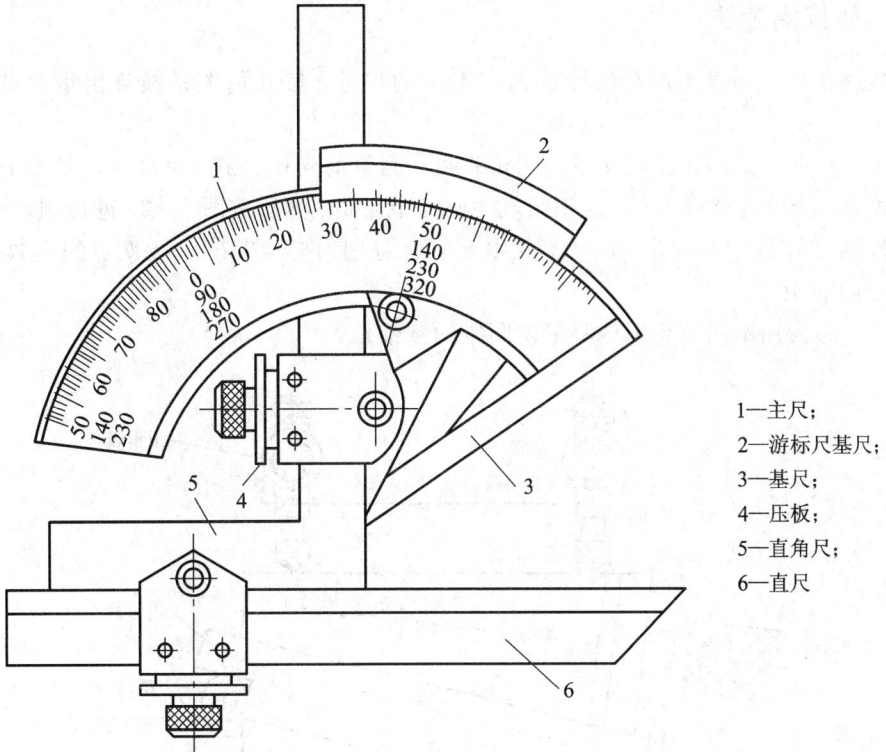

图 8 - 21　万能角度尺

1—主尺；
2—游标尺基尺；
3—基尺；
4—压板；
5—直角尺；
6—直尺

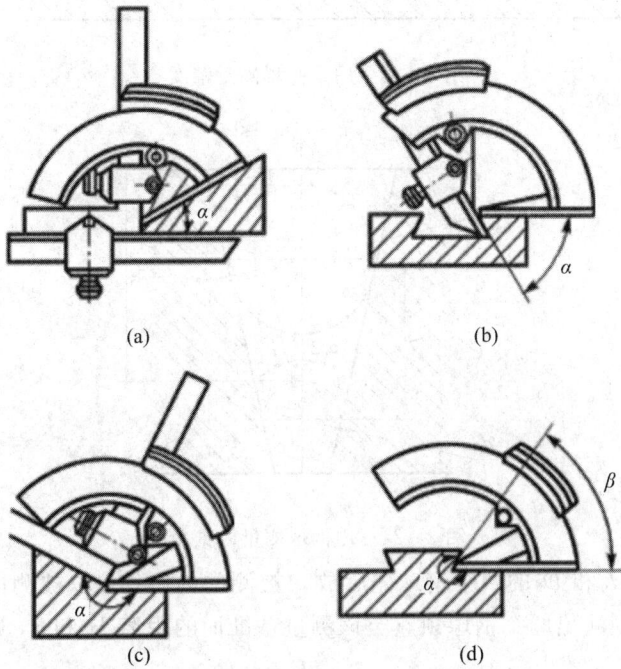

(a)　　　　　　　　　　(b)

(c)　　　　　　　　　　(d)

图 8 - 22　万能角度尺测量组合

8.4.3 间接测量法

间接测量法是通过测量与锥度或角度有关的尺寸,按几何关系换算出被测的锥度或角度。

图 8-23 所示是用正弦规测量外圆锥锥度。测量前先按公式 $h=L\sin\alpha$ 计算并组合量块组,式中 α 为公称圆锥角;L 为正弦规两圆柱中心距。然后按图 8-23 进行测量。

工件锥度偏差 $\Delta C=(h_a-h_b)/l$,式中 h_a,h_b 分别为指示表在 a,b 两点的读数,l 为在 a,b 两点间的距离。

图 8-24 为用不同直径钢球测量内圆锥的圆锥角。

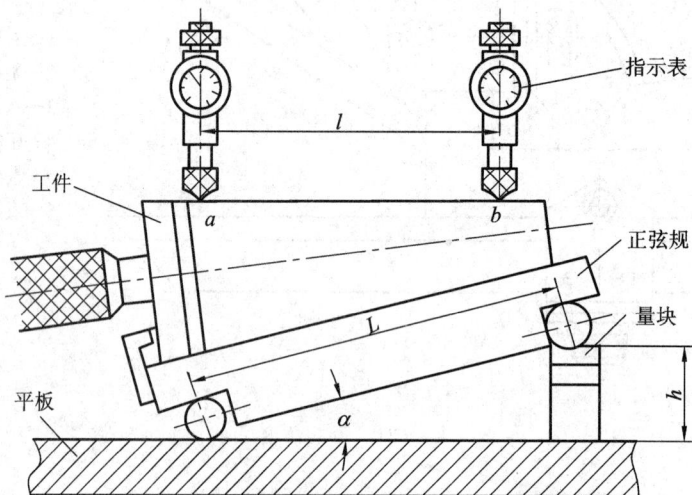

图 8-23 用正弦规测量锥度

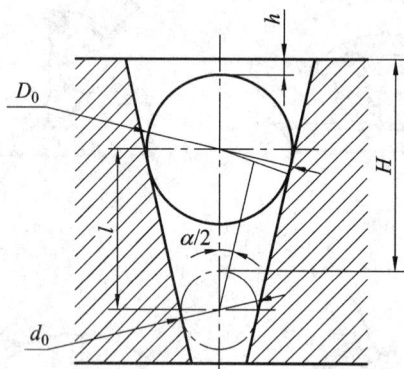

图 8-24 用钢球测量内锥角

将直径分别为 d_0 和 D_0 的两个钢球先后放入被测的内圆锥,以被测内圆锥大头端面作为测量基准面,分别测出两个钢球顶点至该测量基准面的距离 H 和 h,则可得

$$\sin\frac{\alpha}{2}=\frac{D_0-d_0}{\pm 2h+2H-D_0+d_0} \tag{8-3}$$

式中:$\alpha/2$ 为内圆锥半角,当大球突出于测量基准面时,上式中 $2h$ 前面的符号取"+"号,

反之取"－"号。根据 sin 值，可确定被测圆锥角的实际值。

习题与思考题

8-1　圆锥配合与光滑圆柱体配合相比较，有何特点？不同形式的配合各用于什么场合？

8-2　圆锥配合的基本参数有哪些？根据锥体的制造工艺不同，限制一个基本圆锥的公称尺寸可以有几种？

8-3　铣床主轴端部锥孔及刀杆锥体以锥孔最大圆锥直径 $\phi70$ mm 为配合直径，锥度 $C=7:24$，配合长度 $H=106$ mm，基面距 $a=3$ mm，基面距极限偏差 $\Delta=\pm0.4$ mm，试确定直径和圆锥角的极限偏差。

8-4　有一外圆锥的最大圆锥直径 D 为 200 mm，圆锥长度 L 为 400 mm，圆锥直径公差 T_D 取为 IT9。求 T_D 所能限制的最大圆锥角偏差 $\Delta\alpha_{max}$。

第9章 键和花键的互换性与检测

本章导读

介绍平键联结和花键联结的特点和结构参数，学习键联结和花键联结的用途；

介绍平键联结的公差与配合，形位公差和表面粗糙度的选用，以及在图样上的标注方法；

了解花键联结采用小径定心的方式及理由，掌握矩形花键联结的公差与配合、形位公差和表面粗糙度的选用，能够在图样上正确标注；

了解平键和矩形花键的检测方法。

9.1 概　　述

9.1.1 键联结的用途

键联结和花键联结是机械产品中普遍应用的结合方式之一，可用作轴和轴上传动件（如齿轮、皮带轮、手轮和联轴节等）之间的可拆联结，以传递扭矩和运动。当轴与传动件之间有轴向相对运动要求时，键联结和花键联结还能起导向作用（如变速箱中变速齿轮花键孔与花键轴的联结），可使齿轮沿花键轴移动以达到变换速度的目的。

9.1.2 键联结的分类

键联结可以分为单键联结和花键联结两大类。单键可分为平键、半圆键和楔形键等几种，其中，平键又可分为普通平键、导向平键和滑键。花键分为矩形花键、渐开线花键和三角形花键三种。上述键联结中，平键和矩形花键的应用比较广泛。

1. 单键联结

采用单键联结时，在孔和轴上均铣出键槽，再通过单键联结在一起。

单键按其结构形状的不同可分为以下四种：

（1）平键，包括普通平键、导向平键和滑键。

（2）半圆键。

（3）楔键，包括普通楔键和钩头楔键。

（4）切向键。

上述四种单键连接中平键和半圆键的应用最为广泛。

2. 花键联结

花键联结按其键齿形状分为矩形花键、渐开线花键和三角形花键三种,其结构如图 9-1 所示。

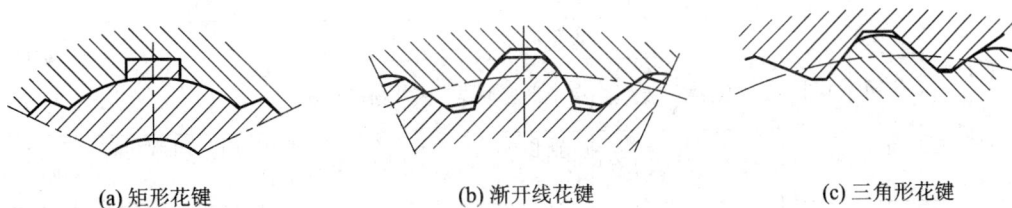

(a) 矩形花键　　　　　　(b) 渐开线花键　　　　　　(c) 三角形花键

图 9-1　花键联结的种类

与单键联结比较,花键联结有如下优点:

(1) 键与轴或孔为一个整体,强度高,负荷分布均匀,可传递较大的扭矩。

(2) 联结可靠,导向精度高,定心性好,易达到较高的同轴度要求。

但是,由于花键的加工制造比单键复杂,因此其成本较高。

9.2　平键联结的互换性

9.2.1　普通平键联结的结构和几何参数

普通平键联结通过键的侧面与轴键槽和轮毂键槽的侧面相互接触来传递扭矩。键的上表面和轮毂键槽间留有一定的间隙,其结构如图 9-2 所示。在其剖面尺寸中,b 为键、轴槽和轮毂槽的宽度,t_1 和 t_2 分别为轴槽和轮毂槽的深度,L 和 h 分别为键的长度和高度,d 为轴和轮毂直径。普通平键和键槽的尺寸与极限偏差如表 9-1 所示。

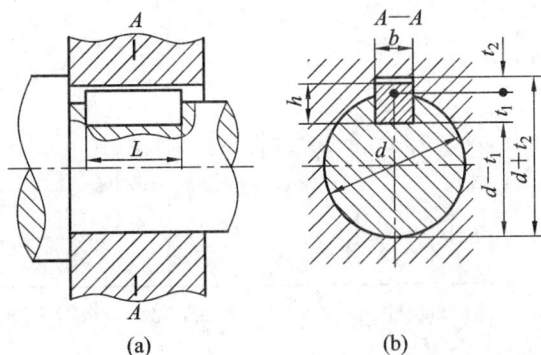

图 9-2　普通平键联结的结构

表 9-1 普通平键键槽的尺寸与公差(摘自 GB/T 1095—2003 和 GB/T 1096—2003)

mm

轴的公称直径 d 推荐值①	键尺寸 b×h	键槽 宽度 b 基本尺寸	轴 N9 (正常联结)	毂 JS9 (正常联结)	轴和毂 P9 (紧密联结)	轴 H9 (松联结)	毂 D10 (松联结)	轴 t1 基本尺寸	轴 t1 极限偏差	毂 t2 基本尺寸	毂 t2 极限偏差	半径 r min	半径 r max
>6~8	2×2	2	−0.004 −0.029	±0.0125	−0.006 −0.031	+0.025 0	+0.060 0.020	1.2	+0.10	1.0	+0.10	0.08	0.16
>8~10	3×3	3						1.8		1.4			
>10~12	4×4	4	0 −0.030	±0.015	−0.012 −0.042	+0.030 0	+0.078 +0.030	2.5		1.8		0.16	0.25
>12~17	5×5	5						3.0		2.3			
>17~22	6×6	6						3.5		2.8			
>22~30	8×7	8	0 −0.036	±0.018	−0.015 −0.051	+0.036 0	+0.098 +0.040	4.0		3.3		0.16	0.25
>30~38	10×8	10						5.0		3.3			
>38~44	12×8	12	0 −0.043	±0.0215	−0.018 −0.061	+0.043 0	+0.120 +0.050	5.0		3.3		0.25	0.40
>44~50	14×9	14						5.5		3.8			
>50~58	16×10	16						6.0		4.3			
>58~65	18×11	18						7.0	+0.20	4.4	+0.20		
>65~75	20×12	20	0 −0.052	±0.026	−0.022 −0.074	+0.52 0	+0.149 +0.065	7.5		4.9		0.4	0.60
>75~85	22×14	22						9.0		5.4			
>85~95	25×14	25						9.0		5.4			
>95~110	28×16	28						10.0		6.4			
>110~130	32×18	32	0 −0.062	±0.031	−0.026 −0.088	+0.062 0	+0.180 +0.080	11.0		7.4			
>130~150	36×20	36						12.0	+0.30	8.4	+0.30	0.7	1.00
>150~170	40×22	40						13.0		9.4			
>170~200	45×25	45						15.0		10.4			
>200~230	50×28	50						17.0		11.4			

注: ① GB/T 1095—2003 没有给出相应轴颈的公称直径,此栏为根据一般受力情况推荐的轴和公称直径值。

9.2.2 普通平键的公差与配合

1. 平键联结的极限与配合

1)配合尺寸的公差带和配合种类

普通平键联结中,键宽和键槽宽 b 是配合尺寸,应规定较严格的公差。因此,键宽和键槽宽联结的精度设计是本节主要研究的问题。

键由型钢制成，是标准件，相当于极限与配合中的轴，因此，键宽和键槽宽采用基轴制配合。国家标准 GB/T 1095—2003《平键 键槽的剖面尺寸》和 GB/T 1096—2003《普通型 平键》均从 GB/T 1801—2009《产品几何技术规范（GPS） 极限与配合 公差带和配合的选择》中选取尺寸公差带。对键宽规定了一种公差带，对轴和轮毂的键槽宽各规定了三种公差带，这样就构成了三组配合，即松联结、正常联结和紧密联结，可满足各种不同用途的需要。普通平键和键槽宽度 b 的公差带如图 9-3 所示，它们的应用如表 9-2 所示。

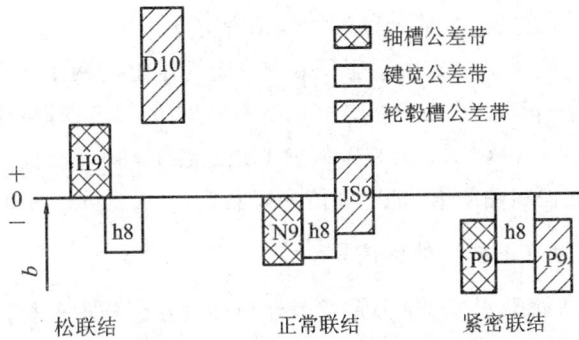

图 9.3 普通平键和键槽宽度的公差带

表 9-2 普通平键联结的三种配合及其应用

配合种类	宽度 b 的公差带			应 用
	键	轴键槽	轮毂键槽	
松联结		H9	D10	用于导向平键、轮毂在轴上移动
正常联结	h8	N9	JS9	键在轴键槽中和轮毂键槽中均固定，用于载荷不大的场合
紧密联结		P9	P9	键在轴键槽中和轮毂键槽中均牢固地固定，用于载荷较大、有冲击和双向转矩的场合

2）非配合尺寸的公差带

普通平键高度 h 的公差带一般采用 h11；平键长度 l 的公差带采用 h14；轴键槽长度 L 的公差带采用 H14。GB/T 1095—2003 对轴键槽深度 t_1 和轮毂键槽深度 t_2 的极限偏差作了专门规定，如表 9-1 所示。为了便于测量，在图样上对轴键槽深度和轮毂键槽深度分别标注"$d-t_1$"和"$d+t_2$"（此处 d 为孔、轴的公称尺寸），其极限偏差分别按 t_1 和 t_2 的极限偏差选取，但"$d-t_1$"的上偏差为零，下偏差取负数。

2. 平键联结的极限配合选用

平键联结配合主要根据使用要求和应用场合确定其配合种类。

对于导向平键应选用松联结，在这种方式中，由于形位误差的影响会使键（h8）与轴槽（H9）的配合实际上为不可动联结，而键与轮毂槽（D10）的配合间隙较大，因此，轮毂可以相对轴移动。

对于承受重载荷、冲击载荷或双向扭矩的情况，应选用紧密联结，因为这时键(h8)与键槽(P9)配合较紧，再加上形位误差的影响，其结合紧密、可靠。

除了上述两种情况外，对于承受一般载荷，考虑拆装方便，应选用正常联结。

3. 形位公差和表面粗糙度的选用

为保证键侧面与键槽侧面之间有足够的接触面积，避免装配困难，应分别规定轴槽和轮毂槽的对称度公差。对称度公差按 GB/T 1184—1996《形状和位置公差未注公差值》确定，一般取 7～9 级。对称度公差的公称尺寸是指键宽 b。

当平键的键长 l 与键宽 b 之比大于等于 8 时，应规定键的两个工作侧面在长度方向上的平行度要求。这时平行度公差也按 GB/T 1184—1996 的规定选取：当 $b \leqslant 6$ mm 时，公差等级取 7 级；当 $b \geqslant 8 \sim 36$ mm 时，公差等级取 6 级；当 $b \geqslant 40$ mm 时，公差等级取 5 级。

键槽配合表面的表面粗糙度 Ra 的上限值一般取 1.6～3.2 μm，非配合表面取 6.3 μm。

4. 键槽尺寸和公差在图样上的标注

轴槽和轮毂槽的剖面尺寸、形位公差及表面粗糙度在图样上的标注如图 9-4 所示，其中图(a)为轴槽标注示例，图(b)为轮毂槽标注示例。

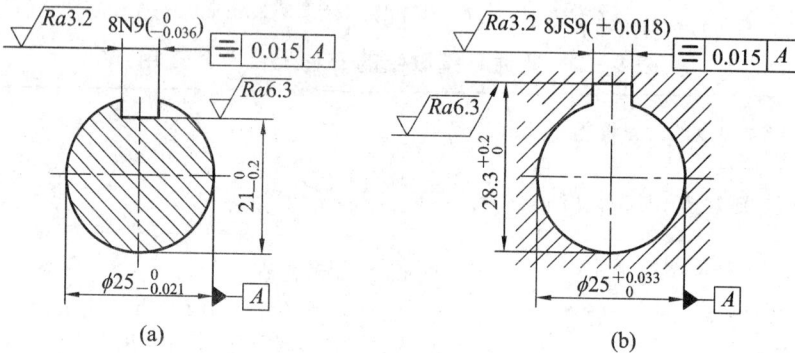

图 9-4　键槽标注示例

9.3　矩形花键联结的互换性

GB/T 1144—2001《矩形花键尺寸、公差和检验》规定了矩形花键联结的尺寸系列、定心方式、公差与配合、标注方法及检验规则。为了便于加工和测量，矩形花键的键数 N 为偶数，有 6、8、10 三种。按承载能力的不同，矩形花键可分为中、轻两个系列，中系列的键高尺寸较大，承载能力强，轻系列的键高尺寸较小，承载能力相对较弱。矩形花键的尺寸系列如表 9-3 所示。

表 9-3　矩形花键的公称尺寸系列

小径 d	轻 系 列				中 系 列			
	规格 N×d×D×B	键数 N	大径 D	键宽 B	规格 N×d×D×B	键数 N	大径 D	键宽 B
11	—	—	—	—	6×11×14×3	6	14	3
13	—	—	—	—	6×13×16×3.5	6	16	3.5
16	—	—	—	—	6×16×20×4	6	20	4
18	—	—	—	—	6×18×22×5	6	22	5
21	—	—	—	—	6×21×25×5	6	25	5
23	6×23×26×6	6	26	6	6×23×28×6	6	28	6
26	6×26×30×6	6	30	6	6×26×32×6	6	32	6
28	6×28×32×7	6	32	7	6×28×34×7	6	34	7
32	8×32×36×6	8	36	6	8×32×38×6	8	38	6
36	8×36×40×7	8	40	7	8×36×42×7	8	42	7
42	8×42×46×8	8	46	8	8×42×48×8	8	48	8
46	8×46×50×9	8	50	9	8×46×54×9	8	54	9
52	8×52×58×10	8	58	10	8×52×60×10	8	60	10
56	8×56×62×10	8	62	10	8×56×65×10	8	65	10
62	8×62×68×12	8	68	12	8×62×72×12	8	72	12
72	10×72×78×12	10	78	12	10×72×82×12	10	82	12
82	10×82×88×12	10	88	12	10×82×92×12	10	92	12
92	10×92×98×14	10	98	14	10×92×102×14	10	102	14
102	10×102×108×16	10	108	16	10×102×112×16	10	112	16
112	10×112×120×18	10	120	18	10×112×125×18	10	125	18

9.3.1　矩形花键的几何参数和定心方式

1. 矩形花键的几何参数

矩形花键联结的几何参数有大径 D、小径 d、键数 N 和键槽宽 B，如图 9-5 所示。

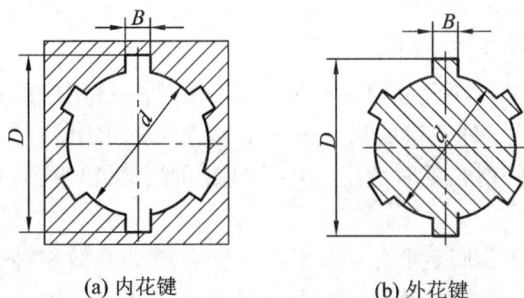

(a) 内花键　　　　　(b) 外花键

图 9-5　矩形花键的主要尺寸

2. 矩形花键的定心方式

花键联结的主要要求是保证内、外花键联结后具有较高的同轴度，并能传递扭矩。矩形花键有大径 D、小径 d 和键（槽）宽 B 三个主要尺寸参数。若要求这三个尺寸都起定心作用是很困难的，而且也没有必要。定心尺寸应按较高的精度制造，以保证定心精度。非定心尺寸则可按较低的精度制造。由于传递扭矩是通过键和键槽侧面进行的，因此，键和键槽不论是否作为定心尺寸，都要求较高的尺寸精度，并要求保证键侧面与键槽侧面的接触具有均匀性，以及传递一定的扭矩，为此，必须保证具有一定的配合性质。

图 9-6 所示为矩形花键联结的定心方式。根据定心要求的不同，矩形花键的定心方式可分为三种：按大径 D 定心，按小径 d 定心，按键宽 B 定心。

国家标准 GB/T 1144—2001《矩形花键尺寸、公差和检验》规定矩形花键用小径定心，因为小径定心有一系列优点。当用大径定心时，内花键定心表面的精度依靠拉刀保证。当内花键定心表面硬度要求高（40HRC 以上）时，热处理后的变形难以用拉刀修正；当内花键定心表

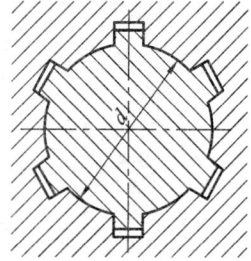

图 9-6　矩形花键联结的定心方式

面粗糙度要求高（$Ra < 0.63\ \mu m$）时，用拉削工艺也难以保证；在单件、小批量生产及大规格花键生产中，内花键也难以采用拉削工艺，因为该加工方法不经济。采用小径定心时，热处理后的变形可用内圆磨修复，而且内圆磨可达到更高的尺寸精度和更高的表面粗糙度要求。因而小径定心的定心精度高，定心稳定性好，使用寿命长，有利于产品质量的提高。另外花键小径精度可用成形磨削保证。

矩形花键联结以小径定心具有以下优点：

（1）有利于提高产品性能、质量和技术水平。小径定心的定心精度高，稳定性好，而且能用磨削的方法消除热处理变形，从而提高了定心直径的制造精度。

（2）有利于简化加工工艺，降低生产成本。尤其是对于内花键定心表面的加工，采用磨削加工方法可以减少成本较高的拉刀规格，也易于保证表面质量。

（3）与国际标准的规定完全一致，便于技术引进，有利于机械产品的进出口和技术交流。

（4）有利于齿轮精度标准的贯彻配套。

9.3.2　矩形花键联结的公差与配合

1. 矩形花键联结的极限与配合

矩形花键联结的极限与配合分为两种情况：一种为一般用途的矩形花键；另一种为精密传动用矩形花键。其内、外花键的尺寸公差带如表 9-4 所示。

为了减少加工和检验内花键时所用的花键拉刀和花键量规的规格和数量，矩形花键联结采用基孔制配合。

矩形花键装配形式分为固定联结、紧滑动联结和滑动联结三种。后两种联结方式用于内、外花键之间工作时要求相对移动的情况，而固定联结方式用于内、外花键之间无轴向相对移动的情况。由于形位误差的影响，实际上矩形花键各结合面的配合均比预定的要紧一些。

一般传动用内花键拉削后再进行热处理，其键槽宽的变形不易修正，故公差要降低要求（由 H9 降为 H11）。对于精密传动用内花键，当联结要求键侧配合间隙较高时，槽宽公差带选用 H7，一般情况选用 H9。

表 9-4　内、外花键的尺寸公差带

内　花　键				外　花　键			装配型式
d	D	B		d	D	B	
		拉削后不热处理	拉削后热处理				
一　般　用							
H7	H10	H9	H11	f7		d10	滑动
				g7	a11	f9	紧滑动
				h7		h10	固定
精　密　传　动　用							
H5	H10	H7、H9		f5	a11	d8	滑动
				g5		f7	紧滑动
				h5		h8	固定
H6				f6		d8	滑动
				g6		f7	紧滑动
				h6		h8	固定

注：① 精密传动用的内花键，当需要控制键侧配合间隙时，槽宽可选用 H7，一般情况下可选用 H9。

② 表中公差带均取自 GB/T 1801—1999。

定心直径 d 的公差带在一般情况下，内、外花键取相同的公差等级，这个规定不同于普通光滑孔、轴的配合（一般情况下，孔比轴低一级），主要是考虑到矩形花键采用小径定心，使加工难度由内花键转为外花键，其加工精度要高一些。但在有些情况下，内花键允许与提高一级的外花键配合，公差带为 H7 的内花键可以与公差带为 f6、g6、h6 的外花键配合，公差带为 H6 的内花键可以与公差带为 f5、g5、h5 的外花键配合，这主要是考虑矩形花键常用来作为齿轮的基准孔。在贯彻齿轮标准的过程中，有可能出现外花键的定心直径公差等级高于内花键定心直径公差等级的情况。

2. 矩形花键联结的极限与配合选用

花键结合的极限与配合选用主要是确定联结精度和装配形式。

(1) 联结精度的选用主要依据定心精度要求和传递扭矩的大小。精密传动用花键联结定心精度高，传递扭矩大而且平稳，多用于精密机床主轴变速箱，以及各种减速器中轴与齿轮花键孔（即内花键）的联结。一般用途的花键联结适用于定心精度要求不高但传递扭矩较大的情况，如载重汽车、拖拉机的变速箱。

(2) 选用装配形式时，首先根据内、外花键之间是否有轴向移动，以确定选固定联结，还是滑动联结。对于内、外花键之间要求有相对移动，而且移动距离长，移动频率高的情况，应选用配合间隙较大的滑动联结，以保证运动的灵活性及配合面间有足够的润滑油层，例如，汽车、拖拉机等变速箱中的齿轮与轴的联结。对于内、外花键定心精度要求高，传递扭矩大或经常有反向转动的情况，则应选用配合间隙较小的紧滑动联结。对于内、外花键间无需在轴向移动，只用来传递扭矩的情况，则应选用固定联结。

3. 形位公差和表面粗糙度

矩形内、外花键是具有复杂表面的结合件，并且键长与键宽的比值较大。形位误差是影响花键联结质量的重要因素，因而对其形位误差要加以控制。

内、外花键小径定心表面的形状公差和尺寸公差的关系遵守包容要求。

为控制内、外花键的分度误差，一般应规定位置度公差，并采用相关要求，图样标注如图 9-7 所示，其位置度公差值如表 9-5 所示。

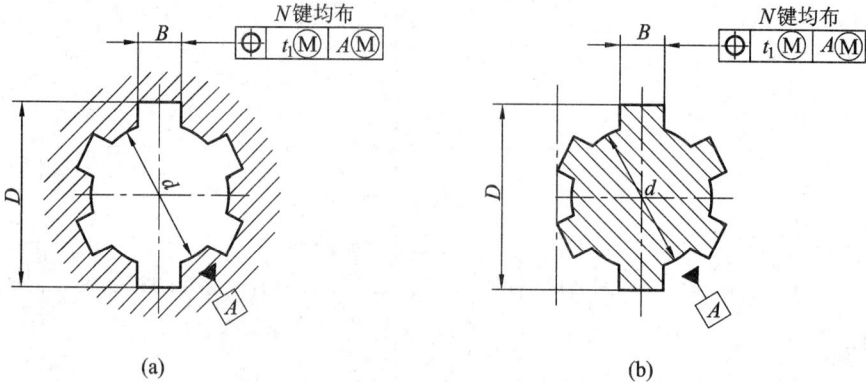

图 9-7　花键位置度公差的标注

在单件小批生产时，一般规定键或键槽两侧面的中心平面对定心表面轴线的对称度公差和花键等分度公差，并遵守独立原则，此时应将图 9-7 中的位置度公差改成对称度公差，对称度公差如表 9-5 所示。花键各键（键槽）沿 360°圆周均匀分布为它们的理想位置，允许偏离理想位置的最大值为花键均匀分度公差，其值等于对称度公差值。矩形花键表面粗糙度的推荐值如表 9-6 所示。

表 9-5　位置度公差和对称度公差（摘自 GB/T 1144—2001）

	键槽宽或键宽 B		3	3.5～6	7～10	12～18
位置度公差 t_1	键槽宽		0.010	0.015	0.020	0.025
	键宽	滑动、固定	0.010	0.015	0.020	0.025
		紧滑动	0.006	0.010	0.013	0.016
对称度公差 t_2	一般用		0.010	0.012	0.015	0.018
	精密传动用		0.006	0.008	0.009	0.011

表 9-6　矩形花键表面粗糙度的推荐值

加 工 表 面	内 花 键	外 花 键
	Ra 不大于	
大径	6.3	3.2
小径	0.8	0.8
键侧	3.2	0.8

4. 矩形花键的图样标注

矩形花键在图样上的标注内容包括键数 N、小径 d、大径 D、键（槽）宽 B 的公差带或配合代号，此外还应注明矩形花键标准号 GB/T 1144—2001。

例如，在装配图上有如下标注：

$$6 \times 23 \frac{H7}{f7} \times 26 \frac{H10}{a11} \times 6 \frac{H11}{d10} \quad \text{GB/T 1144—2001}$$

表示矩形花键的键数为 6，小径尺寸及配合代号为 23H7/f7，大径尺寸及配合代号为 26H10/a11，键（槽）宽尺寸及配合代号为 6H11/d10。由此可见这是一般用途滑动矩形键联结。相应的零件图标注应为

内花键：6×23H7$\times 26$H10$\times 6$H11　　GB/T 1144－2001

外花键：6×23 f7$\times 26$ a11$\times 6$ d10　　GB/T 1144－2001

矩形花键的标注示例如图 9-8 所示。

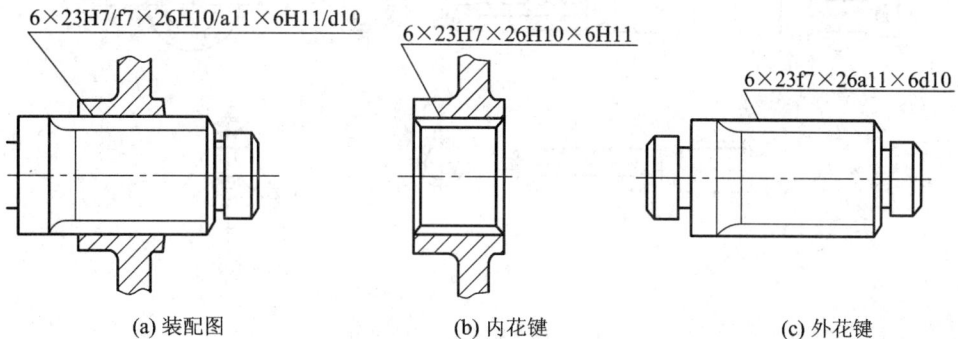

(a) 装配图　　　　　　(b) 内花键　　　　　　(c) 外花键

图 9-8　矩形花键的标注示例

9.4　键和花键的检测

9.4.1　单键的检测

键和键槽的尺寸检测比较简单。在单件、小批量生产中，通常采用游标卡尺和千分尺测量。键槽的形位公差，特别是键槽对其轴线的对称度误差，经常造成装配困难，严重影响键联结的质量。

在单件、小批量生产中，键槽对轴线的对称度误差的检验方法如图 9-9 所示。在槽中塞入量块组，用指示表将量块上平面校平（即量块上平面沿径向与平板平行），记下指示表读数 δ_{x1}；将工件旋转 $180°$，在同一横截面方向，再将量块校平，记下读数 δ_{x2}，两次读数差为 a，则该截面的对称度误差为

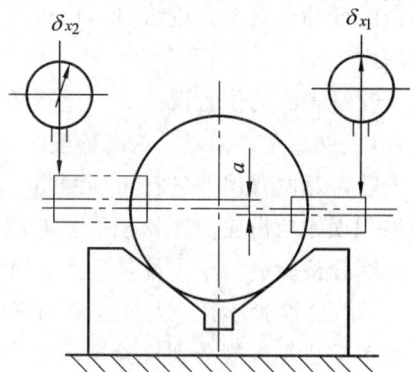

图 9-9　对称度误差检验

$$f_{截} = \frac{at}{2(R - t/2)}$$

式中：R 为轴的半径（$d/2$）；t 为轴槽深。

再沿键槽长度方向测量，取长向两点的最大读数差为长向对称度误差，即

$$f_{长} = a_{高} - a_{低}$$

取在上述两个方向测得的误差的最大值为该零件键槽的对称度误差。

在成批生产中，键槽尺寸及其对轴线的对称度误差可用量规检验，如图 9-10 所示。图 9-10(a)所示为检验槽宽 b 的板式量规；图 9-10(b)所示为检验轮毂槽深（$d+t_2$）的深度量规；图 9-10(c)所示为检验轴槽深（$d-t_1$）的深度量规；图 9-10(d)所示为检验轮毂槽对称性的综合量规；图 9-10(e)所示为检验轴槽对称性的综合量规。

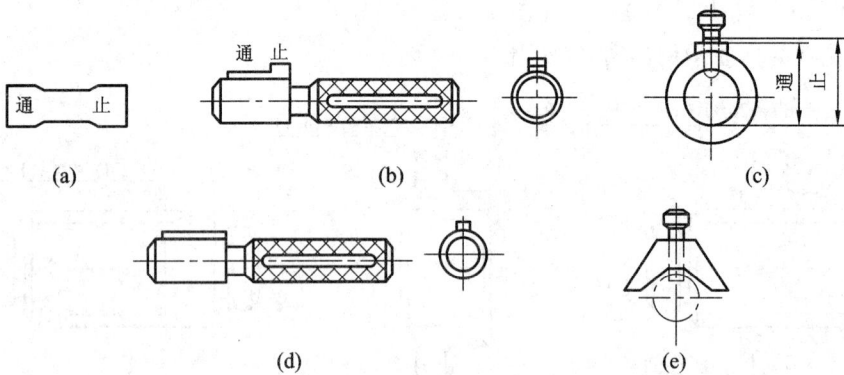

图 9-10 键槽检验用量规

图 9-10(a)、(b)、(c)三种量规为检验尺寸误差的极限量规，具有通端和止端，检验时通端能通过而止端不能通过为合格。图 9-10(d)、(e)两种为检验形位误差的综合量规，只有通端，通过为合格。

9.4.2 花键的检测

花键检测分为单项检验和综合检验两种情况。

单项检验主要用于单件、小批量生产，用通用量具分别对各尺寸（d、D 和 B）、大径对小径的同轴度误差及键齿（槽）位置误差进行测量，以保证各尺寸偏差及形位误差在其公差范围内。

花键表面的位置误差很少进行单项检验，一般只有在分析花键加工质量（如机床检修后）以及制造花键刀具、花键量规时，或在首件检验和抽查中才进行。

若需对位置误差进行单项测量，则可在光学分度头或万能工具显微镜上进行。花键等分累积误差与齿轮齿距累积误差的测量方法相同。

综合检验适用于大批量生产，用量规检验。综合量规用于控制被测花键的最大实体边界，即综合检验小径、大径及键（槽）宽的关联作用尺寸，将其控制在最大实体边界内。然后用单项止端量规分别检验尺寸 d、D 和 B 的最小实体尺寸。检验时，若综合量规能通过工件，单项止规通不过工件，则工件合格。

综合量规的形状与被检测花键相对应，检验花键孔用花键塞规，检验花键轴用花键环

规。矩形花键综合量规如图 9 - 11 所示。

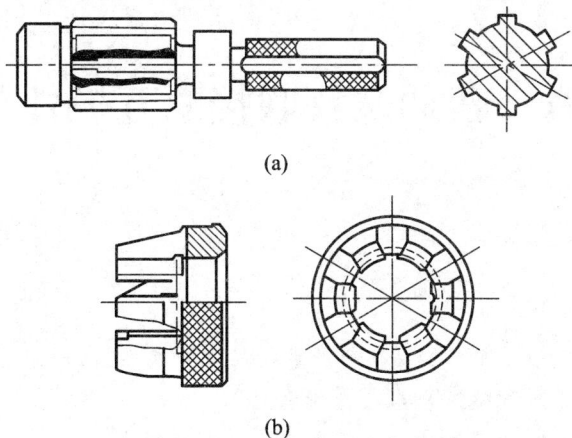

(a)

(b)

图 9 - 11　矩形花键综合量规

检验小径定心用的综合塞规如图 9 - 11(a)所示，塞规两端的圆柱用来导向及检验花键孔的小径。综合塞规花键部分的小径应比公称尺寸小 0.5～1 mm，不起检验作用，而是用导向圆柱体的直径代替综合塞规内径，这样就可以使综合塞规的加工大为简化。

图 9 - 11(b)为检验外花键用的综合环规。与综合塞规一样，综合环规的外径也适当加大，而在环规后面的圆柱孔直径相当于环规的外径，外花键的外径即可用此孔检验。这种结构便于磨削综合量规的内孔及花键槽侧面。

习题与思考题

9 - 1　单键联结的主要几何参数有哪些？

9 - 2　单键联结采用何种配合制？

9 - 3　单键联结有几种配合类型？它们各应用在什么场合？

9 - 4　矩形花键联结的结合面有哪些？通常用哪个结合面作为定心表面？

9 - 5　矩形花键联结各结合面的配合采用何种配合制度？有几种装配形式？

9 - 6　试述矩形花键联结采用小径定心的优点。

9 - 7　某减速器中输出轴的伸出端与相配件孔的配合为 $\phi45H7/m6$，采用平键联结。试确定轴槽和轮毂槽的剖面尺寸及其极限偏差、键槽对称度公差和键槽表面粗糙度参数值，并确定应遵守的公差原则，将各项公差值标注在零件图上。

第 10 章 普通螺纹联接的互换性与检测

本章导读

了解普通螺纹的使用要求、主要几何参数及其对互换性的影响；

理解作用中径的概念和螺纹合格性判断原则；

掌握国家标准有关普通螺纹公差等级和基本偏差的规定；

掌握普通螺纹极限与配合的选用和正确标注；

了解螺纹常用的检测方法。

10.1 概　　述

螺纹联接是利用螺纹零件构成的可拆联接，在机电设备和仪器仪表中应用十分广泛。螺纹的几何参数较多，但螺纹的互换程度很高。国家标准对螺纹的牙型、参数、公差与配合等都作了规定，以保证其几何精度。螺纹主要用于紧固联接、密封、传递动力和运动等。

10.1.1 螺纹的种类和使用要求

在机械设计及制造中，常用的螺纹按用途不同可分为三类：

（1）紧固螺纹。主要用于联接和紧固各种机械零件，如用螺钉将轴承端盖固定在箱体上。对这类螺纹的使用要求是良好的旋合性和联接可靠性。

（2）传动螺纹。用于传递运动和动力。如机床进给机构中的丝杠、千分尺的测微丝杆、千斤顶和压力机螺旋机构等。对这类螺纹的要求是：传动灵活而平稳，有足够的强度和必要的传动精度，同时保证有一定的间隙，以便传动和储存润滑油。

（3）紧密螺纹。紧密螺纹又称密封螺纹，用于使两个零件紧密联接而无泄漏的结合，主要有管螺纹和锥螺纹。如在各种机械设备的液压、气动、润滑和冷却等管路系统中，管子与接头以及管子与机体联接用的螺纹。其使用要求是保证密封性，使内、外螺纹配合后在一定的压力下，管道内的流体不从螺牙间流出，即达到不漏液及不漏气的作用。

根据螺纹所在表面的形状，螺纹又可以分为圆柱螺纹和圆锥螺纹；按螺纹牙型可分为普通螺纹（三角形螺纹）、梯形螺纹、矩形螺纹、锯齿形螺纹和圆弧螺纹。普通螺纹按螺距分粗牙螺纹和细牙螺纹，一般联接或紧固选粗牙螺纹，细牙螺纹连接强度高、自锁性好，一般用于薄壁零件或承受动载荷的联接中，亦用于精密机构的调整装置上。此外，螺纹还有左旋与右旋、单线与多线以及米制和英制之分。

因为普通螺纹使用最为广泛，其公差与配合也最具代表性，所以本章主要讨论普通螺纹的配合及精度要求。

10.1.2　普通螺纹的基本牙型及其几何参数

国家标准 GB/T 192—2003《普通螺纹基本牙型》、GB/T 14791—2013《螺纹 术语》规定了普通螺纹的牙型、术语及几何参数。

1. 基本牙型

普通螺纹基本牙型见图 10-1，图中的粗实线是轴剖面内螺纹轮廓的形状，是内、外螺纹共有的理论牙型。它是由削去原始三角形的顶部和底部所形成的。内、外螺纹的大径、中径、小径和螺距等基本几何参数都在基本牙型上定义。

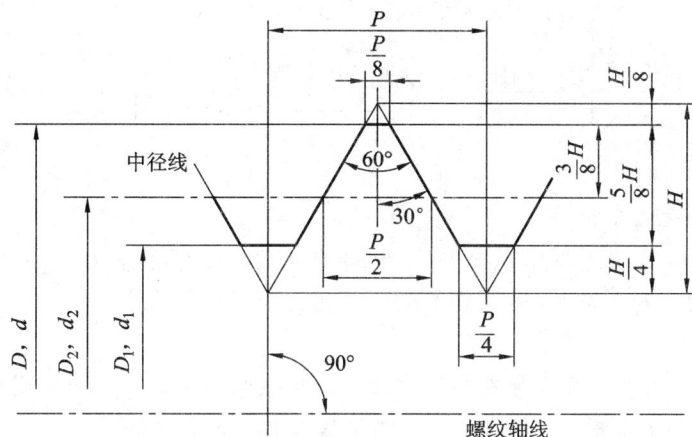

图 10-1　普通螺纹的基本牙型图

2. 几何参数

1）大径

大径是指与外螺纹牙顶或内螺纹牙底相切的假想圆柱的直径。内、外螺纹大径的公称尺寸分别用符号 D 和 d 表示，且 $D=d$。普通螺纹的公称直径即是螺纹大径的公称尺寸。

2）小径

小径是指与外螺纹牙底或内螺纹牙顶相切的假想圆柱的直径。内、外螺纹小径的公称尺寸分别用 D_1 和 d_1 表示，且 $D_1=d_1$。外螺纹的大径和内螺纹的小径统称顶径，外螺纹的小径和内螺纹的大径统称底径。

3）中径

中径是一个假想圆柱的直径，该圆柱的母线通过螺纹上牙厚和牙槽宽相等的地方，如图 10-1 所示，该假想圆柱称为中径圆柱。内、外螺纹中径的公称尺寸分别用符号 D_2 和 d_2 表示，且 $D_2=d_2$。

4）螺距和导程

螺距是指螺纹相邻两牙体上的对应牙侧与中径线相交两点间的轴向距离。导程是指最临近的两同名牙侧（同名牙侧是处在同一螺旋面上的牙侧）与中径线相交两点间的轴向距离。螺距和导程的基本值分别用符号 P 和 P_h 表示。螺距和导程的关系是

$$P_h = nP \tag{10-1}$$

式中：n——螺纹的头数或线数。

5）单一中径

单一中径是一个假想圆柱的直径，该圆柱的母线通过实际螺纹上上牙槽宽度等于半个基本螺距的地方，如图 10 - 2 所示。内、外螺纹的单一中径分别用符号 D_{2s} 和 d_{2s} 表示。

当螺纹实际螺距不等于基本螺距时，该螺纹的单一中径不等于其中径；若实际螺距等于基本螺距，则螺纹单一中径与螺纹中径相等。

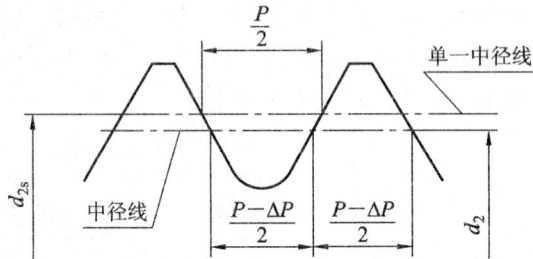

图 10 - 2　中径与单一中径

6）牙型角和牙型半角

牙型角是指在螺纹牙型上两相邻牙侧间的夹角，牙型半角为牙型角的一半，见图 10 -1。牙型角用符号 α 表示。普通螺纹的牙型角为 $60°$。

7）牙侧角

牙侧角是指在螺纹牙型上牙侧与螺纹轴线的垂线间的夹角。牙侧角用符号 β 表示。牙侧角基本值与牙型半角相等，普通螺纹牙侧角基本值为 $30°$。

8）螺纹接触高度

螺纹接触高度是指在两个同轴配合螺纹的牙型上，外螺纹牙顶至内螺纹牙顶间的径向距离，即内、外螺纹的牙型重叠径向高度，用 H_0 表示。普通螺纹接触高度的基本值等于 $5H/8$，见图 10 - 1。

9）螺纹旋合长度

螺纹旋合长度是指两个配合螺纹的有效沿螺纹相互接触的轴向长度，用 l_e 表示。

GB/T 196—2003 规定了普通螺纹的公称尺寸，见表 10 - 1。

表 10 - 1　普通螺纹的公称尺寸（摘自 GB/T 196—2003）　　　mm

公称直径（大径）D、d	螺距 P	中径 D_2、d_2	小径 D_1、d_1
6	1	5.350	4.917
	0.75	5.513	5.188
7	1	6.350	5.917
	0.75	6.513	6.188
8	1.25	7.188	6.647
	1	7.350	6.917
	0.75	7.513	7.188
9	1.25	8.188	7.647
	1	8.350	7.917
	0.75	8.513	8.188

mm

公称直径(大径)D、d	螺距 P	中径 D_2、d_2	小径 D_1、d_1
10	1.5	9.026	8.376
	1.25	9.188	8.647
	1	9.350	8.917
	0.75	9.513	9.188
11	1.5	10.026	9.376
	1	10.350	9.917
	0.75	10.513	10.188
12	1.75	10.863	10.106
	1.5	11.026	10.376
	1.25	11.188	10.647
	1	11.350	10.917
14	2	12.701	11.835
	1.5	13.026	12.376
	1.25	13.188	12.647
	1	13.350	12.917
15	1.5	14.026	13.376
	1	14.350	13.917
16	2	14.701	13.835
	1.5	15.026	14.376
	1	15.350	14.917
17	1.5	16.026	15.376
	1	16.350	15.917
18	2.5	16.376	15.294
	2	16.701	15.835
	1.5	17.026	16.376
	1	17.350	16.917
20	2.5	18.376	17.294
	2	18.701	17.835
	1.5	19.026	18.376
	1	19.350	18.917
22	2.5	20.376	19.294
	2	20.701	19.835
	1.5	21.026	20.376
	1	21.350	20.917
24	3	22.051	20.752
	2	22.701	21.835
	1.5	23.026	22.376
	1	23.350	22.917

续表
mm

公称直径(大径)D、d	螺距 P	中径 D_2、d_2	小径 D_1、d_1
25	2	23.701	22.835
	1.5	24.026	23.376
	1	24.350	23.917
26	1.5	24.026	23.376
27	3	25.051	23.752
	2	25.701	24.835
	1.5	26.026	25.376
	1	26.350	25.917
28	2	26.701	25.835
	1.5	27.026	26.376
	1	27.350	26.917
30	3.5	27.727	26.211
	3	28.051	26.752
	2	28.701	27.835
	1.5	29.026	28.376
	1	29.350	28.917

10.2　普通螺纹几何参数对互换性的影响

保证普通螺纹互换性的条件是：普通螺纹具有良好的旋合性和一定的联接强度。旋合性是指公称直径和螺距基本值分别相等的内、外螺纹能够自由旋合并获得所需要的配合性质。足够的联接强度是指内、外螺纹的牙侧能够均匀接触，具有足够的承载能力。影响螺纹互换性的参数主要有大径、小径、中径、螺距和牙侧角。由于螺纹旋合后主要接触面是牙侧，螺纹的牙顶和牙底之间一般不接触，故大径、小径的误差对螺纹互换性影响较小。以下主要分析螺纹中径、螺距和牙侧角的误差对螺纹互换性的影响。

10.2.1　中径误差的影响

螺纹中径误差是指实际中径与公称中径的代数差。当中径有误差时，只要外螺纹中径小于或等于内螺纹中径，就能保证其旋合性。但外螺纹中径过多地小于内螺纹中径，其联接强度就会降低。因此，对中径误差必须加以限制。

10.2.2　螺距误差的影响

螺距误差使内、外螺纹的结合发生干涉，如图 10-3 所示，不但影响旋合性，而且在旋合长度内使实际接触的牙数减少，影响螺纹联接的可靠性。螺距误差包括局部误差 ΔP(单个螺距偏差)和累积误差 ΔP_{Σ}，前者与旋合长度无关，后者与旋合长度有关。其中螺距的累积误差是影响互换性的主要参数。

螺距累积误差可以换算成中径的补偿值，为了保证旋合，称为螺距误差的中径当量，

用 f_P 表示。假设内螺纹为理想牙型,外螺纹存在螺距误差,为了保证旋合,外螺纹中径必须减少一个 f_P,同理,有螺距误差的内螺纹与理想外螺纹旋合时,内螺纹中径必须增加一个 f_P。从图 10 - 3 的三角形 abc 中可以看出:

$$f_p = |\Delta P_\Sigma| \cot \frac{\alpha}{2}$$

对于公制普通螺纹,牙型角 $\alpha = 60°$,则

$$f_p = 1.732 |\Delta P_\Sigma| \tag{10 - 2}$$

即使通过"螺距误差中径当量"的补偿保证了旋合性,但其内、外螺纹的牙侧接触面减少,使联接强度降低。

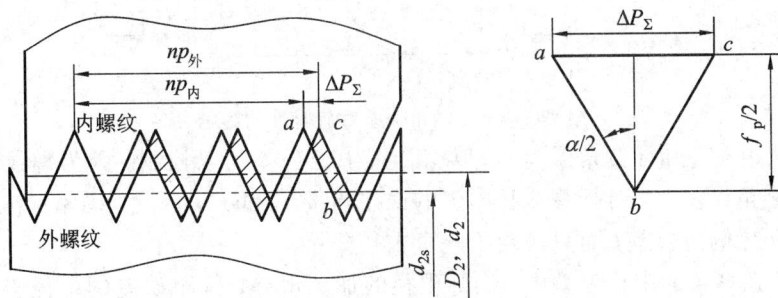

图 10 - 3　螺距误差的影响

10.2.3　牙侧角误差的影响

牙侧角误差是指牙侧角的实际值与其基本值之差,它包括螺纹牙侧的形状误差和牙侧相对于螺纹轴线的位置误差。

如图 10 - 4 所示,假设内螺纹 1 具有理想牙型(左、右牙侧角的大小均为基本值 30°),外螺纹 2 仅存在牙侧角偏差。图中,外螺纹左牙侧角偏差 $\Delta\alpha_1 < 0$,右牙侧角偏差 $\Delta\alpha_2 > 0$,则会在内、外螺纹牙侧产生干涉而不能旋合。为了消除干涉,保证旋合性,就必须将外螺纹螺牙沿垂直于螺纹轴线的方向向螺纹轴线移动 $f_\alpha/2$ 到达虚线 3 处,即需将外螺纹中径减少一个数值 f_α。f_α 称为牙侧角偏差的中径当量。由图 10 - 3 可得出 f_P 与 ΔP_Σ 的关系如下

$$f_p(\text{或 } F_p) = 0.073P(K_1 |\Delta\alpha_1| + K_2 |\Delta\alpha_2|) \tag{10 - 3}$$

对于外螺纹,当 $\Delta\alpha_1$(或 $\Delta\alpha_2$)为正时,在中径与小径之间的牙侧产生干涉,K_1(或 K_2)取 2;当 $\Delta\alpha_1$(或 $\Delta\alpha_2$)为负时,在中径与大径之间的牙侧产生干涉,K_1(或 K_2)取 3;对于内螺纹,当 $\Delta\alpha_1$(或 $\Delta\alpha_2$)为正时,在中径与大径之间的牙侧产生干涉,K_1(或 K_2)取 3;当 $\Delta\alpha_1$(或 $\Delta\alpha_2$)为负时,在中径与小径之间的牙侧产生干涉,K_1(或 K_2)取 2。

螺纹存在牙侧角偏差时,通过将外螺纹中径减小一个数值 f_α、将内螺纹中径增大一个数值 f_α,虽可保证旋合性,但内、外螺纹的牙侧角不相等,会使牙侧接触面积减小,也会使载荷相对集中到接触部位,造成接触压力增加,降低螺纹联接强度。

10.2.4　螺纹作用中径和中径合格性判断原则

1. 螺纹中径(综合)公差

由以上分析可知,在影响螺纹互换性的五个参数中,除了大径和小径外,其余三个(即

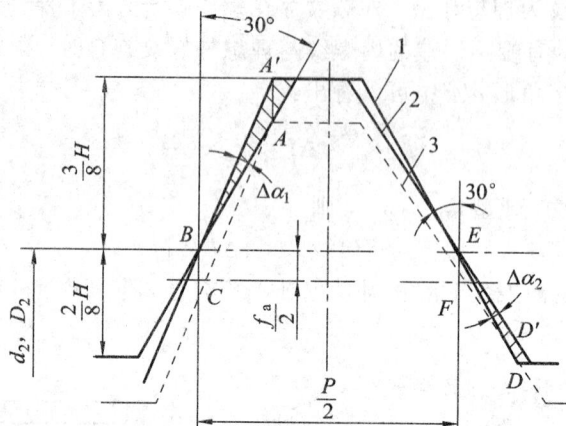

图 10-4　牙侧角偏差对旋合性的影响

中径误差、螺距误差和牙侧角误差)可以综合用中径公差加以控制。因为螺纹轴向上的螺距误差和牙侧角误差,均可折算成径向上的误差当量 f_p 和 f_a,因此,国家标准没有单独规定螺距公差和牙侧角公差,而只规定了一个中径公差。

据统计,在螺纹的中径公差中,实际中径的加工误差,螺距误差的中径当量及牙侧角偏差中径当量的比例大约为 2:1:1。这个中径公差应该同时控制中径、螺距及牙侧角三项参数的偏差。即

外螺纹

$$T_{d_2} \geqslant f_{d_2} + f_p + f_a \tag{10-4}$$

内螺纹

$$T_{D_2} \geqslant f_{D_2} + f_p + f_a \tag{10-5}$$

式中：T_{d_2}、T_{D_2}——外、内螺纹中径综合公差；

　　　f_{d_2}、f_{D_2}——外、内螺纹中径偏差。

2. 作用中径的概念

实际螺纹同时存在螺纹中径、螺距和牙侧角偏差,因而判别实际螺纹是否符合旋合性要求,不仅要看螺纹的实际中径,还要考虑螺距误差和牙侧角偏差的影响。假设外螺纹有螺距误差和牙侧角偏差,这时就不能与同样中径大小的理想内螺纹旋合,而只能与一个中径较大的理想内螺纹旋合。这就像是外螺纹的中径被增大了一样。这个假想增大的外螺纹中径,称做外螺纹的作用中径 d_{2m}。见图 10-5。同理,实际内螺纹存在螺距偏差和牙侧角偏差,也相当于实际内螺纹的中径减小了 f_p 和 f_a 值。在规定的旋合长度内,具有基本牙型,包容实际内螺纹的假想外螺纹的中径,就称为内螺纹的作用中径,代号为 D_{2m}。

内、外螺纹的作用中径的计算公式为

$$D_{2m} = D_{2s} - (f_p + f_a) \tag{10-6}$$

$$d_{2m} = d_{2s} + (f_p + f_a) \tag{10-7}$$

式中：D_{2s}、d_{2s}——内、外螺纹的单一中径(代替实际中径)。

3. 螺纹中径合格性的判断原则

在 GB/T 197-2003《普通螺纹 公差》中,不仅规定了螺纹中径公差带,还对该公差带

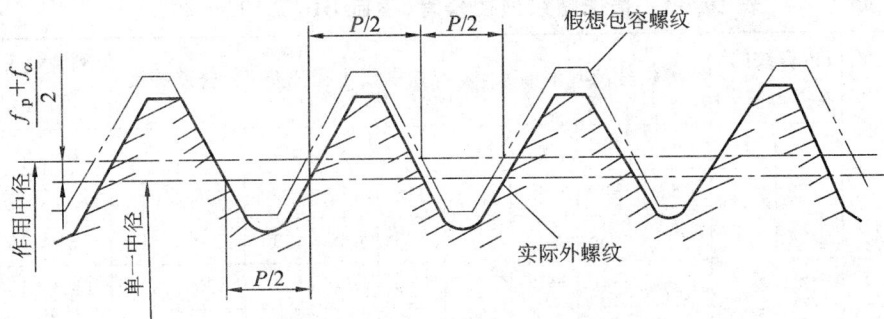

图 10-5 螺纹作用中径与单一中径

的应用作了规定，这就是螺纹中径合格性的判断原则。

螺纹中径合格性的判断原则（泰勒原则）为：实际螺纹的作用中径不能超出最大实体牙型的中径，而实际螺纹上任何部位的单一中径不能超出最小实体牙型的中径。

对外螺纹，最大实体牙型的中径就是该螺纹中径的最大极限尺寸，最小实体牙型的中径就是该螺纹中径的最小极限尺寸。对内螺纹，最大实体牙型的中径就是该螺纹中径的最小极限尺寸，最小实体牙型的中径就是该螺纹中径的最大极限尺寸。

因此，保证螺纹互换性的条件如下：

外螺纹 $\qquad\qquad\qquad d_{2m} \leqslant d_{2max}\ d_{2s} \geqslant d_{2min}$

内螺纹 $\qquad\qquad\qquad D_{2m} \geqslant D_{2min}\ D_{2s} \leqslant D_{2max}$

在泰勒原则中，第一个条件是要求在给定的旋合长度内，实际螺纹的整个牙型轮廓不能超出最大实体牙型，以保证螺纹的旋合性；第二个条件是要求在牙侧的任何部位上，决定中径的轮廓不能超出最小实体牙型，以保证螺纹具有足够的联接强度。

10.3 普通螺纹的公差与配合

GB/T 197—2003 对普通螺纹规定了螺纹公差带、旋合长度和公差精度。

10.3.1 普通螺纹的公差带

普通螺纹的公差带与尺寸公差带一样，其位置由基本偏差决定，大小由公差等级决定。

1. 螺纹公差带的大小和公差等级

螺纹的公差等级见表 10-2。其中 6 级是基本级；3 级公差值最小，精度最高；9 级精度最低。各级公差值见表 10-3 和表 10-4。由于内螺纹的加工比较困难，同一公差等级内螺纹中径公差比外螺纹中径公差大 32% 左右。

表 10-2 螺纹的公差等级（摘自 GB/T 197—2003）

螺纹直径	公差等级	螺纹直径	公差等级
外螺纹中径 d_2	3, 4, 5, 6, 7, 8, 9	内螺纹中径 D_2	4, 5, 6, 7, 8
外螺纹大径 d	4, 6, 8	内螺纹小径 D_1	4, 5, 6, 7, 8

表 10 - 3　普通螺纹顶径公差(摘自 GB/T 197－2003)　　　　　　　μm

螺矩 P/mm	内螺纹的基本偏差 EI		外螺纹的基本偏差 es				内螺纹小径公差 T_{D_1} 公差等级					外螺纹大径公差 T_d 公差等级		
	G	H	e	f	g	h	4	5	6	7	8	4	6	8
0.75	+22		−56	−38	−22		118	150	190	236	—	90	140	—
0.8	+24		−60	−38	−24		125	160	200	250	315	95	150	236
1	+26		−60	−40	−26		150	190	236	300	375	112	180	280
1.25	+28		−63	−42	−28		170	212	265	335	425	132	212	335
1.5	+32		−67	−45	−32		190	236	300	375	485	150	236	375
1.75	+34	0	−71	−48	−34	0	212	265	335	425	530	170	365	425
2	+38		−71	−52	−38		236	300	375	475	600	180	380	450
2.5	+42		−80	−58	−42		280	355	450	560	710	212	225	530
3	+48		−63	−48	−85		315	400	500	630	800	236	275	600
3.5	+53		−90	−70	−53		355	450	560	710	900	265	425	670
4	+60		−95	−75	−60		375	475	600	750	950	300	475	750

表 10 - 4　普通螺纹的中径公差(摘自 GB/T 197－2003)　　　　　　　μm

公称直径 D/mm		螺距 P/mm	内螺纹中径公差 T_{D_2}					外螺纹中径公差 T_{d_2}						
>	≤		公差等级					公差等级						
			4	5	6	7	8	3	4	5	6	7	8	9
5.6	11.2	0.5	71	90	112	140	—	42	53	67	85	106	—	—
		0.75	85	106	132	170	—	50	63	80	100	125	—	—
		1	95	118	150	190	236	56	71	90	112	140	180	224
		1.25	100	125	160	200	250	60	75	95	118	150	190	236
		1.5	112	140	180	224	280	67	85	106	132	170	212	295
11.2	22.4	0.5	75	95	118	150	—	45	56	71	90	112	—	—
		0.75	90	112	140	180	—	53	67	85	106	132	—	—
		1	100	125	160	200	250	60	75	95	118	150	190	236
		1.25	112	140	180	224	280	67	85	106	132	170	212	265
		1.5	118	150	190	236	300	71	90	112	140	180	224	280
		1.75	125	160	200	250	315	75	95	118	150	190	236	300
		2	132	170	212	265	335	80	100	125	160	200	250	315
		2.5	140	180	224	280	355	85	106	132	170	212	265	335

续表

μm

公称直径 D/mm		螺距	内螺纹中径公差 T_{D_2}					外螺纹中径公差 T_{d_2}						
>	≤	P/mm	公差等级					公差等级						
			4	5	6	7	8	3	4	5	6	7	8	9
22.4	45	0.75	95	118	150	190	—	56	71	90	112	140	—	—
		1	106	132	170	212	—	63	80	100	125	160	200	250
		1.5	125	160	200	250	315	75	95	118	150	190	236	300
		2	140	180	224	280	355	85	106	132	170	212	265	335
		3	170	212	265	335	425	100	125	160	200	250	315	400
		3.5	180	224	280	355	450	106	132	170	212	265	335	425
		4	190	236	300	375	475	112	140	180	224	280	355	450
		4.5	200	250	315	400	500	118	150	190	236	300	375	475

由于外螺纹的小径 d_1 与中径 d_2、内螺纹的大径 D 和中径 D_2 是同时由刀具切出的，其尺寸在加工过程中自然形成，由刀具保证，因此国家标准中对内螺纹的大径和外螺纹的小径均不规定具体的公差值，只规定内、外螺纹牙底实际轮廓的任何点均不能超过基本偏差所确定的最大实体牙型。

2. 螺纹公差带的位置和基本偏差

螺纹的公差带是以基本牙型为零线布置的，其位置如图 10 - 6、图 10 - 7 所示。螺纹的基本牙型是计算螺纹偏差的基准。内、外螺纹的公差带相对于基本牙型的位置，与圆柱体的公差带位置一样，由基本偏差来确定。对于外螺纹，基本偏差是上偏差 es，对于内螺纹，基本偏差是下偏差 EI，则外螺纹下偏差 ei＝es－T，内螺纹上偏差 ES＝EI＋T（T 为螺纹公差）。

国家标准对内螺纹规定了 G、H 两种公差带位置。以下偏差 EI 为基本偏差。由这两种基本偏差所决定的内螺纹的公差带均在基本牙型之上，如图 10 - 6 所示。

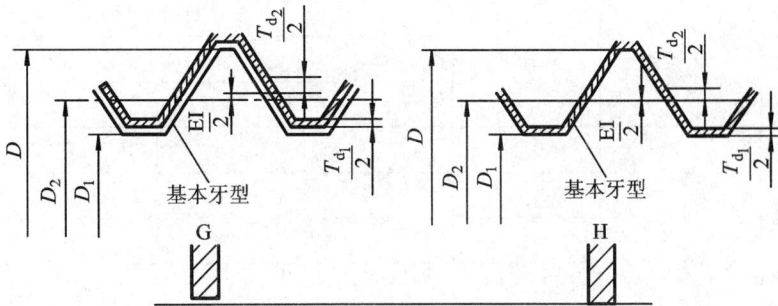

图 10 - 6　内螺纹的基本偏差

国家标准对外螺纹规定了 e、f、g、h 四种公差带位置，以上偏差 es 为基本偏差，由这四种基本偏差所决定的外螺纹的公差带均在基本牙型之下，如图 10 - 7 所示。

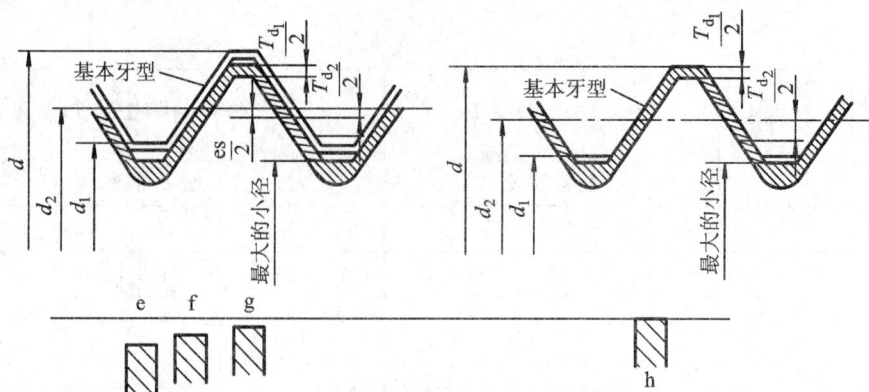

图 10 − 7 外螺纹的基本偏差

H 和 h 的基本偏差为零，G 的基本偏差值为正，e、f、g 的基本偏差值为负，见表 10 − 3。

螺纹的公差等级和基本偏差可以组成很多公差带，普通螺纹的公差带代号由表示公差等级的数字和基本偏差字母组成，如 6h、5G 等，与一般的尺寸公差带符号不同，其公差等级符号在前，基本偏差代号在后。

10.3.2 螺纹的旋合长度与公差精度等级

GB/T 197−2003 对螺纹分别规定了长、中、短三组旋合长度，其代号分别为 S、N 和 L。其值可从表 10 − 5 中选取。一般情况采用中等旋合长度，只有当结构或强度上需要时，才选用短旋合长度或长旋合长度。

螺纹的精度不仅与螺纹直径的公差等级有关，而且与螺纹的旋合长度有关。当公差等级一定时，旋合长度越长，加工时产生的累积误差和牙侧角偏差就可能越大，加工也就越困难。GB/T 197−2003 按螺纹公差等级和旋合长度规定了三种精度级，分别称为精密级、中等级和粗糙级。一般以中等旋合长度下的 6 级公差等级为中等精度的基准。为了减少螺纹刀具和螺纹量规的规格和数量，必须对螺纹公差等级和基本偏差组合的种类加以限制。国标规定了内、外螺纹的推荐公差带，如表 10 − 6 所示。

表 10 − 5 螺纹的旋合长度(摘自 GB/T 197−2003)　　　　mm

公称直径 D、d		螺距 P	旋合长度			
			S	N		L
>	≤		≤	>	≤	>
5.6	11.2	0.5	1.6	1.6	4.7	4.7
		0.75	2.4	2.4	7.1	7.1
		1	2	2	9	9
		1.25	4	4	12	12
		1.5	5	5	15	15

续表

mm

公称直径 D、d		螺距 P	旋合长度			
			S	N		L
$>$	$\leqslant$		$\leqslant$	$>$	$\leqslant$	$>$
11.2	22.4	0.5	1.8	1.8	5.4	5.4
		0.75	2.7	2.7	8.1	8.1
		1	3.8	3.8	11	11
		1.25	4.5	4.5	13	13
		1.5	5.6	5.6	16	16
		1.75	6	6	18	18
		2	8	8	24	24
		2.5	10	10	30	30
22.4	45	1	4	4	12	12
		1.5	6.3	6.3	19	19
		2	8.5	8.5	25	25
		3	12	12	36	36
		3.5	15	15	45	45
		4	18	18	53	53
		4.5	21	21	63	63

表 10-6　内、外螺纹的推荐公差带(摘自 GB/T 197—2003)

	公差精度	G			H		
		S	N	L	S	N	L
内螺纹	精密	—	—	—	4H	5H	6H
	中等	(5G)	**6G**	(7G)	**5H**	6H	7H
	粗糙	—	(7G)	(8G)	—	7H	8H

	公差精度	e			f			g			h		
		S	N	L	S	N	L	S	N	L	S	N	L
外螺纹	精密	—	—	—	—	—	—	(4g)	(5g4g)	(3h4h)	**4h**	(5h4h)	
	中等	—	**6e**	(7e6e)	—	6f	(5g6g)	6g	(7g6g)	(5h6h)	6h	(7h6h)	
	粗糙	—	(8e)	(9e8e)	—	—	—	8g	(9g8g)	—	—	—	

注：公差带优先选用顺序为：粗字体公差带、一般字体公差带、括号内公差带。带方框的粗字体公差带用于大量生产的紧固件螺纹。

10.3.3 螺纹公差与配合的选用

1. 螺纹公差精度与旋合长度的选用

螺纹公差精度的选择主要取决于螺纹的用途。精密级用于精密联接螺纹，即要求配合性质稳定、配合间隙小，需保证一定的定心精度的螺纹联接。中等级用于一般用途的螺纹联接。粗糙级用于不重要的螺纹联接，以及制造比较困难（如长盲孔的攻丝）或热轧棒上的螺纹。

旋合长度的选择，通常选用中等旋合长度(N)，对于调整用的螺纹，可根据调整行程的长短选取旋合长度；对于铝合金等强度较低的零件上螺纹，为了保证螺牙的强度，可选用长旋合长度(L)；对于受力不大且受空间位置限制的螺纹，如锁紧用的特薄螺母的螺纹可选用短旋合长度(S)。

同样公差精度的螺纹，随着旋合长度的增加，螺纹的公差等级相应降低。

2. 螺纹公差带与配合的选择

在设计螺纹零件时，为了减少螺纹刀具和螺纹量规的品种、规格，提高技术经济效益，应从表 10-6 中选取螺纹公差带。

内、外螺纹配合的公差带可以任意组合成多种配合，但是，为了保证内、外螺纹间有足够的螺纹接触高度，推荐完工后的螺纹零件宜优先组成 H/g、H/h 或 G/h 配合。选择时考虑以下几种情况：

（1）为保证旋合性，内、外螺纹应具有较高的同轴度，并有足够的接触高度联接强度，通常选用最小间隙为零的配合（H/h）。

（2）为了拆装方便和改善螺纹的疲劳强度，可选用较小间隙配合（H/g 和 G/h）。

（3）需要涂镀保护层的螺纹，其基本偏差按所需镀层厚度确定。需要涂镀的外螺纹，当镀层厚度为 10 μm 时可选用 g，当镀层厚度为 20 μm 时，可选用 f，当镀层厚度为 30 μm 时，可选用 e。当内、外螺纹均需涂镀时，可选用 G/e 或 G/f 配合。

（4）对公称直径小于和等于 1.4 mm 的螺纹，应选用 5H/6h、4H/6h 或更精密的配合。

（5）在高温条件下工作的螺纹，可根据装配时和工作时的温度来确定适当的间隙和相应的基本偏差，留有间隙以防螺纹卡死。一般常用基本偏差 e。如汽车上用的 M14×1.25 规格的火花塞，温度相对较低时，可用基本偏差 g。

10.3.4 螺纹的标记

完整的螺纹标记由螺纹特征代号、尺寸代号、公差带代号及旋合长度代号和旋向代号组成。

1. 螺纹特征代号

螺纹特征代号用字母"M"表示。

2. 尺寸代号

（1）单线螺纹的尺寸代号为"公称直径×螺距"，公称直径和螺距数值的单位为毫米。

对粗牙螺纹,可以省略标注其螺距项。

例如:M8×1 表示公称直径为 8 mm、螺距为 1 mm 的单线细牙螺纹。

(2) 多线螺纹的尺寸代号为"公称直径×P_h 导程 P 螺距",公称直径、导程和螺距数值的单位为毫米。如果要进一步表明螺纹的线数,可在后面增加括号说明(使用英语进行说明,例如双线为 two starts;三线为 three starts;四线为 four starts)。

例如:M16×Ph3P1.5 或 M16×Ph3P1.5(two starts)表示公称直径为 16 mm、螺距为 1.5 mm、导程为 3 mm 的双线螺纹。

3. 螺纹公差带代号

螺纹公差带代号包含中径公差带代号和顶径公差带代号。中径公差带代号在前,顶径公差带代号在后。各直径的公差带代号由表示公差等级的数值和表示公差带位置的字母(内螺纹用大写字母;外螺纹用小写字母)组成。如果中径公差带代号与顶径公差带代号相同,则应只标注一个公差带代号。螺纹尺寸代号与公差带间用"-"号分开。

例如:M10×1-5g6g 表示公称直径为 10 mm、螺距为 1 mm、中径公差带为 5g、顶径公差带为 6g 的单线细牙外螺纹。

对于中等公差精度的螺纹,当公称直径 D(或 d)≥1.6 mm 的 6H、6g 和公称直径 D(或 d)≤1.4 mm 的 5H、6h 不标注其公差带代号。

表示内、外螺纹配合时,内螺纹公差带代号在前,外螺纹公差带代号在后,中间用斜线分开。

例如:M20×2-6H/5g6g 表示中径和顶径公差带相同为 6H 的内螺纹与中径公差带为 5g、顶径公差带为 6g 的外螺纹组成配合。

4. 旋合长度代号

对短旋合长度组和长旋合长度组的螺纹,宜在公差带代号后分别标注"S"和"L"代号。旋合长度代号与公差带间用"-"号分开。中等旋合长度组螺纹不标注旋合长度代号(N)。

例如:短旋合长度的内螺纹:M20×2-5H-S

长旋合长度的内、外螺纹:M6-7H/7g6g-L

中等旋合长度的外螺纹(粗牙、中等精度的 6g 公差带):M6

5. 旋向代号

对左旋螺纹,应在旋合长度代号之后标注"LH"代号。旋向代号与旋合长度代号间用"-"号分开。右旋螺纹不标注旋向代号。

例如:M6×0.75-5h6h-S-LH:表示公称直径为 6 mm,螺距为 0.75 mm,中径公差带为 5h,顶径公差带为 6h,短旋合长度,左旋单线细牙普通外螺纹。

M14×Ph6P2-7H-L-LH 或 M14×Ph6P2(threes tarts)-7H-L-LH:表示公称直径为 14 mm,导程为 6 mm,螺距为 2 mm,中径和顶径公差带为 7H,长旋合,左旋三线普通内螺纹。

M6:表示公称直径为 6 mm,粗牙,中等公差精度(省略 6H 或 6g),中等旋合长度,右旋单线普通螺纹。

10.4　螺　纹　的　检　测

螺纹的测量方法可分为综合检验和单项测量两类。

10.4.1　综合检验

综合检验主要用于检验只要求保证可旋合性的螺纹，用按泰勒原则设计的螺纹量规对螺纹进行检验，适用于成批生产。

螺纹量规分塞规和环规(或卡规)，塞规用于检验内螺纹，环规(或卡规)用于检验外螺纹。螺纹量规的通端模拟被测螺纹的最大实体牙型，检验被测螺纹的作用中径是否超出其最大实体牙型的中径，并同时检验底径实际尺寸是否超出其最大实体尺寸。因此，螺纹量规的通端应具有完整的牙型，并且螺纹的长度等于被测螺纹的旋合长度。螺纹量规的止端用来检验被测螺纹的单一中径是否超出其最小实体牙型的中径。因此螺纹量规的止端采用截短牙型，并且只有2～3个螺距的螺纹长度，以减少牙侧角偏差和螺距误差对检验结果的影响。

如果被测螺纹能够与螺纹量规的通端旋合通过，且与螺纹量规的止端不完全旋合通过(螺纹量规的止端只允许与被测螺纹两端旋合，旋合量不得超过两个螺距)，就表明被测螺纹的作用中径没有超出其最大实体牙型的中径，且单一中径没有超出其最小实体牙型的中径，那么就可以保证旋合性和联接强度，则被测螺纹中径合格；否则不合格。

内螺纹的小径和外螺纹的大径可用光滑极限量规检验。

图10-8和图10-9分别表示用螺纹量规检验外螺纹和内螺纹的情况。

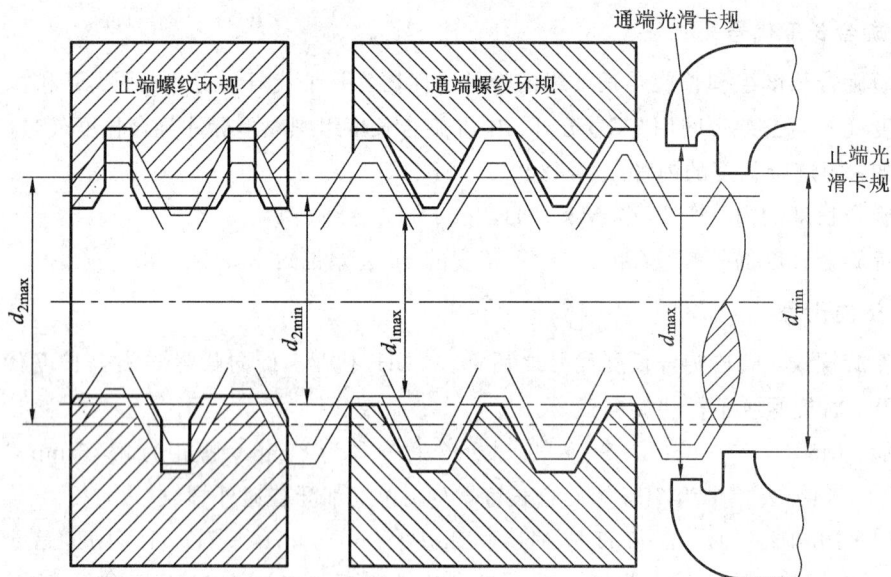

图 10-8　用螺纹量规检验外螺纹

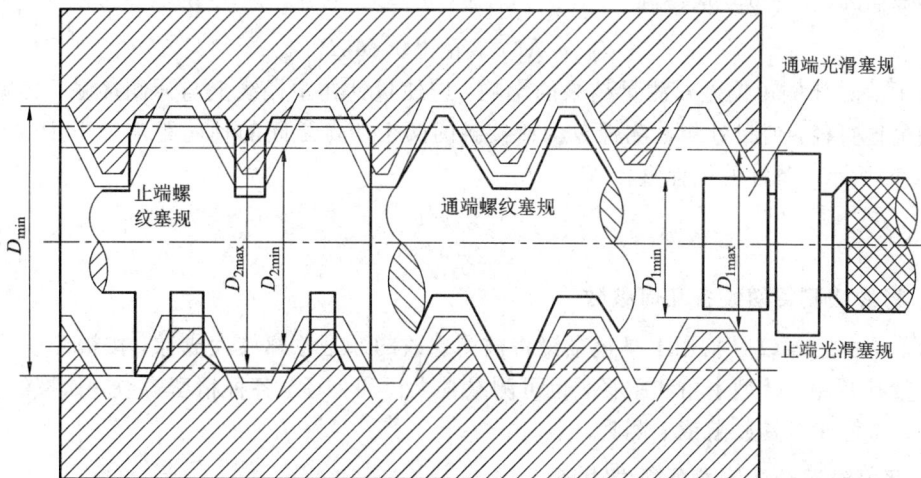

图 10-9　用螺纹量规检验内螺纹

10.4.2　单项测量

螺纹的单项测量是指分别测量螺纹的各项几何参数，主要是中径、螺距和牙侧角。单项测量用于螺纹工件的工艺分析和螺纹量规、螺纹刀具、丝杠螺纹等高精度螺纹的测量。单项测量螺纹参数的常用方法有以下几种。

1. 三针法测量外螺纹单一中径

三针法主要用于测量精密外螺纹(如螺纹塞规、丝杠螺纹)的单一中径。测量时，将三根直径相同的精密量针分别放在被测螺纹的沟槽中，与两牙侧面接触，然后用光学或者机械量仪测出针距 M，如图 10-10(a)所示，根据被测螺纹的螺距 P、牙型半角 $\alpha/2$ 和量针直径 d_0。可按下式求出被测螺纹的单一中径 d_{2s}。

$$d_{2s} = M - d_0 \left[1 + \frac{1}{\sin\frac{\alpha}{2}} + \frac{P}{2}\cot\alpha/2 \right] \qquad (10-8)$$

式中：螺距 P、牙型半角 $\alpha/2$ 和量针直径 d_0 均按理论值代入。

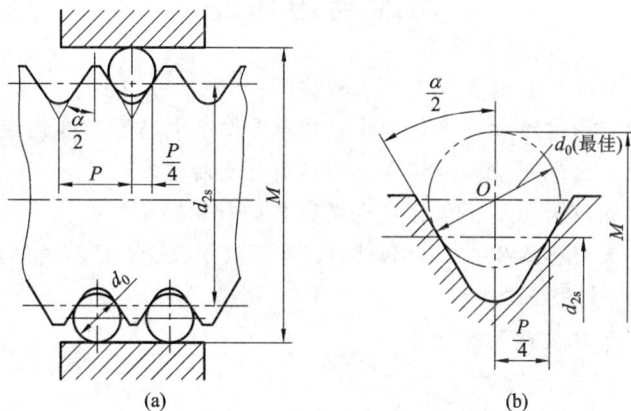

(a)　　　　　　　　　　　(b)

图 10-10　用三针法测量外螺纹的单一中径

对普通螺纹，$\alpha/2 = 30°$，则

$$d_{2s} = M - 3d_0 + 0.866P$$

为了消除牙侧角偏差对测量结果的影响，应使量针在中径线上与牙侧接触，必须选择量针的最佳直径，使量针与被测螺纹沟槽接触的两个切点之间的轴向距离等于 $P/2$，如图 10-10(b)所示。量针的最佳直径 $d_{0最佳}$ 为

$$d_{0最佳} = \frac{P}{2\cos\alpha/2} \tag{10-9}$$

2. 影像法测量螺纹各几何参数

影像法测量螺纹是指用工具显微镜将被测螺纹的牙型轮廓放大成像，按被测螺纹的影像来测量其螺距、牙型半角和中径，也可测量其大径和小径。各种精密螺纹，如螺纹量规、丝杠等，均可在工具显微镜上测量。

3. 用螺纹千分尺测量外螺纹中径

螺纹千分尺是测量低精度螺纹的量具。如图 10-11 所示，将一对符合被测螺纹牙型角和螺距的锥形测头 3 和 V 形槽测头 2，分别插入千分尺两测砧的位置，以测量螺纹中径。为了满足不同螺距的被测螺纹的需要，螺纹千分尺带有一套可更换的不同规格的测头。将锥形测头和 V 形槽测头安装在内径千分尺上，也可以测量内螺纹。

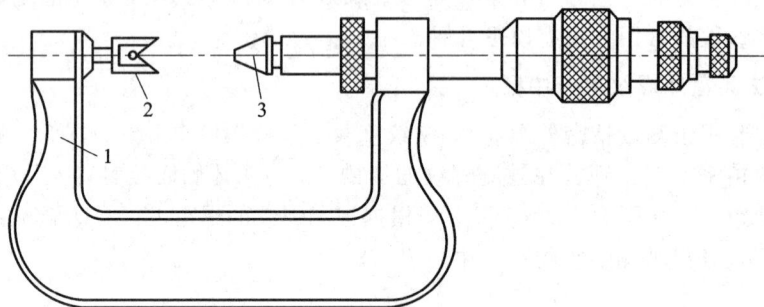

1—千分尺身；2—V形槽测头；3—锥形测头

图 10-11　螺纹千分尺

习题与思考题

10-1　影响螺纹互换性的主要因素有哪些？

10-2　如何确定内螺纹和外螺纹的作用中径？作用中径的合格条件是什么？

10-3　圆柱螺纹的单项检验与综合检验各有什么特点？

10-4　对普通螺纹为什么不单独规定螺距公差与牙侧角公差？

10-5　通过查表写出 M20×2-6H/5g6g 外螺纹中径、大径和内螺纹中径、小径的极限偏差，并绘出公差带图。

10-6　写出下列螺纹标记的意义：

(1) M20-5g

(2) M20×2-5H-S

(3) M6-7H/7g6g-L

第 11 章　渐开线圆柱齿轮的互换性与检测

本章导读

齿轮传动是机械传动中的一个重要组成部分，它起着传递动力和运动的作用。由于传动齿轮传动的可靠性好、承载能力强、制造工艺成熟等优点，其广泛应用于机器、仪器制造业。

要求明确齿轮传动的应用要求，熟悉与应用要求相对应的评定指标的含义及表示代号，掌握齿轮精度等级的表达方法、评定指标的检验方法、传动精度的设计方法。

11.1　概　　述

11.1.1　对齿轮传动的使用要求

齿轮传动是一种重要的传动方式，广泛地应用在各种机器和仪表的传动装置中，常用来传递运动和动力。由于机器和仪表的工作性能、使用寿命和齿轮的制造和安装精度密切相关，因此，正确地选择齿轮公差，并进行合理的检测是十分重要的。齿轮传动的用途不同，对齿轮传动的使用要求也不同。归纳起来主要有以下四个方面。

1. 传递运动的准确性

传递运动的准确性就是要求从动齿轮在一转范围内的最大转角误差不超过规定的数值，以使齿轮在一转范围内传动比的变化尽量小，满足传递运动的准确性要求。

齿轮作为传动的主要元件，要求它能准确地传递运动，即保证主动轮转过一定转角时，从动轮按传动比转过一个相应的转角。从理论上讲，传动比应保持恒定不变。但由于齿轮加工误差和齿轮副的安装误差，使从动轮的实际转角不同于理论转角，发生了转角误差 $\Delta\phi$，导致两轮之间的传动比以一转为周期变化。可见，齿轮转过一转的范围内，从动轮产生的最大转角误差反映齿轮副传动比变动量，即反映齿轮传动的准确性。

2. 传递运动的平稳性

齿轮任一瞬时传动比的变化，将会使从动轮转速在不断变化，从而产生瞬时加速度和惯性冲击力，引起齿轮传动中的冲击、振动和噪声。传动的平稳性就是要求齿轮在一转范围内，多次重复的瞬时传动比要小，一齿转角内的最大转角误差 $\Delta\phi$ 要限制在一定范围内。例如，机床变速箱等对传动平稳性的要求较高。

3. 载荷分布的均匀性

载荷分布的均匀性是指为了使齿轮传动有较高的承载能力和较长的使用寿命，要求啮合齿面在齿宽与齿高方向上能较全面地接触，使齿面上的载荷分布均匀，以免引起应力集中，造成局部磨损，影响齿轮的使用寿命。重型机械的传动齿轮对此比较偏重。

4. 齿轮副侧隙的合理性

齿轮副侧隙的合理性是指一对齿轮啮合时，在非工作齿面间应留有合理的间隙，否则会出现卡死或烧伤现象。

齿轮副侧隙对储藏润滑油，补偿齿轮传动受力后的弹性变形和热变形，以及补偿齿轮及其传动装置的加工误差和安装误差都是必要的。但侧隙又不能太大，尤其是对于需要反转的齿轮传动装置，否则反转空程误差及冲击都较大。因此应合理确定侧隙的数值。

对于不同用途和不同工作条件的齿轮和齿轮副，对上述四项要求的侧重点是不同的。如精密机床、分度齿轮和测量仪器的读数齿轮主要要求传递运动的准确性，对传动平稳性也有一定的要求。当需要可逆转传动时，应对侧隙加以限制，以减小反转时的空程误差，而对载荷分布均匀性要求不高。汽车、拖拉机和机床的变速齿轮主要要求传递运动的平稳性，以减小振动和噪声。轧钢机械、起重机械和矿山机械等重型机械中的低速重载齿轮主要要求载荷分布的均匀性，以保证足够的承载能力。汽轮机和涡轮机中的高速重载齿轮，对运动的准确性、平稳性和承载的均匀性均有较高的要求，同时还应具有较大的间隙，以储存润滑油和补偿受力产生的变形。

11.1.2 我国现行的齿轮精度标准

我国现行的齿轮精度国家标准体系由 3 项齿轮精度国家标准（GB/T 10095.1～2—2008 和 GB/T 13924—2008）和 4 项国家标准化指导性技术文件（GB/Z 18620.1～4—2008）共同构成，它们均等同采用了相应的 ISO 标准或技术报告。

11.2 单个齿轮的偏差项目及其检测

图样上设计的齿轮都是理想的齿轮，但由于齿轮加工误差，使制成的齿轮齿形和几何参数都存在误差。因此，必须了解和掌握控制这些误差的评定项目。在齿轮标准中，齿轮误差、偏差统称为齿轮偏差，将偏差与公差共用一个符号表示。单项要素测量所用的偏差符号用小写字母（如 f）加上相应的下标组成；表示若干单项要素偏差组成的"累积"或"总"偏差所用的符号，采用大写字母（如 F）加上相应的下标表示。

11.2.1 轮齿同侧齿面偏差

1. 齿距偏差

1）单个齿距偏差 f_{pt}

在齿轮端平面上，在接近齿高中部的一个与齿轮轴线同心的圆上，实际齿距与理论齿距的代数差，如图 11-1 所示。当齿轮存在齿距偏差 f_{pt} 时，会造成一对齿啮合完了而另一对齿进入啮合时，主动轮与被动轮发生冲撞，影响齿轮传动的平稳性。

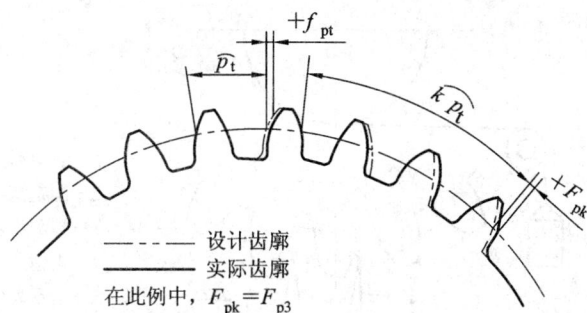

图 11 - 1　单个齿距偏差和齿距累积偏差

2）齿距累积偏差 F_{pk}

任意 k 个齿距的实际弧长与理论弧长的代数差，如图 11 - 1 所示。理论上，它等于这 k 个齿距的各单个齿距偏差的代数和。除另有规定，F_{pk} 的计值仅限于不超过圆周 1/8 的弧段内。因此，偏差 F_{pk} 的允许值适用于齿距数 k 为 2 到 $z/8$ 的弧段内。通常，F_{pk} 取 $k \approx z/8$ 就足够了，如果对于特殊的应用（如高速齿轮）还需检验较小弧段，并规定相应的 k 值。

k 个齿距累积偏差实际上是控制在圆周上的齿距累积偏差，如果此项偏差过大，将产生振动和噪声，影响平稳性精度。

3）齿距累积总偏差 F_p

齿轮同侧齿面任意弧段（$k=1$ 至 $k=z$）内的最大齿距累积偏差。它表现为齿距累积偏差曲线的总幅值，如图 11 - 2 所示，可反映齿轮转一转的过程中传动比的变化，因此，它影响齿轮的运动准确性。

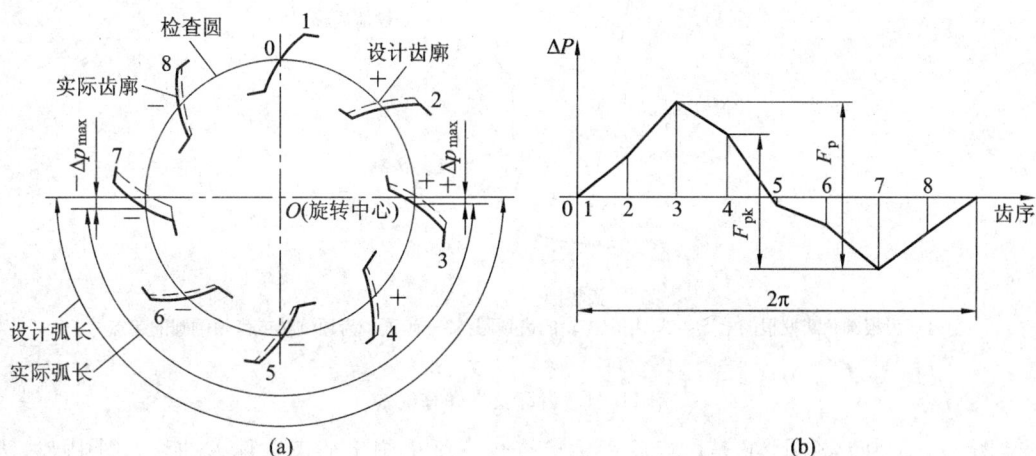

(a)　　　　　　　　　　　　　　　(b)

图 11 - 2　齿距累积总偏差

测量齿距偏差的方法很多，常用的是在齿距仪或万能测齿仪上用相对法测量。如图 11 - 3 所示为用万能测齿仪测量齿距的原理图。测量时，首先以被测齿轮上任意实际齿距作为基准，将仪器指示表调零，然后沿整个齿圈依次测出其他实际齿距与作为基准的齿距的差值(称为相对齿距偏差)，经过数据处理，可以同时求得 f_{pt}、F_{pk} 和 F_p。

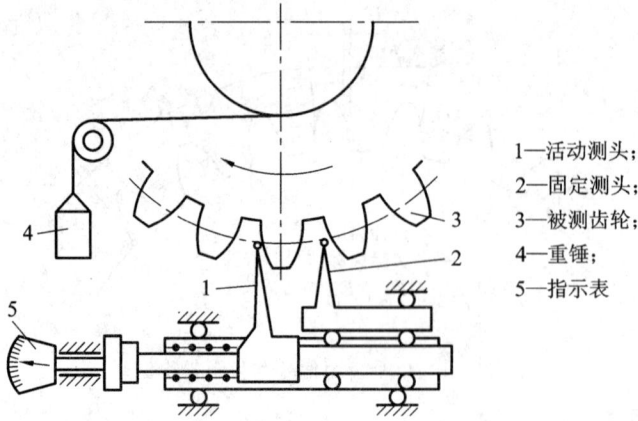

1—活动测头；
2—固定测头；
3—被测齿轮；
4—重锤；
5—指示表

图 11-3　万能测齿仪测齿距

2. 齿廓偏差

齿廓偏差是实际齿廓偏离设计齿廓的量，它是在端面内且垂直于渐开线齿廓的方向计值。

1) 齿廓总偏差 $F_α$

在计值范围 $L_α$ 内，包容实际齿廓迹线的两条设计齿廓迹线间的距离，即为齿廓总偏差 $F_α$，如图 11-4 所示。

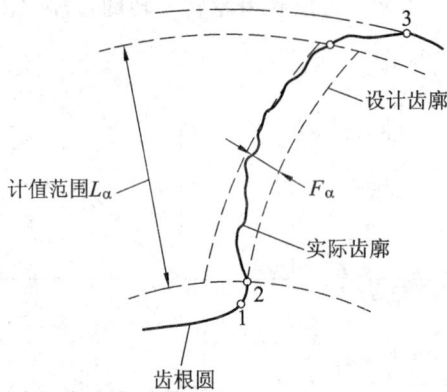

1—齿根圆角或挖根的七点；2—相配齿轮的齿顶圆；3—齿顶、齿顶倒棱或齿顶倒圆的起点

图 11-4　齿廓及齿廓总偏差

图 11-5 为齿廓图，它是由齿轮齿廓检查仪在纸上画出的齿廓偏差曲线，图中 L_{AF} 为可用长度，L_{AE} 为有效长度，$L_α$ 为计值范围，$L_α$ 为 L_{AE} 的 92%，图中的 F、E、A 分别与图 11-4 中的 1、2、3 点对应。图 11-5(a) 为齿廓总偏差。

设计齿廓可以是未修形的标准渐开线，如图 11-5 所示，在齿廓图中为直线；也可以是修形的渐开线，设计齿廓迹线不再是直线。

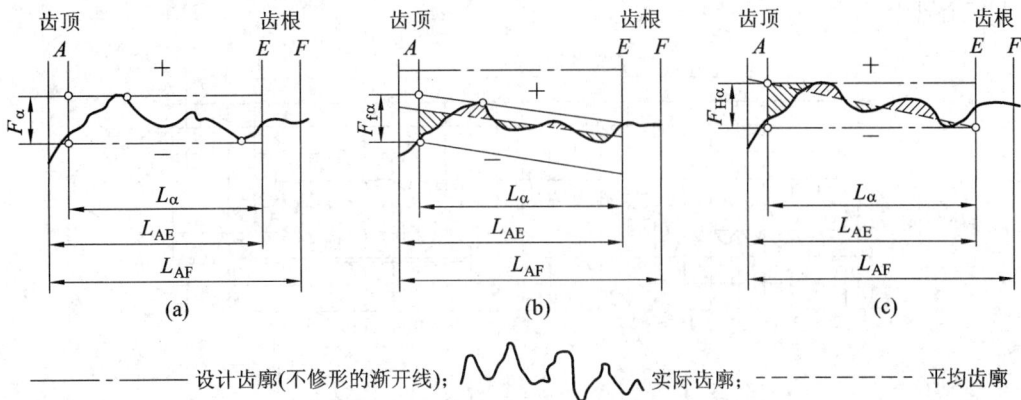

图 11-5　齿廓图及齿廓偏差

2）**齿廓形状偏差** $f_{f\alpha}$

在计值范围 L_α 内，包容实际齿廓迹线的两条与平均齿廓迹线完全相同的曲线间的距离，即为齿廓形状偏差 $f_{f\alpha}$，且两条曲线与平均齿廓迹线的距离为常数，如图 11-5(b) 所示。平均齿廓迹线是实际齿廓迹线对该迹线的偏差的平方和为最小的一条迹线，可以用最小二乘法求得。

3）**齿廓倾斜偏差** $f_{H\alpha}$

在计值范围 L_α 内，两端与平均齿廓迹线相交的两条设计齿廓迹线间的距离，即为齿廓倾斜偏差 $f_{H\alpha}$，如图 11-5(c) 所示。

齿廓偏差主要影响运动平稳性。齿廓总偏差 F_α 是平稳性必检项目，齿廓形状偏差 $f_{f\alpha}$ 和齿廓倾斜偏差 $f_{H\alpha}$ 不是必检项目。

齿廓偏差常用展成法测量，其原理如图 11-6 所示。以被测齿轮回转轴线为基准，通过和被测齿轮 1 同轴的基圆盘 2 在直尺 3 上作纯滚动，形成理论的渐开线轨迹，将实际齿廓线与设计渐开线轨迹进行比较，其差值通过传感器 5 和记录器 4 画出齿廓偏差曲线，在该曲线上按偏差定义确定齿廓偏差。常用的仪器是渐开线检查仪。

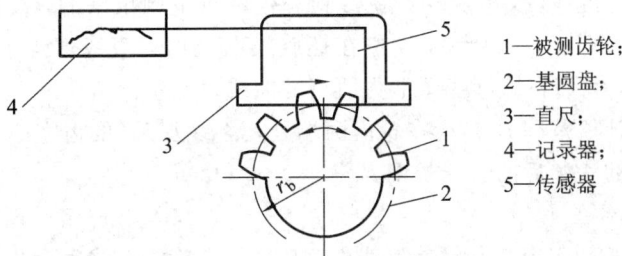

1—被测齿轮；
2—基圆盘；
3—直尺；
4—记录器；
5—传感器

图 11-6　齿廓展成法测量原理

3. 切向综合偏差

1）**切向综合总偏差** F_i'

被测齿轮与理想精确的测量齿轮单面啮合时，在被测齿轮一转内，齿轮分度圆上实际圆周位移与理论圆周位移的最大差值，即为切向综合总偏差 F_i'。它以分度圆弧长计值，如

图 11 - 7 所示。

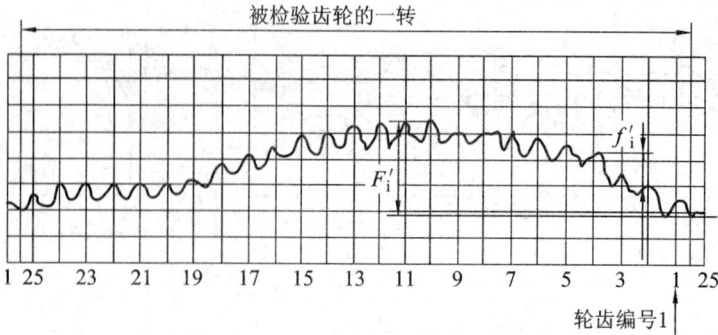

被检验齿轮的一转

1 25　23　21　19　17　15　13　11　9　7　5　3　1　25

轮齿编号1

图 11 - 7　切向综合偏差

2) 一齿切向综合偏差 f_i'

被测齿轮与理想精确的测量齿轮单面啮合时，在被测齿轮一个齿距角内，实际转角与设计转角之差的最大幅度值，即为一齿切向综合偏差 f_i'。它以分度圆弧长计值，如图 11 - 7 所示。

切向综合总偏差 F_i' 和一齿切向综合偏差 f_i' 分别影响运动的准确性和平稳性，是齿距、齿廓等偏差的综合反映，可以用它们来代替齿距、齿廓偏差。

切向综合偏差是在单面啮合综合检查仪上进行测量的。虽然切向综合总偏差 F_i' 和一齿切向综合偏差 f_i' 是评价齿轮运动准确性和平稳性的最佳综合指标，但标准规定，它们不是必检项目。

4. 螺旋线偏差

螺旋线偏差是在端面基圆切线方向上测得的实际螺旋线偏离设计螺旋线的量。

1) 螺旋线总偏差 F_β

在计值范围 L_β 内，包容实际螺旋迹线的两条设计螺旋迹线间的距离，即为螺旋线总偏差 F_β，如图 11 - 8(a)所示。

如图 11 - 8 为螺旋线图，它是由螺旋线检查仪在纸上画出来的，设计螺旋线可以是未修形的直线(直齿)或螺旋线(斜齿)，它们在螺旋线图上均为直线；也可以是鼓形、齿端减薄等修形的螺旋线，它们在螺旋线图上为适当的曲线。

螺旋线偏差的计值范围 L_β 是指在轮齿两端处，各减去 5% 的齿宽或等于一个模数的长度两个数值中较小的一个后的迹线长度。

2) 螺旋线形状偏差 $F_{f\beta}$

在计值范围 L_β 内，包容实际螺旋迹线的，与平均螺旋线迹线完全相同的两条曲线间的距离，即为螺旋线形状偏差 $F_{f\beta}$，且两条曲线与平均螺旋线迹线的距离为常数，如图 11 - 8(b)所示。平均螺旋线迹线是实际螺旋线迹线对该迹线的偏差的平方和为最小，可以用最小二乘法求得。

3) 螺旋线倾斜偏差 $F_{H\beta}$

在计值范围 L_β 内，两端与平均螺旋线迹线相交的两条设计螺旋线迹线间的距离，螺旋线倾斜偏差 $F_{H\beta}$，如图 11 - 8(c)所示。

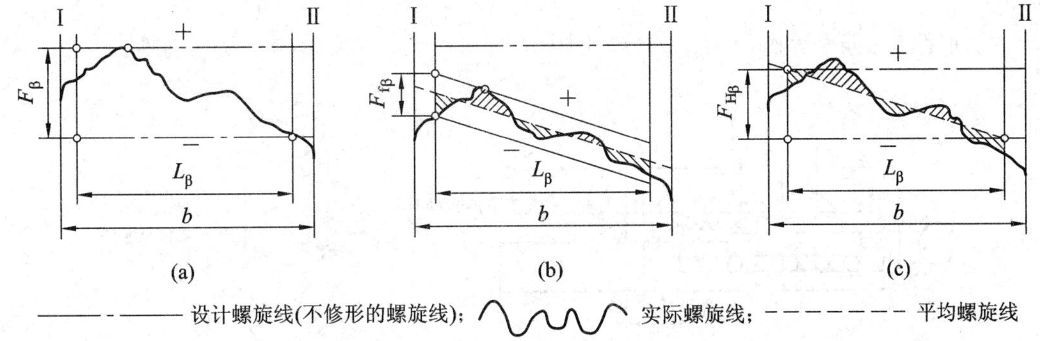

—— · —— 设计螺旋线(不修形的螺旋线)；〜〜〜〜 实际螺旋线；— — — — — 平均螺旋线

图 11-8　螺旋线图及螺旋线偏差

　　螺旋线偏差反映了齿轮在齿向方面的误差，主要影响载荷分布均匀性。螺旋线总偏差 F_β 是载荷分布均匀性必检项目，螺旋线形状偏差 $F_{f\beta}$ 和螺旋线倾斜偏差 $F_{H\beta}$ 不是必检项目。

　　螺旋线偏差常用展成法测量，其原理如图 11-9 所示。以被测齿轮回转轴线为基准，通过精密传动机构实现被测齿轮 1 回转和测头 2 沿轴向移动，以形成理论的螺旋线轨迹。将实际螺旋线与设计螺旋线轨迹进行比较，其差值输入记录器 3 绘出螺旋线偏差曲线，在该曲线上按定义确定螺旋线偏差。常用的仪器是渐开线螺旋线检查仪。

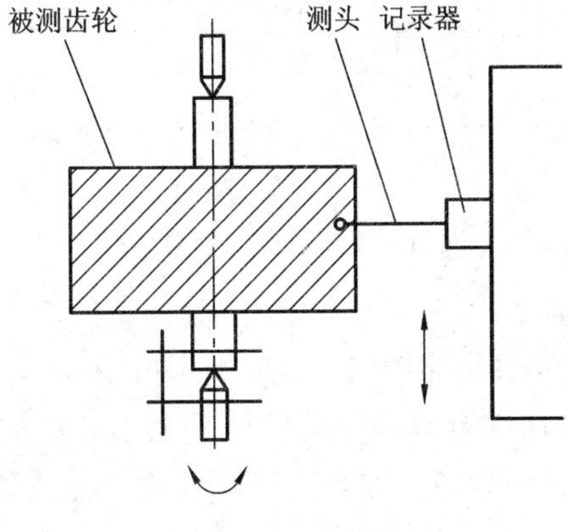

图 11-9　螺旋线的展成法测量原理

11. 2. 2　径向综合偏差与径向跳动

1. 径向综合偏差

1) 径向综合总偏差 F_i''

　　在径向(双面)综合检验时，产品齿轮的左右齿面同时与测量的齿轮接触，并转过一整圈时出现的中心距最大值和最小值之差，即为径向综合总偏差 F_i''。

　　径向综合总偏差 F_i'' 用双面啮合仪测量，如图 11-10 所示。双面啮合仪上安放产品齿轮和测量齿轮，其中一个齿轮装在固定轴上，另一个齿轮则装在带有滑道的轴上，该滑道带有弹簧装置，使两个齿轮在径向紧密啮合。在转动过程中，由指示表上测出中心距的变动量，也可以用记录装置画出中心距变动曲线，曲线的最大幅度值即为 F_i''，如图 11-11

所示。

径向综合总偏差反映齿轮在一转范围内的径向误差，主要影响运动准确性。

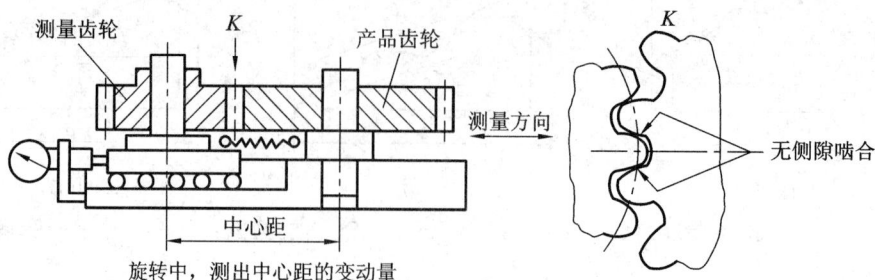

图 11-10 齿轮双面啮合仪工作原理

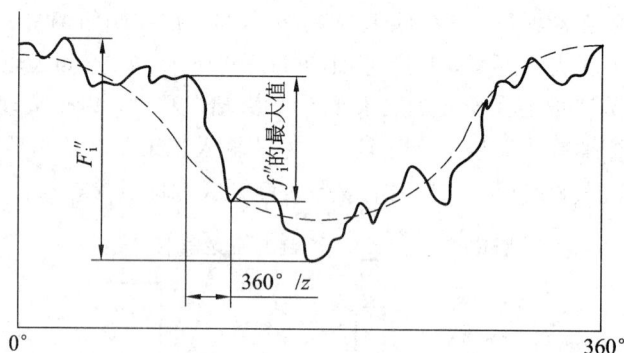

图 11-11 径向综合总偏差

2) 一齿径向综合偏差 f_i''

当产品齿轮与测量齿轮啮合一整圈时，对应一个齿距（$360°/z$）的径向综合偏差值为一齿径向综合偏差 f_i''。即在径向综合总偏差记录曲线上小波纹的最大幅度值，如图 11-11 所示，其波长常常为齿距角。一齿径向综合偏差 f_i'' 是在测量 F_i'' 的同时测出的，反映齿轮的小周期径向的误差，主要影响运动平稳性。

由于径向综合偏差测量时是双面啮合的，与齿轮工作时的状态（单面啮合）不同，反映的仅是在径向方向起作用的误差，因此，对齿轮误差的揭示不如切向综合偏差完善。但由于双面啮合仪结构简单，操作方便，在成批生产中仍广泛采用，常用作辅助检测项目。

2. 径向跳动 F_r

径向跳动 F_r 是指测头（球形、圆柱形、砧形）相继置于每个齿槽内时，从它到齿轮轴线的最大和最小径向距离之差，即为径向跳动 F_r，如图 11-12 所示。检测时，测头在近似齿高中部，与左右齿面接触。

图 11-13 是一个 16 齿的齿轮径向跳动的图例，图中，齿轮偏心量是径向跳动的一部分。跳动也是反映齿轮在一转范围内径向方向起作用的误差，与径向综合总偏差的性质相似。因此，如果检测了径向综合总偏差 F_i''，就不用再检测径向跳动 F_r。

前述 14 个偏差项目均是在 GB/T 10095.1～2—2008 中规定的，分别影响齿轮传动的

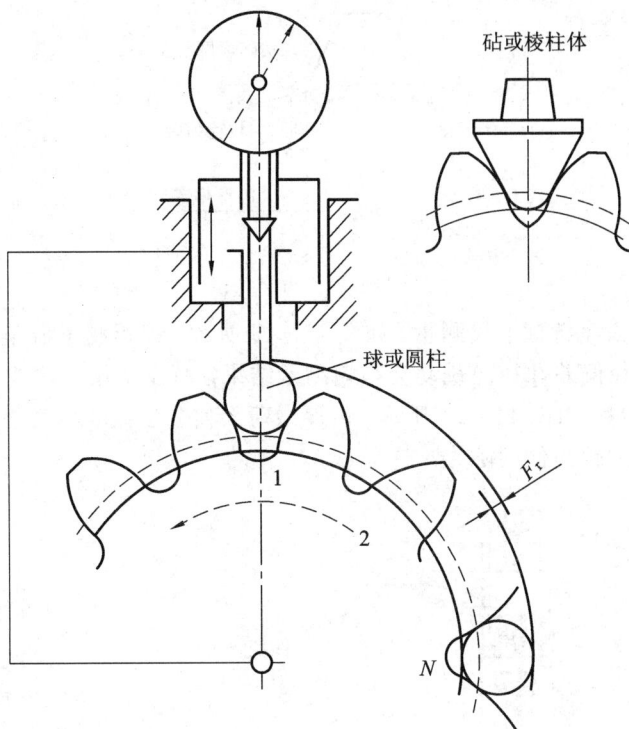

图 11 - 12　测量径向跳动原理

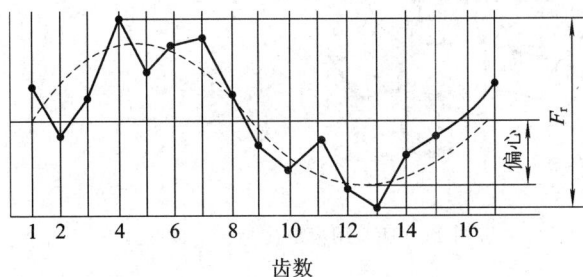

图 11 - 13　径向跳动图例

准确性、平稳性和载荷分布均匀性。

11.2.3　齿厚偏差

对于直齿轮,齿厚偏差是指在分度圆柱面上,实际齿厚与公称齿厚之差,如图 11 - 14 所示,对于斜齿轮,指法向实际齿厚与公称齿厚之差。对于标准齿轮,公称齿厚 $s_n = m_n$。

为了获得齿轮啮合时的齿侧间隙,通常减薄齿厚获得,齿厚偏差是评价齿侧间隙的一项指标,通常在设计时规定齿厚的极限偏差(齿厚上偏差 E_{sns}、齿厚下偏差 E_{sni})作为齿厚偏差 E_{sn} 允许变化的界限值。它是在 GB/T 18620.2—2008 中介绍的。

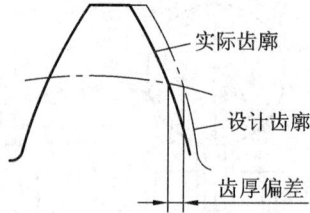

图 11 - 14　齿厚偏差

　　齿厚偏差可用齿厚游标卡尺测量，如图 11 - 15 所示。由于测量齿厚时需要以齿顶圆为基准，齿顶圆的直径偏差和径向跳动会影响测量结果，所以常用公法线长度偏差等项目来代替齿厚偏差的测量。由图 11 - 16 所示，齿厚减薄会使公法线长度变短，所以公法线长度偏差可以用来间接评价齿侧间隙。

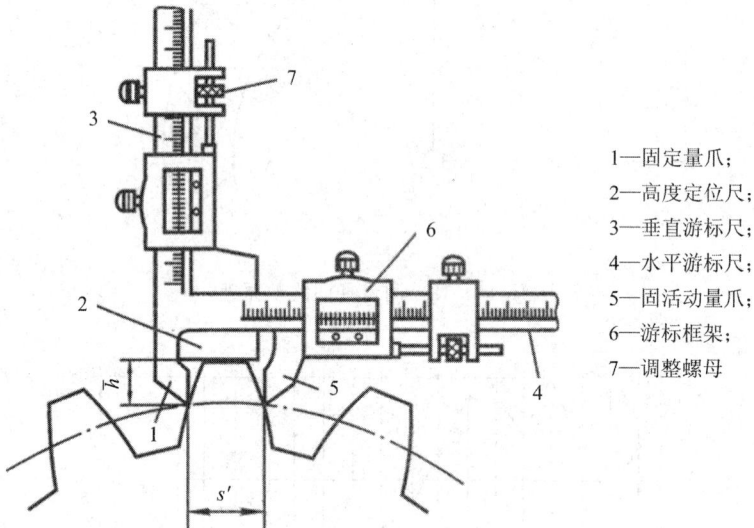

1—固定量爪；
2—高度定位尺；
3—垂直游标尺；
4—水平游标尺；
5—固活动量爪；
6—游标框架；
7—调整螺母

图 11 - 15　用齿厚游标卡尺测齿厚

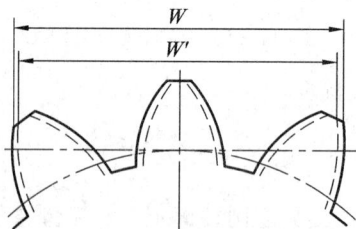

图 11 - 16　齿厚减薄使公法线长度变短

　　公法线长度偏差是齿轮一转范围内，各部位的公法线的平均值与设计值之差。公法线长度的上偏差 E_{bns} 和下偏差 E_{bn} 与齿厚偏差有如下关系：

$$E_{bns} = E_{sns} \cos\alpha_n \tag{11-1}$$

$$E_{bni} = E_{sni} \cos\alpha_n \qquad (11-2)$$

式中：α_n 为齿轮的法向压力角。

公法线常用公法线千分尺（如图 11-17 所示）或公法线长度指示卡规等测量。因为测量方法简单、可靠，所以生产中得到较普遍的应用。

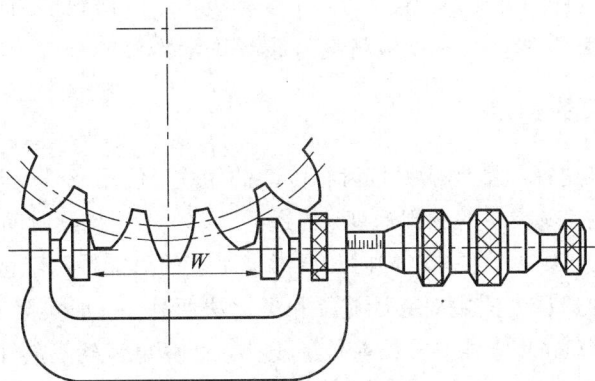

图 11-17 用公法线千分尺测量公法线

直齿轮测量公法线时的卡量齿数 k 可用下列式计算

$$k = +0.5 \quad (\text{取相近的整数}) \qquad (11-3)$$

非变位的齿形角为 20° 的直齿轮公法线长度为

$$W_k = m[2.952(k-0.5) + 0.014z] \qquad (11-4)$$

11.3 齿轮精度等级及其应用

GB/T 10095.1～2－2008 对齿轮规定了一系列的偏差项目及其精度等级。

11.3.1 精度等级

1. 轮齿同侧齿面偏差的精度等级

GB/T 10095.1－2008 对分度圆直径 5～10 000 mm、法向模数 0.5～70 mm、齿宽 4～1000 mm 的渐开线圆柱齿轮的同侧齿面偏差规定了 13 个精度等级，依次用阿拉伯数字 0、1、2、…、12 表示。其中 0 级精度最高，12 级精度最低。

2. 径向综合偏差的精度等级

GB/T 10095.2－2008 对分度圆直径 5～1000 mm、法向模数 0.2～11 mm 的渐开线圆柱齿轮的径向综合总偏差 F_i'' 和一齿径向综合偏差 f_i'' 规定了 9 个精度等级，依次用阿拉伯数字 4、5、6、…、12 表示。其中 4 级精度最高，12 级精度最低。

3. 径向跳动的精度等级

GB/T 10095.2－2008 附录 B 中对分度圆直径 5～10 000 mm、法向模数 0.5～70 mm

的渐开线圆柱齿轮的径向跳动推荐了 13 个精度等级，依次用阿拉伯数字 0、1、2、⋯、12 表示。其中 0 级精度最高，12 级精度最低。

齿轮精度等级中，5 级精度为基本等级，它是计算其他等级偏差允许值的基础。0～2 级精度的齿轮对制造工艺与检测水平要求极高，目前国内只有极少数单位能够制造和检测，一般单位尚不能制造；3～5 级精度为高精度等级；6～8 级精度为中等精度等级，使用最多；9 级为较低精度等级；10～12 级精度为低精度等级。

11.3.2　精度等级的选用

齿轮的精度等级选择的主要依据是齿轮传动的用途、使用条件及对它的技术要求，即要考虑传递运动的精度、齿轮的圆周速度、传递的功率、工作持续时间、振动与噪声、润滑条件、使用寿命及生产成本等要求，同时还要考虑工艺的可能性和经济性。

齿轮精度等级的选择方法主要有计算法和类比法两种。一般实际工作中，多采用类比法。计算法是根据运动精度要求，按误差传递规律，计算出齿轮一转中允许的最大转角误差，然后再根据工作条件或根据圆周速度或噪声强度要求确定齿轮的精度等级。类比法是根据以往产品设计、性能试验以及使用过程中所累积的成熟经验，以及长期使用中已证实其可靠性的各种齿轮精度等级选择的技术资料，经过与所设计的齿轮在用途、工作条件及技术性能上作对比后，选定其精度等级。

在齿轮精度设计时，齿轮同侧齿面各项偏差的精度等级可以相同也可以不同。对齿轮的工作齿面和非工作齿面可规定不同的精度等级，也可以只给出工作齿面的精度等级，而对非工作齿面不提精度要求。径向综合偏差和径向跳动不一定要选用与同侧齿面的精度项目相同的精度等级。齿轮副中两个齿轮的精度等级一般取成相同，也允许取成不相同。若两齿轮精度等级不同时，则按其中精度等级较低者确定齿轮副的精度等级。

机械传动中常用的齿轮精度等级见表 11-1。

表 11-1　机械传动中常用的齿轮精度等级

应用范围	精度等级	应用范围	精度等级
单啮仪、双啮仪	2～5	载重汽车	6～9
涡轮机减速器	3～5	通用减速器	6～8
金属切削机床	3～8	轧钢机	5～10
航空发动机	4～7	矿用绞车	6～10
内燃机车、电气机车	5～8	起重机	6～9
轻型汽车	5～8	拖拉机	6～10

机械装置中的大多数齿轮既传递运动又传递功率，其精度等级与圆周速度密切相关，表 11-2 列出了 3～9 级齿轮的适用范围、齿轮圆周速度及齿面加工方法，供设计时参考。

表 11－2 各个齿轮精度等级的适用范围

精度等级	工作条件及应用范围	圆周速度/m·s⁻¹		效率	切齿方法	齿面的终加工
		直齿	斜齿			
3 级	特别精密的分度机构或在最平稳且无噪声的极高速下工作的齿轮传动；特别精密机构中的齿轮；特别高速传动的齿轮（透平传动）；检测 5、6 级齿轮用的测量齿轮	>40	>75	不低于 0.99（包括轴承不低于 0.985）	在周期误差特小的精密机床上用展成法加工	特精密的磨齿和研齿，用精密滚刀或单边剃齿后的大多数不淬火的齿轮
4 级	特别精密的分度机构或在最平稳且无噪声的极高速下工作的齿轮传动；特别精密机构中的齿轮；高速透平传动；检测 7 级齿轮用的测量齿轮	>35	>70		在周期误差极小的精密机床上用展成法加工	特别精密的磨齿，用精密滚刀和研齿或单边剃齿
5 级	精密的分度机构或要求平稳且无噪声的高速下工作的齿轮传动；精密机构中的齿轮；透平齿轮；检测 8、9 级齿轮用的测量齿轮	>15	>30		在周期误差小的精密机床上用展成法加工	精密的磨齿，大多数用精密滚刀加工，进而研齿或剃齿
6 级	要求最高效率且无噪声的高速下平稳工作的齿轮传动或分度机构的齿轮传动；特别重要的航空、汽车齿轮；读数装置中的特别精密的齿轮	≤15	≤30		在精密机床上用展成法加工	精密的磨齿或剃齿
7 级	增速和减速用齿轮传动；金属机床送刀机构齿轮；高速减速器齿轮；航空、汽车及读书装置用齿轮	≤10	≤15	不低于 0.98（包括轴承不低于 0.975）	在精密机床上用展成法加工	无需热处理仅用精确刀具加工的齿轮；淬火齿轮必须精整加工（磨齿、研齿、珩齿）
8 级	一般机械制造用齿轮；包括飞机、汽车制造业中的不重要齿轮；起重机构用齿轮；农业机械中的重要齿轮；通用减速器齿轮	≤6	≤10	不低于 0.97（包括轴承不低于 0.965）	用展成法或分度法（根据齿轮实际齿数设计齿形的刀具）加工	不磨齿，必要时光整加工或研齿
9 级	用于粗糙工作的齿轮	≤2	≤4	不低于 0.96（包括轴承不低于 0.95）	任何方法	无需特殊精加工工序

11.3.3　偏差的允许值

GB/T 10095.1~2—2008 中，对单个齿轮的各项偏差的允许值都列出了计算公式，用这些公式计算出齿轮的极限偏差或公差，经过圆整后编制成表格，使用时可直接查表，见表 11-3~表 11-9。F_i'、f_i' 和 F_{pk} 没有提供直接可用的表格，需要时可用公式计算。

表 11-3　单个齿距极限偏差 $\pm f_{pt}$（摘自 GB/T 10095.1—2008）

分度圆直径/mm	法向模数 m_n/mm	精度等级				
		5	6	7	8	9
		$\pm f_{pt}$/μm				
20<d≤50	2<m_n≤3.5	5.5	7.5	11.0	15.0	22.0
	3.5<m_n≤6	6.0	8.5	12.0	17.0	24.0
50<d≤125	2<m_n≤3.5	6.0	8.5	12.0	17.0	23.0
	3.5<m_n≤6	6.5	9.0	13.0	18.0	26.0
	6<m_n≤10	7.5	10.0	15.0	21.0	30.0
125<d≤280	2<m_n≤3.5	6.5	9.0	13.0	18.0	26.0
	3.5<m_n≤6	7.0	10.0	14.0	20.0	28.0
	6<m_n≤10	8.0	11.0	16.0	23.0	32.0
280<d≤560	2<m_n≤3.5	7.0	10.0	14.0	20.0	29.0
	3.5<m_n≤6	8.0	11.0	16.0	22.0	31.0
	6<m_n≤10	8.5	12.0	17.0	25.0	35.0

表 11-4　齿距累积总公差 F_p（摘自 GB/T 10095.1—2008）

分度圆直径/mm	法向模数 m_n/mm	精度等级				
		5	6	7	8	9
		F_p/μm				
20<d≤50	2<m_n≤3.5	15.0	21.0	30.0	42.0	59.0
	3.5<m_n≤6	15.0	22.0	31.0	44.0	62.0
50<d≤125	2<m_n≤3.5	19.0	27.0	38.0	53.0	76.0
	3.5<m_n≤6	19.0	28.0	39.0	55.0	78.0
	6<m_n≤10	20.0	29.0	41.0	58.0	82.0
125<d≤280	2<m_n≤3.5	25.0	35.0	50.0	70.0	100.0
	3.5<m_n≤6	25.0	36.0	51.0	72.0	102.0
	6<m_n≤10	26.0	37.0	53.0	75.0	106.0
280<d≤560	2<m_n≤3.5	33.0	46.0	65.0	92.0	131.0
	3.5<m_n≤6	33.0	47.0	66.0	94.0	133.0
	6<m_n≤10	34.0	48.0	68.0	97.0	137.0

表 11 - 5 齿廓总公差 F_α(摘自 GB/T 10095. 1－2008)

分度圆直径/mm	法向模数 m_n/mm	精度等级				
		5	6	7	8	9
		$F_\alpha/\mu m$				
$20 < d \leqslant 50$	$2 < m_n \leqslant 3.5$	7.0	10.0	14.0	20.0	29.0
	$3.5 < m_n \leqslant 6$	9.0	12.0	18.0	25.0	35.0
$50 < d \leqslant 125$	$2 < m_n \leqslant 3.5$	8.0	11.0	16.0	22.0	31.0
	$3.5 < m_n \leqslant 6$	9.5	13.0	19.0	27.0	38.0
	$6 < m_n \leqslant 10$	12.0	16.0	23.0	33.0	46.0
$125 < d \leqslant 280$	$2 < m_n \leqslant 3.5$	9.0	13.0	18.0	25.0	36.0
	$3.5 < m_n \leqslant 6$	11.0	15.0	21.0	30.0	42.0
	$6 < m_n \leqslant 10$	13.0	18.0	25.0	36.0	50.0
$280 < d \leqslant 560$	$2 < m_n \leqslant 3.5$	10.0	15.0	21.0	29.0	41.0
	$3.5 < m_n \leqslant 6$	12.0	17.0	24.0	34.0	48.0
	$6 < m_n \leqslant 10$	14.0	20.0	28.0	40.0	56.0

表 11 - 6 螺旋线总公差 F_β(摘自 GB/T 10095. 1－2008)

分度圆直径/mm	齿宽 b/mm	精度等级				
		5	6	7	8	9
		$F_\beta/\mu m$				
$20 < d \leqslant 50$	$10 < b \leqslant 20$	7.0	10.0	14.0	20.0	29.0
	$20 < b \leqslant 40$	8.0	11.0	16.0	23.0	32.0
$50 < d \leqslant 125$	$10 < b \leqslant 20$	7.5	11.0	15.0	21.0	30.0
	$20 < b \leqslant 40$	8.5	12.0	17.0	24.0	34.0
	$40 < b \leqslant 80$	10.0	14.0	20.0	28.0	39.0
$125 < d \leqslant 280$	$10 < b \leqslant 20$	8.0	11.0	16.0	22.0	32.0
	$20 < b \leqslant 40$	9.0	13.0	18.0	25.0	36.0
	$40 < b \leqslant 80$	10.0	15.0	21.0	29.0	41.0
$280 < d \leqslant 560$	$20 < b \leqslant 40$	9.5	13.0	19.0	27.0	38.0
	$40 < b \leqslant 80$	11.0	15.0	22.0	31.0	44.0
	$80 < b \leqslant 160$	13.0	18.0	26.0	36.0	52.0

表 11-7 径向综合总公差 F_i''（摘自 GB/T 10095.2—2008）

分度圆直径/mm	法向模数 m_n/mm	精度等级				
		5	6	7	8	9
		F_i''/μm				
$20<d\leqslant50$	$1.0<m_n\leqslant1.5$	16	23	32	45	64
	$1.5<m_n\leqslant2.5$	18	26	37	52	73
$50<d\leqslant125$	$1.0<m_n\leqslant1.5$	19	27	39	55	77
	$1.5<m_n\leqslant2.5$	22	31	43	61	86
	$2.5<m_n\leqslant4.0$	25	36	51	72	102
$125<d\leqslant280$	$1.0<m_n\leqslant1.5$	24	34	48	68	97
	$1.5<m_n\leqslant2.5$	26	37	53	75	106
	$2.5<m_n\leqslant4.0$	30	43	61	86	121
	$4.0<m_n\leqslant6.0$	36	51	72	102	144
$280<d\leqslant560$	$1.0<m_n\leqslant1.5$	30	43	61	86	122
	$1.5<m_n\leqslant2.5$	33	46	65	92	131
	$2.5<m_n\leqslant4.0$	37	52	73	104	146
	$4.0<m_n\leqslant6.0$	42	60	84	119	169

表 11-8 一齿径向综合公差 f_i''（摘自 GB/T 10095.2—2008）

分度圆直径/mm	法向模数 m_n/mm	精度等级				
		5	6	7	8	9
		f_i''/μm				
$20<d\leqslant50$	$1.0<m_n\leqslant1.5$	4.5	6.5	9.0	13	18
	$1.5<m_n\leqslant2.5$	6.5	9.5	13	19	26
$50<d\leqslant125$	$1.0<m_n\leqslant1.5$	4.5	6.5	9.0	13	18
	$1.5<m_n\leqslant2.5$	6.5	9.5	13	19	26
	$2.5<m_n\leqslant4.0$	10	14	20	29	41
$125<d\leqslant280$	$1.0<m_n\leqslant1.5$	4.5	6.5	9.0	13	18
	$1.5<m_n\leqslant2.5$	6.5	9.5	13	19	27
	$2.5<m_n\leqslant4.0$	10	15	21	29	41
	$4.0<m_n\leqslant6.0$	15	22	31	44	62
$280<d\leqslant560$	$1.0<m_n\leqslant1.5$	4.5	6.5	9.0	13	18
	$1.5<m_n\leqslant2.5$	6.5	9.5	13	19	27
	$2.5<m_n\leqslant4.0$	10	15	21	29	41
	$4.0<m_n\leqslant6.0$	15	22	31	44	62

表 11 - 9　径向跳动公差 F_r（摘自 GB/T 10095. 2－2008）

分度圆直径/mm	法向模数 m_n/mm	精度等级				
		5	6	7	8	9
		F_r/μm				
20<d≤50	2<m_n≤3.5	12	17	24	34	47
	3.5<m_n≤6	12	17	25	35	49
50<d≤125	2<m_n≤3.5	15	21	30	43	61
	3.5<m_n≤6	16	22	31	44	62
	6<m_n≤10	16	23	33	46	65
125<d≤280	2<m_n≤3.5	20	28	40	56	80
	3.5<m_n≤6	20	29	41	58	82
	6<m_n≤10	21	30	42	60	85
280<d≤560	2<m_n≤3.5	26	37	52	74	105
	3.5<m_n≤6	27	38	53	75	106
	6<m_n≤10	27	39	55	77	109

新标准对齿轮的偏差、公差只设置了一套代号，如 F_α 既表示齿廓总偏差，又表示齿廓总公差，这样在实际使用中难以从代号上区别。因此，建议在偏差代号后面加 act，如 $F_{\alpha\,act}$ 则表示齿廓总偏差的实际值。

11.3.4　齿轮检验项目的确定

在检验中，没有必要测量全部轮齿要素的偏差，因为有些要素对于特定齿轮的功能并没有明显的影响。另外，有些测量项目可以代替另一些项目，如切向综合总偏差检验能代替齿距累积总偏差检验，径向综合总偏差检验能代替径向跳动检验等。

精度等级较高的齿轮，应该选用同侧齿面的精度项目，如齿廓偏差、齿距偏差、螺旋线偏差、切向综合偏差等。精度等级较低的齿轮，可以选用径向综合偏差或径向跳动等双侧齿面的精度项目。因为同侧齿面的精度项目比较接近齿轮的实际工作状态，而双侧齿面的精度项目受非工作齿面精度的影响，反映齿轮实际工作状态的可靠性较差。

根据我国企业齿轮生产的技术和质量控制水平，建议供货方依据齿轮的使用要求和生产批量，在表 11 - 10 所示检验组中选取一个用于评定齿轮质量。经需方同意后，也可用于验收。

表 11 - 10　推荐的齿轮检验组

检验组	检验项目	适用等级	生产批量
1	F_P、F_α、F_β、F_r、E_{sn} 或 E_{bn}	3～9	单件、小批量
2	F_P、f_{pt}、F_α、F_β、F_r、E_{sn} 或 E_{bn}	3～9	单件、小批量
3	F_i''、f_i''、E_{sn} 或 E_{bn}	6～9	大批量
4	f_{pt}、F_r、E_{sn} 或 E_{bn}	10～12	小批量
5	F_i'、f_i'、F_β、E_{sn} 或 E_{bn}	3～6	大批量

11.3.5 齿轮在图样上的标注

1. 齿轮精度等级的标注

国家标准规定：在技术文件需叙述齿轮精度要求时，应注明 GB/T 10095.1 或 GB/T 10095.2。关于齿轮精度等级标注建议如下：

若齿轮的检验项目同为某一精度等级时，可标注精度等级和标准号。如齿轮检验项目同为 7 级，则标注为

$$7GB/T\ 10095.1\ 或\ 7GB/T\ 10095.2$$

若齿轮检验项目的精度等级不同时，如齿廓总偏差 F_a 为 6 级，而齿距累积总偏差 F_p 和螺旋线总偏差 F_β 均为 7 级时，则标注为

$$6(F_a)、7(F_p、F_\beta)\ GB/T\ 10095.1$$

2. 齿厚偏差的标注

(1) $S_n{}_{E_{sni}}^{E_{sns}}$。

其中 s_n 为法向公称齿厚，E_{sns} 为齿厚上偏差，E_{sni} 为齿厚下偏差。

(2) $W_k{}_{E_{bni}}^{E_{bns}}$。

其中 W_k 为跨 k 个齿的公法线公称长度，E_{bns} 为公法线长度上偏差，E_{bni} 为公法线长度下偏差。

齿轮各检验项目及其允许值应标注在齿轮工作图右上角参数表中(见图 11-26)。

11.4 齿轮副的精度

除了单个齿轮的加工误差外，齿轮副的安装误差同样影响齿轮传动的使用性能，因此对这类误差也应加以控制。有关齿轮副的精度及要求是在指导性文件中规定的，如国家标准化指导性技术文件(GB/Z 18620.1～4-2008)。

11.4.1 中心距偏差

中心距偏差是指在齿轮副的齿宽中间平面内，实际中心距与公称中心距之差。该评定指标由 GB/Z 18620.3-2008 推荐。公称中心距是在考虑了最小侧隙及两齿轮的齿顶和其相啮合的非渐开线齿廓齿根部分的干涉后确定的。

中心距偏差会影响齿轮工作时的侧隙。当实际中心距小于公称(设计)中心距时，会使侧隙减小；反之，会使侧隙增大。为保证侧隙要求，要求用中心距允许偏差来控制中心距偏差。

在齿轮只是单向承载运转而不经常反转的情况下，最大侧隙的控制不是一个重要的考虑因素，此时中心距偏差主要取决于重合度的考虑。

在控制运动用的齿轮中，其侧隙必须控制，当齿轮上的负载常常反向时，对中心距的公差必须仔细地考虑下列因素：

(1) 轴、箱体和轴承的偏斜；

（2）由于箱体的偏差和轴承的间隙导致齿轮轴线的不对准；

（3）由于箱体的偏差和轴承的间隙导致齿轮轴线的歪斜；

（4）安装误差，例如轴的偏心；

（5）轴承径向跳动；

（6）温度的影响（随箱体和齿轮零件间的温差、中心距和材料不同而变化）；

（7）旋转件的离心伸胀；

（8）其他因素，例如润滑剂污染的允许程度及非金属齿轮材料的溶胀等。

当确定影响侧隙偏差的所有尺寸的公差时，应该遵照 GB/Z 18620.2－2008 中关于齿厚公差和侧隙的推荐内容。

GB/Z 18620.3－2008 未提供中心距的尺寸偏差。设计者可借鉴某些成熟产品设计来确定，也可参考表 11 - 11。中心距偏差 f_a 合格条件是它在其极限偏差 $\pm f_a$ 范围内，即 $-f_a \leqslant f_a \leqslant +f_a$。

表 11 - 11 中心距极限偏差 $\pm f_a$ μm

中心距 a/mm	精度等级	
	5、6	7、8
>18～30	10.5	16.5
>30～50	12.5	19.5
>50～80	15	23
>80～120	17.5	27
>120～180	20	31.5
>180～250	23	36
>250～315	26	40.5
>315～400	28.5	44.5
>400～500	31.5	48.5

11.4.2 轴线平行度偏差

轴线的平行度偏差的影响与向量的方向有关，GB/Z 18620.3－2008 规定轴线平面内的平行度偏差 $f_{\Sigma\delta}$ 和垂直平面上的平行度偏差 $f_{\Sigma\beta}$，并推荐了误差的最大允许值，如图 11 - 18 所示。

轴线平面内的平行度偏差 $f_{\Sigma\delta}$ 是在两轴线的公共平面上测量的，这公共平面是用两轴承跨距中较长的一个 L 和另一根轴上的一个轴承来确定的，如果两个轴承的跨距相同，则用小齿轮轴和大齿轮轴的一个轴承。

垂直平面上的平行度偏差 $f_{\Sigma\beta}$ 是在与轴线公共平面相垂直的"交错轴平面"上测量的。

由于齿轮轴要通过轴承安装在箱体或其他构件上，所以轴线的平行度偏差与轴承的跨距 L 有关。一对齿轮副的轴线如果产生平行度偏差，必然会影响齿面的正常接触，使载荷分布不均匀，同时还会使侧隙在全齿宽上大小不等。因此，必须对齿轮副轴线的平行度偏差进行控制。

齿轮副轴线的平行度偏差不是单个齿轮的评定指标，而是一对齿轮在确定的安装条件下的评定指标，该项目的测量按几何误差的测量方法测量。

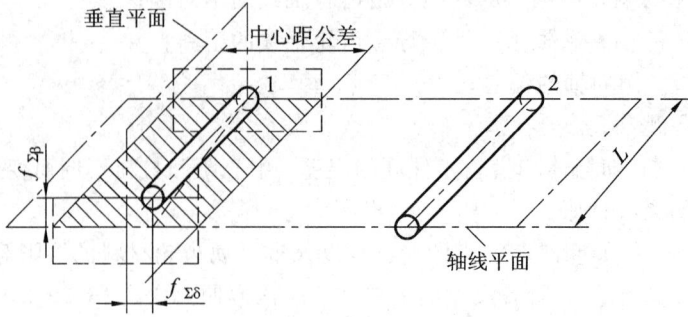

图 11-18　轴线平行度偏差

轴线平行度偏差的推荐最大值

$$f_{\Sigma\beta} = 0.5\left(\frac{L}{b}\right)F_\beta \tag{11-5}$$

$$f_{\Sigma\delta} = 2f_{\Sigma\beta} \tag{11-6}$$

式中：b 为齿宽。

11.4.3　轮齿接触斑点

轮齿接触斑点是指装配好的齿轮副，在轻微制动下，运转后齿面上分布的接触痕迹。其大小用沿齿高方向和齿长方向的百分数表示。该评定指标由 GB/Z 18620.4－2008 推荐。图 11-19 为接触斑点分布示意图，实际接触斑点与图 11-19 中所示的不一定完全一致。

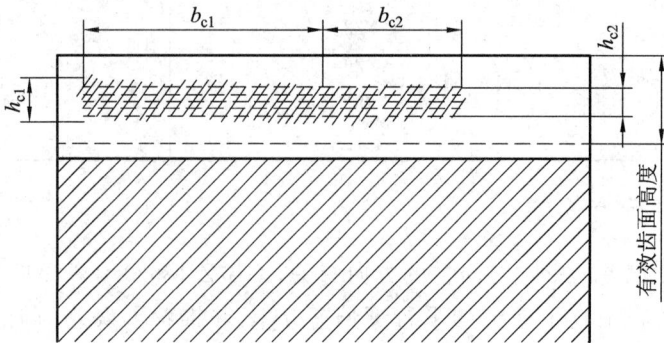

b_{c1}—接触斑点的较大长度；　h_{c1}—接触斑点的较大高度；
b_{c2}—接触斑点的较小长度；　h_{c2}—接触斑点的较小高度

图 11-19　接触斑点分布示意图

如图 11-20 给出了几种典型的接触斑点形状，图 11-20(a)的接触斑点在齿宽和齿高方向均有一定的比例，属典型的规范；图 11-20(b)齿廓正确，但具有螺旋线偏差；图 11-20(c)在齿长方向配合正确，但具有齿廓偏差。

齿轮副的接触斑点综合反映了齿轮副的加工误差和安装误差，是齿面接触精度的综合评定指标。接触面积越大，载荷分布越均匀。因此，接触痕迹的百分数直观地反映了载荷分布的均匀性。实际上，为了保证齿轮的接触精度，主要是控制沿齿长方向的接触长度，它主要影响齿轮副的承载能力，而沿齿高方向的接触长度主要影响工作平稳性，由平稳性指标来控制。对接触斑点的要求，应标注在齿轮传动装配图的技术要求中。

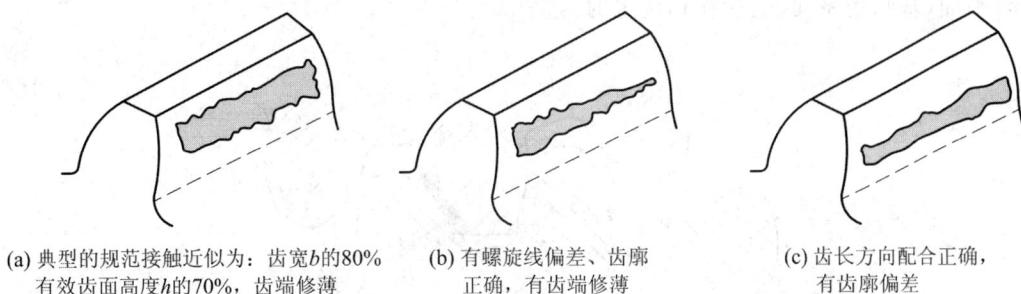

(a) 典型的规范接触近似为：齿宽b的80% 有效齿面高度h的70%，齿端修薄　　(b) 有螺旋线偏差、齿廓 正确，有齿端修薄　　(c) 齿长方向配合正确， 有齿廓偏差

图 11-20　典型接触斑点示意图

接触斑点不是单个齿轮的评定指标，而是一对齿轮在确定的安装条件下的评定指标，其作为定量和定性控制齿轮轮齿的齿长方向配合精度的方法，经常用于大齿轮不能装在现有检查仪及工作现场没有检查仪可用的场合，且一般是在安装好的传动装置中检验，如船舰用大型齿轮，高速齿轮，起重机、提升机等开式末级传动齿轮，圆锥齿轮，航天齿轮等；对成批生产的机床、汽车、拖拉机等中小齿轮允许在啮合机上与精确齿轮啮合检验。

检验接触斑点时，所加制动力矩能够保证啮合齿面不脱离，又不致使任何零部件（包括被测轮齿）产生可以觉察的弹性变形为限度。检验接触斑点时，需经过一定时间的转动方能使齿面上呈现擦痕，同时，保证了齿轮中每个齿轮都啮合过。必须对两个齿轮上所有的齿都加以观察，按齿面上实际擦亮的摩擦痕迹为依据，并且以接触斑点占有面积最小的那个齿作为齿轮副的检验结果。

对于接触斑点，GB/Z 18620.4—2008 给出了直齿轮装配后的推荐值，如表 11-12 所列。

表 11-12　直齿轮装配后的接触斑点（摘自 GB/Z 18620.4—2008）

精度等级	b_{c1} 占齿宽的百分比	h_{c1} 占有效齿面高度的百分比	b_{c2} 占齿宽的百分比	h_{c2} 占有效齿面高度的百分比
4 级及更高	50%	70%	40%	50%
5、6	45%	50%	35%	30%
7、8	35%	50%	35%	30%
9~12	25%	50%	25%	30%

11.4.4　侧隙及齿厚偏差

1. 侧隙

侧隙是两个相配齿轮的工作齿面相接触时，在两个非工作齿面之间所形成的间隙。齿轮传动的侧隙可分为以下三种：

（1）圆周侧隙 j_{wt}，是固定两相啮合齿轮中的一个，另一个齿轮所能转过的节圆弧长的最大值。

（2）法向侧隙 j_{bn}，是两个齿轮的工作齿面相互接触时，其非工作齿面的最短距离。

（3）径向侧隙 j_r，是将两个相配齿轮的中心距缩小，直到齿轮双面啮合（无侧隙啮合），此时的中心距与公称中心距之差。

侧隙可以在法向平面上或沿啮合线测量，如图 11-21 所示，但是，它是在端平面上或啮合平面(基圆切平面)上计算和规定的。

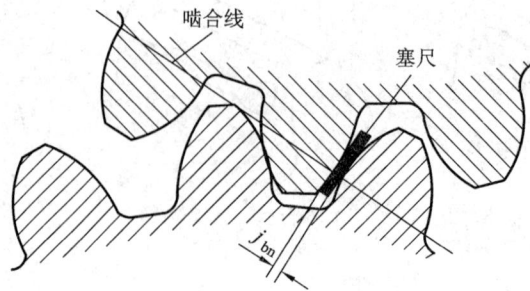

图 11-21　法向侧隙

单个齿轮并没有侧隙,它只有齿厚,相啮合的侧隙是由一对齿轮运行时的中心距以及每个齿轮的实效齿厚所控制。齿轮的实效齿厚是指测量所得的齿厚加上齿轮各要素偏差及安装所产生的综合影响的量。

所有相啮合的齿轮必定要有些侧隙。必须要保证非工作齿面不会相互接触,在一个已定的啮合中,侧隙在运行中由于受速度、温度、负载等的变动而变化。在静态可测量的条件下,必须有足够的侧隙,以保证在带负载运行于最不利的工作条件下仍具有足够的侧隙。

侧隙需要的量与齿轮的大小、精度、安装和应用情况有关。

2. 最小侧隙

为了保证齿轮传动的正常工作,必须规定足够大的最小侧隙 j_{bnmin}。最小侧隙是当一个齿轮的齿以最大允许实效齿厚与一个也具有最大允许实效齿厚的相配齿在最紧的允许中心距相啮合时,在静态条件下存在的最小允许侧隙。这是设计者所提供的传统"允许侧隙",用它来补偿由于轴承、箱体、轴等零件的制造、安装误差以及润滑、温度的影响。

齿轮副最小侧隙的确定也需要判断和经验,GB/Z 18620.2—2008 在附录 A 中列出了对工业传动装置推荐的最小侧隙,如表 11-13 所示。这传动装置是用黑色金属齿轮和黑色金属的箱体制造的,工作时节圆线速度小于 15 m/s,其箱体、轴和轴承都采用常用的制造公差。

表 11-13　对于中、大模数齿轮最小侧隙 j_{bnmin} 的推荐数据(摘自 GB/Z 18620.2—2008)

mm

模数 m_n	最小中心距 a_i					
	50	100	200	400	800	1600
1.5	0.09	0.11	—	—	—	—
2	0.10	0.12	0.15	—	—	—
3	0.12	0.14	0.17	0.24	—	—
5	—	0.18	0.21	0.28	—	—
8	—	0.24	0.27	0.34	0.47	—
12	—	—	0.35	0.42	0.55	—
18	—	—	—	0.54	0.67	0.94

注:m_n 为法向模数(mm)。

表中的数值也可以用下式进行计算

$$j_{bnmin} = (0.06 + 0.0005 \mid a_i \mid + 0.03m_n) \tag{11-7}$$

3. 齿厚偏差

为了保证获得合理的侧隙，主要应控制齿轮的齿厚尺寸。合格的齿厚偏差 E_{sn} 应在其齿厚上偏差 E_{sns} 与齿厚下偏差之间，即 $E_{sni} \leqslant E_{sn} \leqslant E_{sns}$。

齿厚上偏差即齿厚的最小减薄量。在中心距确定的情况下，齿厚上偏差决定了齿轮副的最小侧隙。

齿厚上偏差的确定方法通常有三种：

（1）经验类比法。参考成熟的同类产品或有关资料（如《机械设计手册》等）的推荐来选取齿厚上偏差。

（2）简易计算法。根据已确定的最小侧隙 j_{bnmin}，用简易公式计算：

$$E_{sns1} + E_{sns2} = -\frac{j_{bnmin}}{\cos\alpha_n} \tag{11-8}$$

式中：E_{sns1} 和 E_{sns2} 分别为小齿轮和大齿轮的齿厚上偏差；α_n 为齿轮的法向压力角。

若大、小齿轮齿数相差不大，可取 E_{sns1} 和 E_{sns2} 相等，即

$$E_{sns1} = E_{sns2} = -\frac{j_{bnmin}}{2\cos\alpha_n} \tag{11-9}$$

若大、小齿轮齿数相差较大，一般使大齿轮的齿厚减薄量大一些，小齿轮的齿厚减薄量小一些，以便使大、小齿轮的强度匹配。

（3）计算法。计算法比较细致地考虑齿轮的制造、安装误差对侧隙的影响，用较复杂的公式计算出齿厚上偏差，需要时可参考有关资料。

齿厚下偏差 E_{sni} 影响齿轮副的最大侧隙。除精密读数机构或对最大侧隙有特殊要求的齿轮外，一般情况下最大侧隙并不影响传递运动的性能。因此，在很多场合允许较大的齿厚公差，以求获得较经济的制造成本。

齿厚下偏差可以用经验类比法确定，也可以用下式计算

$$E_{sni} = E_{sns} - T_{sn} \tag{11-10}$$

式中：T_{sn} 为齿厚公差，其大小主要取决于切齿径向进刀公差 b_r 和齿轮径向跳动公差 F_r（因几何偏心的影响，会使被切齿轮的各个齿的齿厚不同）。其关系为

$$T_{sn} = 2\tan\alpha_n \times \sqrt{b_r^2 + F_r^2} \tag{11-11}$$

其中：F_r 值由表 11-9 选取，b_r 的数值按照表 11-14 选取，表中 IT 值按齿轮的分度圆直径查标准公差值表。

表 11-14　切齿时径向进刀公差 b_r

齿轮精度等级	4	5	6	7	8	9
b_r	1.26(IT7)	IT8	1.26(IT8)	IT9	1.26(IT9)	IT10

11.5　齿轮坯的精度与齿面粗糙度

齿轮坯（简称齿坯）是指在齿轮加工前供制造齿轮用的工件。齿坯的加工精度对齿轮加

工的精度、测量准确度和安装精度影响很大。由于在加工齿坯时保持较小的公差，比加工高精度的齿轮要经济得多，因此应根据制造设备的条件，尽量使齿轮坯有较小的公差。这样，可使加工齿轮时有较大的公差，以获得更为经济的整体设计。

11.5.1　名词术语

1. 基准轴线与基准面

基准轴线是制造者或检验者用来确定单个齿轮几何形状的轴线。用来确定基准轴线的面称为基准面。基准轴线是由基准面中心确定的。齿轮依此轴线来确定齿轮偏差，特别是确定齿距、齿廓和螺旋线偏差的允许值。在齿轮图纸上，必须明确地标出基准轴线。

确定基准轴线的方法有以下几种：

（1）用两个"短的"圆柱或圆锥形基准面上设定的两个圆的圆心来确定轴线上的两个点，如图 11 - 22 所示。

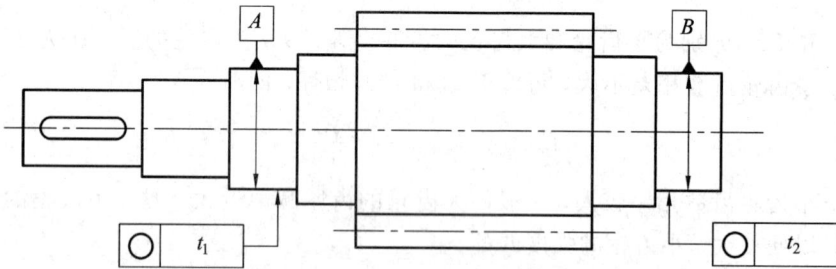

图 11 - 22　用两个"短的"基准面确定基准轴线

（2）用一个"长的"圆柱或圆锥面来同时确定轴线的位置和方向，如图 11 - 23 所示。

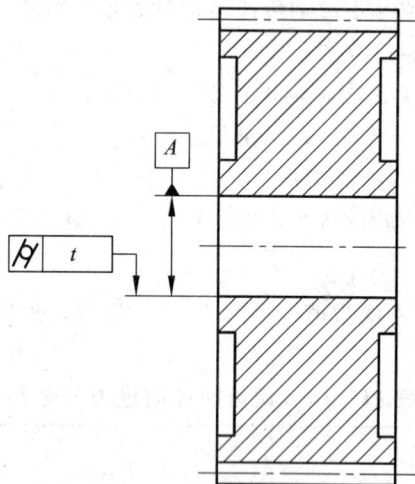

图 11 - 23　用一个"长的"基准面确定基准轴线

（3）轴线的位置用一个"短的"圆柱形基准面上的一个圆的圆心来确定，而其方向则用垂直于此轴线的一个基准端面来确定，如图 11 - 24 所示。

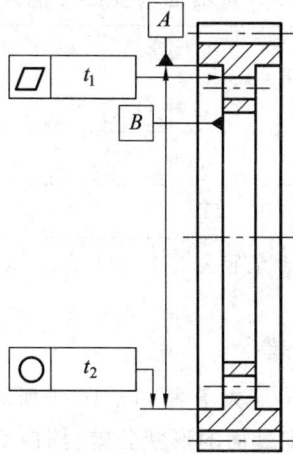

图 11 - 24   用一个圆柱面和一个端面确定基准轴线

2. 工作安装面与工作轴线

齿轮在工作时绕其旋转的轴线称为工作轴线,它是由工作安装面的中心确定的。工作安装面是用来安装齿轮的面。

3. 制造安装面

齿轮制造或检测时,用来安装齿轮的面称为制造安装面。

理想的情况是工作安装面、制造安装面与基准面重合。如图 11 - 23 所示,齿轮内孔就是这三种面重合的例子。

但有时这三种面可能不重合,图 11 - 25 所示的齿轮轴在制造和检测时,通常是将该零件安置于两顶尖上,这样,两个中心孔就是基准面及制造安装面,与工作安装面(轴承安装轴颈)不重合,此时就应规定较小的工作安装面对中心孔的跳动公差,如图 11 - 25 所示。

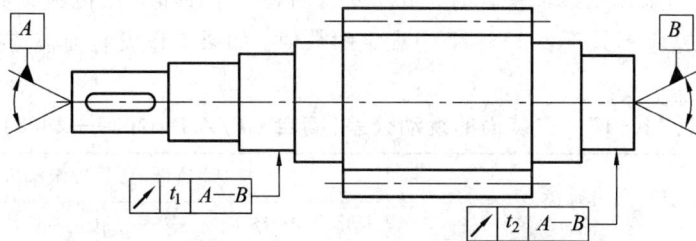

图 11 - 25   用中心孔确定基准轴线

11.5.2   齿坯公差的选择

1. 基准面与安装面的尺寸公差

齿轮内孔或齿轮轴的轴承安装面是工作安装面,也常作基准面和制造安装面,表11 - 15 给出了它们的尺寸公差供参考。

表 11-15　基准面与安装面的尺寸公差

齿轮精度等级		1	2	3	4	5	6	7	8	9	10	11	12
孔	尺寸公差		IT4			IT5	IT6		IT7		IT8		IT9
轴	尺寸公差		IT4				IT5		IT6		IT7		IT8
顶圆直径公差			IT6			IT7			IT8		IT9		IT11

注：齿顶圆柱面不作基准时，齿顶圆直径公差按 IT11 给定，但不得大于 $0.1m_n$，一般可按 $\pm 0.05m_n$ 给出。

2. 基准面与安装面的形状公差

基准面与安装面的形状公差不应大于表 11-16 中所规定的数值。

表 11-16　基准面与安装面的形状公差(摘自 GB/Z 18620.3—2008)

确定轴线的基准面	公差项目		
	圆度	圆柱度	平面度
两个"短的"圆柱或圆锥形基准面	$0.04(L/b)F_\beta$ 或 $0.1F_p$，取两者中之小值		
一个"长的"圆柱或圆锥形基准面		$0.04(L/b)F_\beta$ 或 $0.1F_p$，取两者中之小值	
一个短圆柱面和一个端面	$0.06F_p$		$0.06(D_d/b)F_\beta$

注：1. 齿轮坯的公差应减至能经济地制造的最小值；

　　2. L 为较大的轴承跨距；D_d 为基准面直径；b 为齿宽。

3. 工作轴线的跳动公差

当基准轴线与工作轴线不重合时，工作安装面相对于基准轴线的跳动必须在图样上予以控制，跳动公差应不大于表 11-17 中规定的数值。如果工作安装面被选择为基准面，则不涉及本条。

表 11-17　安装面的跳动公差(摘自 GB/Z 18620.3—2008)

确定轴线的基准面	跳动量(总的指示幅度)	
	径　向	轴　向
仅指圆柱或圆锥形基准面	$0.15(L/b)F_\beta$ 或 $0.3F_p$，取两者中之大值	
一个圆柱基准面和一个端面基准面	$0.3F_p$	$0.2(D_d/b)F_\beta$

注：齿轮坯的公差应减至能经济地制造的最小值。

4. 各表面的粗糙度

齿坯各表面的粗糙度可参考表 11-18 选取。

表 11 - 18　齿坯各表面粗糙度 Ra 的推荐值　　　　　　　μm

项　目	齿轮精度等级						
	5	6	7		8		9
齿面加工方法	磨齿	磨或珩齿	剃或珩齿	精滚精插	插齿或滚齿	滚齿	铣齿
齿轮基准孔	0.32～0.63	1.25	1.25～2.5			5	
齿轮轴基准轴颈	0.32	0.63	1.25		2.5		
齿轮基准端面	1.25～2.5	2.5～5			3.2～5		
齿轮顶圆	1.25～2.5	3.2～5					

11.5.3　轮齿齿面表面粗糙度

齿轮齿面表面粗糙度影响齿轮的传动精度(如噪声和振动)和表面承载能力(如点蚀、胶合和磨损)等,所以必须加以限制。轮齿表面 Ra 的推荐值见表 11 - 19,可供选用时参考。

表 11 - 19　齿轮齿面表面粗糙度 Ra 的推荐值(摘自 GB/Z 18620.4—2008)　μm

等　级	Ra		
	模数/mm		
	$m \leqslant 6$	$6 < m \leqslant 25$	$m > 25$
1		0.04	
2		0.08	
3		0.16	
4		0.32	
5	0.5	0.63	0.8
6	0.8	1.00	1.25
7	1.25	1.6	2.0
8	2.0	2.5	3.2
9	3.2	4.0	5.0
10	5.0	6.3	8.0
11	10.0	12.5	16
12	20	25	32

11.6　齿轮精度设计举例

圆柱齿轮精度设计的内容及步骤如下:

(1) 确定齿轮的精度等级；

(2) 确定齿轮的侧隙及齿厚偏差；

(3) 确定齿轮的检验项目及其公差；

(4) 确定齿轮副中心距极限偏差和齿轮副轴线的平行度偏差；

(5) 确定齿轮坯精度和有关表面粗糙度要求。

下面以具体示例进行说明。

例 11 - 1 某机床主轴箱传动轴上的一对直齿圆柱齿轮，$z_1 = 26$，$z_2 = 56$，$m = 2.75$，$b_1 = 28$，$b_2 = 24$，小齿轮孔径 $D_1 = 30$ mm，两轴承间距离 L 为 90 mm，$n_1 = 1650$ r/min，齿轮材料为钢，箱体材料为铸铁，单件小批量生产，试设计小齿轮的精度，并画出齿轮零件图。

解：(1) 确定齿轮的精度等级。

因该齿轮为机床主轴箱传动齿轮，由表 11 - 1 可以大致得出，齿轮精度为 3～8 级，进一步分析，该齿轮既传递运动又传递动力，因此可以根据线速度确定其精度等级。

$$v = 6.2 \text{ m/s}$$

参考表 11 - 2 可确定该齿轮为 7 级精度，则齿轮精度表示为 7GB/T 10095.1。

(2) 确定齿轮的侧隙及齿厚偏差。

中心距

$$a = 112.75$$

按式(11 - 7)计算可得(或查表 11 - 13 按插入法求得)

$$
\begin{aligned}
j_{\text{bnmin}} &= (0.06 + 0.0005 \mid a_i \mid + 0.03 m_n) \\
&= (0.06 + 0.0005 \times 112.75 + 0.03 \times 2.75) \\
&= 0.133 \text{ mm}
\end{aligned}
$$

由式(11 - 9)得

$$E_{\text{sns}} = -\frac{j_{\text{bnmin}}}{2\cos\alpha_n} = -\frac{0.133}{2\cos 20°} = -0.071 \text{ mm}$$

分度圆直径 $d = mz = 2.75 \times 26 = 71.5$ mm，由表 11 - 9 查得 $F_r = 0.03$ mm

由表 11 - 14 和标准公差数值表查得 $b_r = \text{IT9} = 0.074$ mm

按式(11 - 11)计算齿厚公差为

$$T_{\text{sn}} = 2\tan\alpha_n \times \sqrt{b_r^2 + F_r^2} = 0.058 \text{ mm}$$

则由式(11 - 10)得

$$E_{\text{sni}} = E_{\text{sns}} - T_{\text{sn}} = -0.071 - 0.058 = -0.129 \text{ mm}$$

通常用检查公法线长度极限偏差来代替齿厚偏差，由式(11 - 1)和(11 - 2)得

上偏差 $E_{\text{bns}} = E_{\text{sns}}\cos\alpha_n = -0.071 \times \cos 20° = -0.067$ mm

下偏差 $E_{\text{bni}} = E_{\text{sni}}\cos\alpha_n = -0.129 \times \cos 20° = -0.121$ mm

由式(11 - 3)得卡量齿数 $k = \dfrac{z}{9} + 0.5 = \dfrac{26}{9} + 0.5 = 3.4$，取 $k = 3$，则由式(11 - 4)得

公法线公称长度 $W_k = m[2.952(k - 0.5) + 0.014z] = 2.75[2.952 \times (3 - 0.5) + 0.014 \times 26]$
$$= 21.296 \text{ mm}$$

则公法线长度及偏差为 $W_k = 21.296_{-0.121}^{-0.067}$ mm。

（3）确定齿轮的检验项目及其公差。

参考表 11 - 10，该齿轮属于单件、小批量生产，中等精度，没有对局部范围提出更严格的噪音、振动要求，因此可以选用第 1 检验组，即检验 F_P、F_a、F_β、F_r。查表 11 - 4 得 F_P = 0.038、查表 11 - 5 得 F_a = 0.016、查表 11 - 6 得 F_β = 0.017、查表 11 - 9 得 F_r = 0.030。

（4）确定齿轮副中心距极限偏差和齿轮副轴线的平行度偏差。

① 中心距极限偏差：

由表 11 - 11 查得　　$\pm f_a$ = $\pm$0.027

则 a = 112.75$\pm$0.027 mm

② 轴线平行度偏差 $f_{\Sigma\beta}$ 和 $f_{\Sigma\delta}$：

由式(11 - 5)得

$$f_{\Sigma\beta} = 0.5\left(\frac{L}{b}\right)F_\beta = 0.5 \times \frac{90}{28} \times 0.017 = 0.027 \text{ mm}$$

由式(11 - 6)得

$$f_{\Sigma\delta} = 2f_{\Sigma\beta} = 2 \times 0.027 = 0.054 \text{ mm}$$

（5）确定齿轮坯精度和有关表面粗糙度要求。

① 内孔尺寸偏差：

由表 11 - 15 查得精度等级为 IT7，采用包容原则，即 ϕ30H7Ⓔ = $\phi30^{+0.021}_{0}$Ⓔ

② 齿顶圆直径偏差$\pm T_{da}/2$：

齿顶圆直径为

$$d_a = m_n(z + 2) = 2.75 \times (26 + 2) = 77 \text{ mm}$$

根据 11.5 节所述推荐值

$$\pm Td_a = \pm 0.05m_n = \pm 0.05 \times 2.75 = \pm 0.14 \text{ mm}$$

则

$$d_a = 77 \pm 0.14 \text{ mm}$$

③ 基准面的形位公差：

内孔圆柱度公差 t_1：根据表 11 - 16 的推荐值可得

$$0.04(L/b)F_\beta = 0.04 \times \frac{90}{28} \times 0.017 \approx 0.002 \text{ mm}$$

$$0.1F_p = 0.1 \times 0.038 \approx 0.004 \text{ mm}$$

取以上两者中之小值，即

$$t_1 = 0.002 \text{ mm}$$

查表 11 - 17 可知：

端面圆跳动公差

$$t_2 = 0.2(D_d/b)F_\beta = 0.2 \times \frac{50}{28} \times 0.017 \approx 0.006 \text{ mm}$$

参考表 4 - 10，此精度相当于 4 级，不是经济加工精度，故适当放大公差，改为 6 级，公差值 t_2 为 0.012 mm。

顶圆径向圆跳动公差

$$t_3 = 0.3F_p = 0.3 \times 0.038 \approx 0.011 \text{ mm}$$

④ 齿坯表面粗糙度：

由表 11-19 查得齿面表面粗糙度 Ra 上限值为 1.25 μm。

由表 11-18 查得齿轮基准孔 Ra 上限值为 1.25 μm，齿轮基准端面 Ra 上限值为 2.5 μm，齿轮顶圆 Ra 上限值为 3.2 μm，其余表面的表面粗糙度 Ra 上限值为 12.5 μm。

（6）该齿轮的零件图如图 11-26 所示。

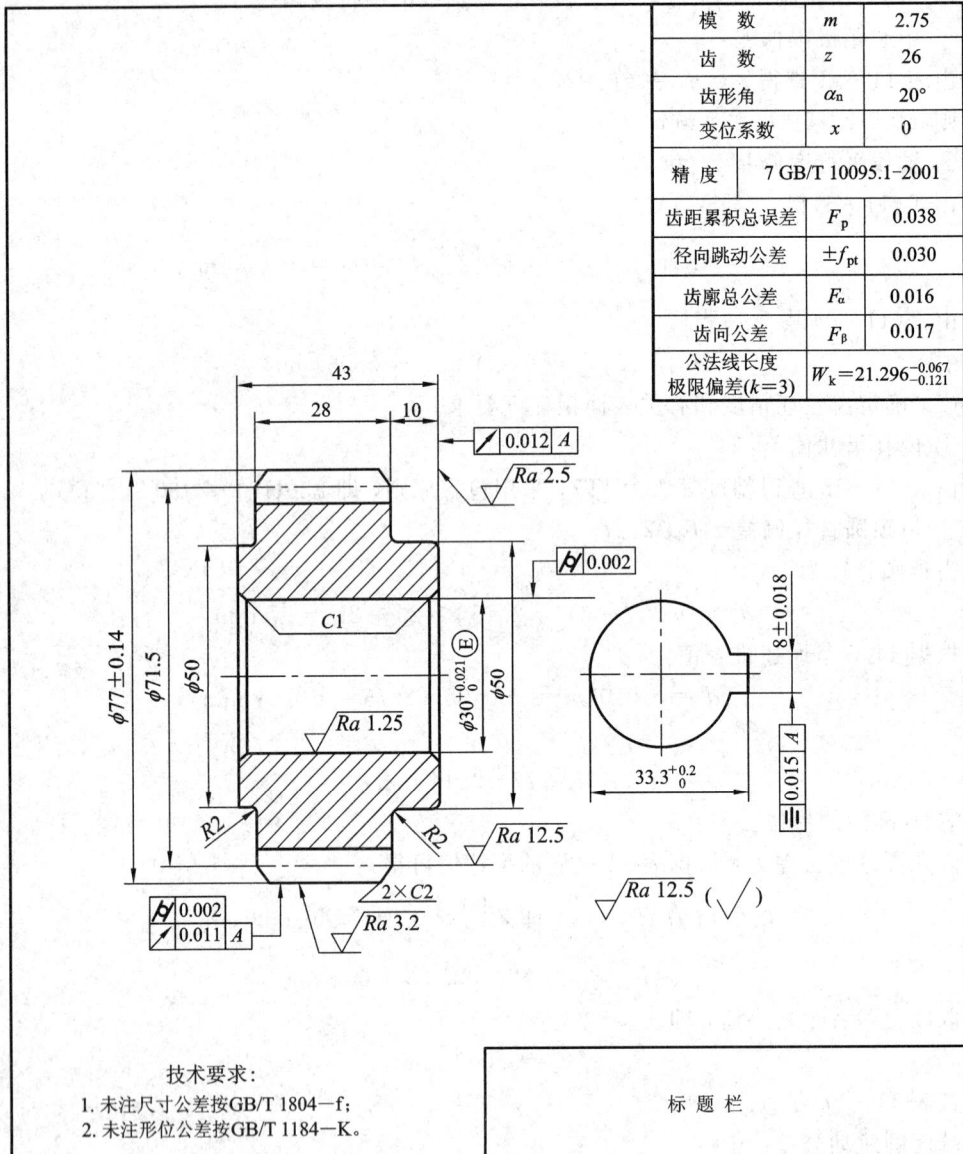

模 数	m	2.75
齿 数	z	26
齿形角	α_n	20°
变位系数	x	0
精 度		7 GB/T 10095.1-2001
齿距累积总误差	F_p	0.038
径向跳动公差	$\pm f_{pt}$	0.030
齿廓总公差	F_α	0.016
齿向公差	F_β	0.017
公法线长度 极限偏差($k=3$)	$W_k=21.296_{-0.121}^{-0.067}$	

技术要求：
1. 未注尺寸公差按GB/T 1804—f；
2. 未注形位公差按GB/T 1184—K。

标题栏

图 11-26 例 11-1 零件图

习题与思考题

11-1 齿轮传动的使用要求有哪些？对不同用途的齿轮传动，这些使用要求有何侧重？

11-2　齿廓总偏差 F_α、齿廓形状偏差 $F_{f\alpha}$ 和齿廓倾斜偏差 $f_{H\alpha}$ 之间有何区别和联系?

11-3　螺旋线总偏差 F_β、螺旋线形状偏差 $F_{f\beta}$ 和螺旋线倾斜偏差 $f_{H\beta}$ 之间有何区别和联系?

11-4　国家标准对齿轮精度等级是如何规定的? 目前主要用什么方法选择齿轮的精度等级?

11-5　国家标准规定了哪些同侧齿面精度的检验项目? 哪些不是必检项目?

11-6　齿厚偏差对齿轮传动有何影响?

11-7　对齿轮坯有哪些精度要求?

11-8　确定最小侧隙主要考虑哪些因素? 确定的方法有哪些?

11-9　齿轮副主要有哪些检验项目?

11-10　评定齿轮传递运动准确性和评定齿轮传动平稳性指标都有哪些?

11-11　如何计算齿厚上偏差 E_{sns} 和齿厚下偏差 E_{sni}?

11-12　已知直齿圆柱齿轮副,模数 $m=5$ mm,齿形角 $\alpha=20°$,齿数 $z_1=20$,$z_2=100$,内孔 $d_1=25$ mm,$d_2=80$ mm,图样标注为 6GB/T 10095.1 和 6GB/T 10095.2。

(1) 试确定两齿轮 f_{pt}、F_P、F_α、F_β、F_i''、f_i''、F_r 的允许值。

(2) 试确定两齿轮内孔和齿顶圆的尺寸公差、齿顶圆的径向圆跳动公差以及端面跳动公差。

第12章 尺 寸 链

本章导读

在机械制造的产品设计、工艺规程设计、零部件的加工和装配、技术测量等工作中，通常要进行尺寸链的分析和计算。应用尺寸链理论，可以经济合理地确定构成机器、仪器的有关零件、部件的几何精度，以利于产品的高质量、低成本和高生产率。分析计算尺寸链要遵循国家标准 GB/T 5847—2004《尺寸链 计算方法》。

12.1 概 述

12.1.1 尺寸链的定义

在机器装配或零件加工过程中，由相互连接的尺寸形成封闭的尺寸组称为尺寸链，如图 12-1(a)、图 12-2(a)所示。

图 12-1(a)为齿轮部件中各零件尺寸形成的尺寸链，该尺寸链由齿轮和挡圈之间的间隙 L_0、齿轮轮毂的宽度 L_1、轴套厚度 L_2 和轴上两轴肩之间的长度 L_3 这四个尺寸连接成封闭尺寸组，形成如图 12-1(b)所示的尺寸链。

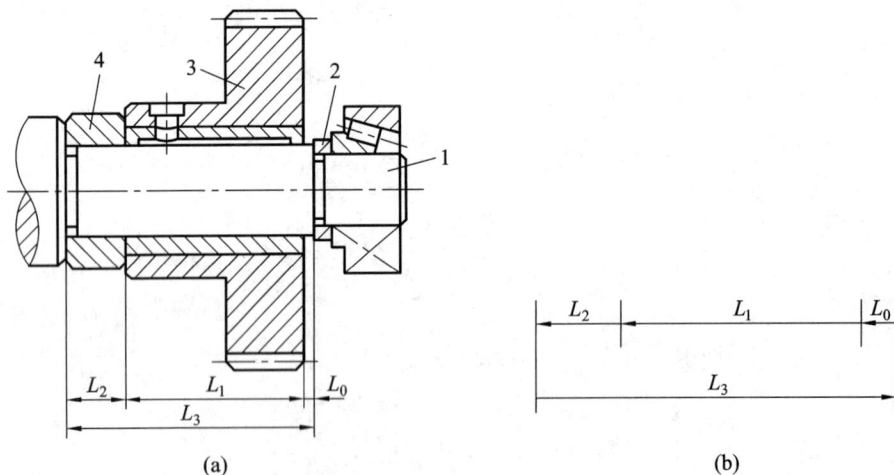

图 12-1 齿轮机构的尺寸链

如图 12-2(a)将直径为 A_2 的轴装入直径为 A_1 的孔中，装配后得到间隙 A_0，它的大小取决于孔径 A_1 和轴径 A_2 的大小。A_1 和 A_2 属于不同零件的设计尺寸。A_1、A_2 和 A_0 这三个相互连接的尺寸就形成了封闭的尺寸组，即形成了一个尺寸链。

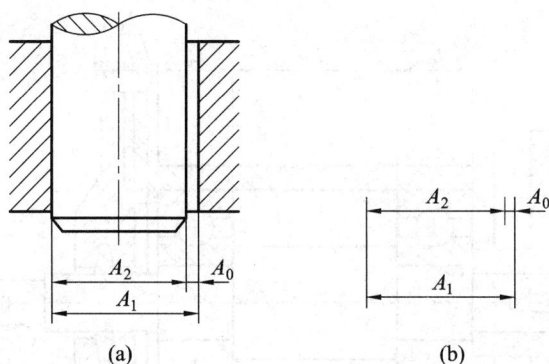

图 12-2　孔、轴装配后的尺寸链

12.1.2　尺寸链的特性

尺寸链具有两个特性：

（1）封闭性尺寸链必须由一系列相互连接的尺寸排列成封闭的形式。

（2）制约性尺寸链中某一尺寸的变化，将影响其他尺寸的变化，彼此相互联系，相互影响。

12.1.3　尺寸链的构成

构成尺寸链的各个尺寸称为环，如图 12-1 中 L_1、L_2、L_3、L_0 以及图 12-2 中的 A_1、A_2、A_0 尺寸。尺寸链的环分为封闭环和组成环。

1. 封闭环

在装配过程中或加工过程最后自然形成的一环，称为封闭环，如图 12-1 中的 L_0 和图 12-2 中的 A_0 尺寸。

2. 组成环

尺寸链中对封闭环有影响的全部环，即尺寸链中除了封闭环以外的其他环称为组成环，这些环中任何一环的变动必然引起封闭环的变动。组成环一般用下标为阿拉伯数字（1、2、3…）的英文大写字母表示。如图 12-1 中的 L_1、L_2、L_3 和图 12-2 中的 A_1、A_2 都是组成环。按组成环的变化对封闭环的影响不同，组成环又分为增环和减环。

（1）增环。尺寸链中的组成环，由于该环的变动引起封闭环同向变动。同向变动指该环增大时封闭环随之增大，该环减小时封闭环也减小，则此组成环称为增环，如图 12-1 中的 L_3 和图 12-2 中的 A_1。

（2）减环。尺寸链中的组成环，由于该环的变动引起封闭环反向变动。反向变动指该环增大时封闭环减小，该环减小时封闭环增大，则此组成环称为减环，如图 12-1 中的尺寸 L_1、L_2 和图 12-2 中的尺寸 A_2。

3. 补偿环

尺寸链中预先选定的某一组成环，可以改变其大小和位置，使封闭环达到规定的要求，如图 12 - 3 中的尺寸 L_2。

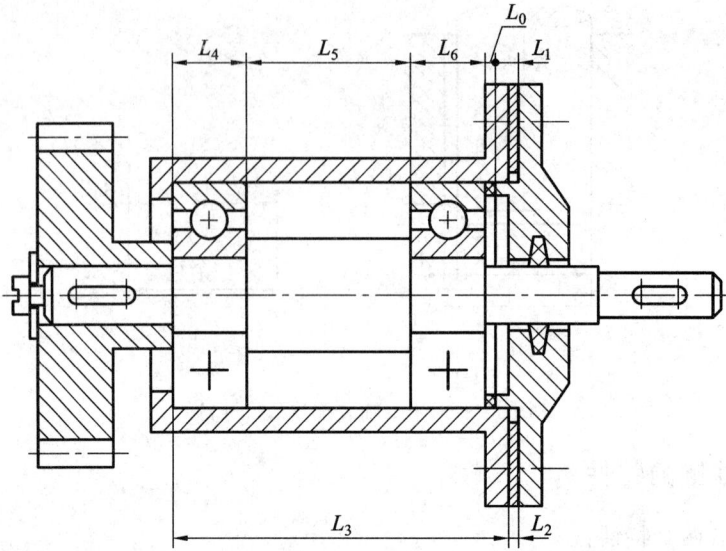

图 12 - 3　补偿环

4. 传递系数

传递系数表示各组成环对封闭环影响大小和方向的系数。用符号 ξ_i 表示（下角标 i 为组成环的序号）。设第 i 个组成环的传递系数为 ξ_i，对于增环，ξ_i 为正值；对于减环，ξ_i 为负值。如图 12 - 2 所示的尺寸链，$L_0 = L_1 - L_2$，则 $\xi_1 = +1$，$\xi_2 = -1$。

12.1.4　尺寸链的种类

尺寸链通常按以下特征分类：

1. 按应用范围分

（1）装配尺寸链。全部组成环为不同零件设计尺寸所形成的尺寸链。这种尺寸链用于确定组成机器的零件有关尺寸的精度关系，见图 12 - 1。

（2）零件尺寸链。全部组成环为同一零件设计尺寸所形成的尺寸链。这种尺寸链用于确定同一零件上各尺寸的联系，见图 12 - 4。

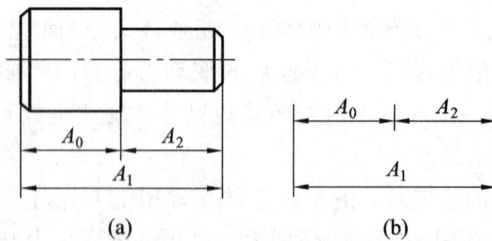

(a)　　　　　　　　　　(b)

图 12 - 4　零件尺寸链

（3）工艺尺寸链。全部组成环为同一零件工艺尺寸所形成的尺寸链，见图 12 - 5。

2. 按各环在空间的位置分

(1) 直线尺寸链。这种尺寸链各环都位于同一平面内且彼此平行,如图 12-5 所示。

(2) 平面尺寸链。全部组成环位于一个平面或几个平行平面内,但某些组成环不平行于封闭环的尺寸链,如图 12-6 所示。

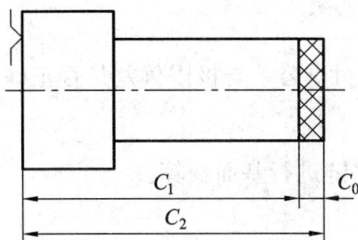

图 12-5 直线尺寸链

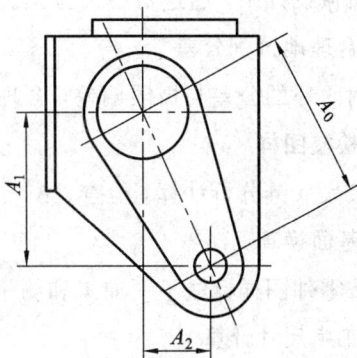

图 12-6 平面尺寸链

(3) 空间尺寸链。全部组成环位于几个不平行平面内的尺寸链。

尺寸链中常见的是直线尺寸链,平面尺寸链和空间尺寸链可以用坐标投影法转换为直线尺寸链,然后按直线尺寸链分析计算。

3. 按各环的几何特性分

(1) 长度尺寸链。全部环为长度尺寸的尺寸链。如图 12-1、12-2 所示。

(2) 角度尺寸链。全部环为角度尺寸的尺寸链。如图 12-7 所示。

角度尺寸链常用于分析和计算机械结构中有关零件要素的位置精度,如平面度、垂直度和同轴度等。

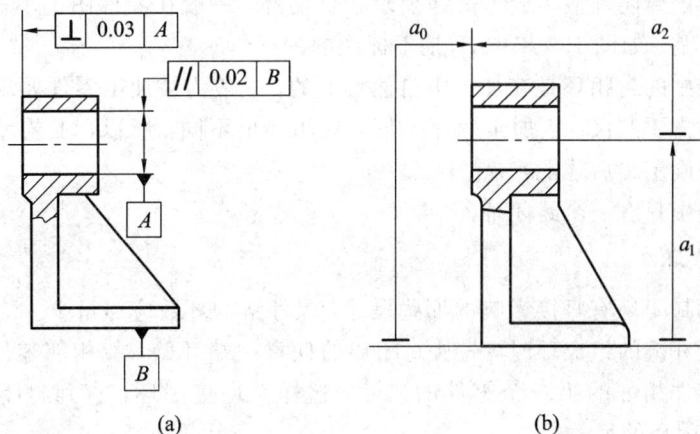

(a)

(b)

图 12-7 角度尺寸链

12.1.5　尺寸链的作用

通过尺寸链的分析计算，主要解决以下问题：

1. 分析结构设计的合理性

在机械设计中，通过对各种方案装配尺寸链的分析比较，可确定最佳的结构。

2. 合理地分配公差

按封闭环的公差与极限偏差，合理地分配各组成环的公差与极限偏差。

3. 检校图样

可按尺寸链分析计算，检查、校核零件图上的尺寸、公差与极限偏差是否正确合理。

4. 基面换算

当按零件图样标注不便加工和测量时，可按尺寸链进行基面换算。

5. 工序尺寸计算

根据零件封闭环和部分组成环的公称尺寸及极限偏差，确定某一组成环的公称尺寸及极限偏差。

12.1.6　尺寸链的建立

1. 建立尺寸链

建立尺寸链，首先要正确地确定封闭环。

装配尺寸链的封闭环是在装配之后形成的，往往是机器上有装配精度要求的尺寸，如保证机器可靠工作的相对位置或保证零件相对运动的间隙等。在建立尺寸链之前，必须查明在机器装配和验收的技术要求中规定的所有几何精度要求项目，这些项目往往就是某些尺寸链的封闭环。

零件尺寸链的封闭环应为公差等级要求较低的环，一般在零件图上不需要标注，以免引起加工中的混乱。如图 12-4 中 A_0 是不标注的。

工艺尺寸链中的封闭环是在加工中自然形成的，一般为被加工零件要求达到的设计尺寸或工艺过程中需要的尺寸。加工顺序不同，封闭环也不同。所以，工艺尺寸链的封闭环必须在加工顺序确定之后才能判断。

一个尺寸链中只有一个封闭环。

2. 查找组成环

组成环是对封闭环有直接影响的那些尺寸，尺寸链的环数应尽量少。

查找装配尺寸链的组成环时，先从封闭环的任意一端开始，找相邻零件的尺寸，然后再找与第一个零件相邻的第二个零件的尺寸，这样一环接一环，直到封闭环的另一端为止，从而形成封闭环的尺寸组。

图 12-8(a)所示为车床主轴轴线与尾架轴线同轴度指标，其允许值 A_0 是装配技术要求，它为封闭环。组成环可从尾架顶尖开始查找，尾架顶尖轴线到底面的高度 A_1，与导轨面相连的底板的厚度 A_2，导轨面到主轴轴线的距离 A_3，最后回到封闭环。A_1、A_2、A_3 均为组成环。

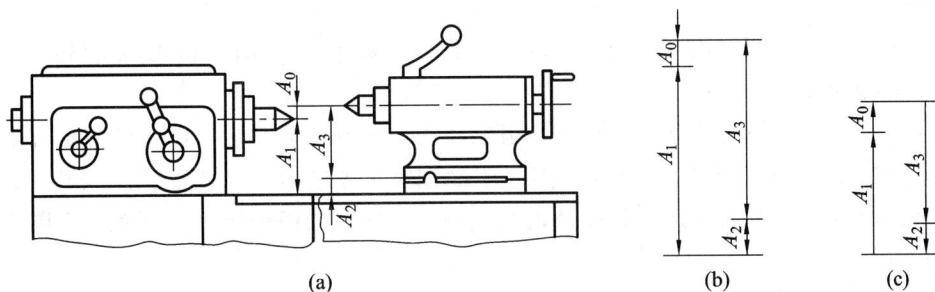

图 12-8　车床顶尖装配高度尺寸链

一个尺寸链中最少要有两个组成环。组成环中，可能只有增环没有减环，但不能只有减环没有增环。

在封闭环有较高技术要求或形位误差较大的情况下，建立尺寸链时，还要考虑形位误差对封闭环的影响。

3. 画出尺寸链线图

为了更清晰表达尺寸链的组成，通常不需要画出零件或部件的具体结构，也不必按照严格的比例，只需要将尺寸链中各个尺寸一次画出，形成封闭的图形即可，这样的图形称为尺寸链线图，如图 12-8(c)所示。在尺寸链线图中，常用带箭头的线段表示各环，箭头仅表示查找尺寸链组成环的方向。

12.1.7　尺寸链计算的类型和方法

尺寸链的计算是指计算尺寸链中各环的公称尺寸和极限偏差。

1. 计算类型

(1) 正计算。已知各组成环的公称尺寸和极限偏差，求封闭环的公称尺寸和极限偏差。正计算常用于验证设计的正确性。

(2) 反计算。已知封闭环的公称尺寸和极限偏差及各组成环的公称尺寸，求各组成环的极限偏差。反计算常用于设计机器或零件时，合理地确定各部件或零件上各有关尺寸的极限偏差。即根据设计的精度要求，进行公差分配。

(3) 中间计算。已知封闭环和部分组成环的公称尺寸和极限偏差，求某一组成环的公称尺寸和极限偏差。中间计算常用于工艺设计，如基准的换算和工序尺寸的确定等。

2. 尺寸链的计算方法

(1) 完全互换法。从尺寸链各环的最大与最小尺寸出发进行尺寸链计算，不考虑各环实际尺寸的分布情况。按此方法计算出来的尺寸加工各组成环，装配时各组成环不需要挑选或辅助加工，装配后即能满足封闭环的公差要求，即可实现完全互换。

(2) 大数互换法。按此方法计算、加工的绝大部分零件，装配时各组成环不需要挑选或改变其大小或位置，装配后即能满足封闭环的公差要求。按大数互换法计算，在相同的封闭环公差条件下，可使各组成环公差扩大，从而获得良好的技术经济效益，也较科学、合理。但应有适当的工艺措施，以排除或恢复超出公差范围或极限偏差的个别零件。

(3) 修配法。装配时去除补偿环的部分材料以改变其实际尺寸，使封闭环达到其公差或极限偏差要求。

（4）调整法。装配时用调整的方法改变补偿环的实际尺寸或位置，使封闭环达到其公差或极限偏差要求。

（5）分组法。先按完全互换法计算各组成环的公差和极限偏差，再将各组成环的公差扩大若干倍，到经济可行的公差后再加工，然后按完工零件的实际尺寸分组，根据大配大、小配小的原则，进行装配，达到封闭环的公差要求。这样同组内零件可互换，不同组的零件不具互换性。

在某些场合，为了获得更高装配精度，而生产条件又不允许提高组成环的制造精度时，可采用分组互换法、修配法和调整法等来完成任务。

12.2　用完全互换法解尺寸链

在全部产品中，装配时各组成环不需挑选或改变其大小或位置、装入后即能达到封闭环的公差要求的方法称为完全互换法（也称极值互换法）。这种方法是按极限尺寸来计算尺寸链的。

12.2.1　基本公式

设尺寸链的组成环数为 m，其中 n 个增环，$m-n$ 个减环，A_0 为封闭环的公称尺寸，A_i 为组成环的公称尺寸，则对直线尺寸链有如下公式：

（1）封闭环的公称尺寸。线性尺寸链封闭环的公称尺寸等于所有增环的公称尺寸之和减所有减环公称尺寸之和，即

$$A_0 = \sum_{z=1}^{n} A_z - \sum_{j=n+1}^{m} A_j \qquad (12-1)$$

如果不是线性尺寸链，则表达式应考虑传递系数 ξ；如果是增环，ξ 取正值；如果是减环，ξ 取负值。则

$$A_0 = \sum_{i=1}^{m} \xi_i A_i \qquad (12-2)$$

（2）封闭环的极限尺寸。线性尺寸链封闭环的上极限尺寸等于所有增环上极限尺寸之和减去所有减环下极限尺寸之和；封闭环的下极限尺寸等于所有增环下极限尺寸之和减去所有减环上极限尺寸之和。

$$
\begin{cases}
A_{0\max} = \sum_{z=1}^{n} A_{z\max} - \sum_{j=n+1}^{m} A_{j\min} & (12-3) \\
A_{0\min} = \sum_{z=1}^{n} A_{z\min} - \sum_{j=n+1}^{m} A_{j\max} & (12-4)
\end{cases}
$$

（3）封闭环的极限偏差。线性尺寸链封闭环的上极限偏差等于所有增环上极限偏差之和减去所有减环下极限偏差之和；封闭环的下极限偏差等于所有增环下极限偏差之和减去所有减环上极限偏差之和。

$$ES_0 = \sum_{i=0}^{m} ES_i - \sum_{j=m+1}^{n-1} EI_j \qquad (12-5)$$

$$EI_0 = \sum_{i=0}^{m} EI_i - \sum_{j=m+1}^{n-1} ES_j \qquad (12-6)$$

（4）封闭环的公差。线性尺寸链封闭环的公差等于所有组成环的公差之和。

$$T_0 = \sum_{i=1}^{n-1} T_i \qquad (12-7)$$

12.2.2　解尺寸链

1. 正计算（校核计算）

正计算的步骤：根据装配要求确定封闭环；画尺寸链线图（或尺寸链图）；判别增环和减环；由各组成环的公称尺寸和极限偏差验算封闭环的公称尺寸和极限偏差。

例 12 - 1　如图 12 - 9 所示的齿轮轴头装配结构。已知各零件的尺寸为 $A_1 = 30_{-0.13}^{0}$ mm，$A_2 = A_5 = 5_{-0.075}^{0}$ mm，$A_3 = 43_{+0.02}^{+0.18}$ mm，$A_4 = 3_{-0.04}^{0}$ mm，设计要求间隙 $A_0 = 0.1 \sim 0.45$ mm，试确定该设计能否满足使用要求。

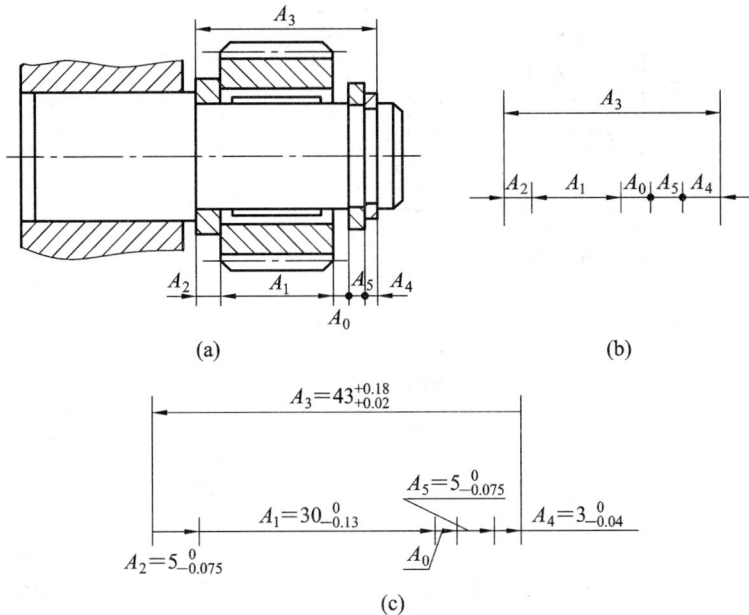

图 12 - 9　齿轮轴头尺寸链

解：（1）确定设计要求的间隙 A_0 为封闭环；寻找组成环并画尺寸链线图，如图 12 - 9（c）所示；判断 A_3 为增环，A_1、A_2、A_4 和 A_5 为减环。

（2）计算封闭环的公称尺寸。

根据公式（12 - 1）：

$$A_0 = A_3 - (A_1 + A_2 + A_4 + A_5) = 43 - (30 + 5 + 3 + 5) = 0 \text{ mm}$$

按使用要求封闭环的尺寸为 0mm，其公差 T_0' 为 0.35 mm。则计算封闭环公称尺寸符合要求。

（3）计算封闭环的极限偏差。

根据公式（12 - 5）、（12 - 6）：

$$ES_0 = ES_3 - (EI_1 + EI_2 + EI_4 + EI_5)$$
$$= +0.18 - (-0.13 - 0.075 - 0.04 - 0.075) = +0.50 \text{ mm}$$
$$EI_0 = EI_3 - (ES_1 + ES_2 + ES_4 + ES_5)$$
$$= +0.02 - (0 + 0 + 0 + 0) = +0.02 \text{ mm}$$

计算得出封闭环的尺寸为 0 mm，则表明封闭环的上、下极限偏差超过要求的范围。

（4）计算封闭环的公差。根据公式（12-7）：

$$T_0 = T_1 + T_2 + T_3 + T_4 + T_5 = (0.13 + 0.075 + 0.16 + 0.04 + 0.075) = 0.48 \text{ mm}$$

计算结果：$T_0 > T_0'$，公差超出要求范围，不符合使用要求。

校核结果表明，封闭环的参数超过尺寸范围，不能满足使用要求，必须调整组成环的极限偏差。

例 12-2　图 12-10 所示为一齿轮箱部件及尺寸链，根据设计要求，齿轮在转动时齿轮端面与挡圈之间的间隙为 1~1.6 mm。在设计时所确定的尺寸及极限偏差为：$L_1 = 81^{+0.30}_{0}$ mm，$L_2 = 60^{0}_{-0.20}$ mm，$L_3 = 20^{0}_{-0.10}$ mm，试验算该设计是否能保证所要求的间隙。

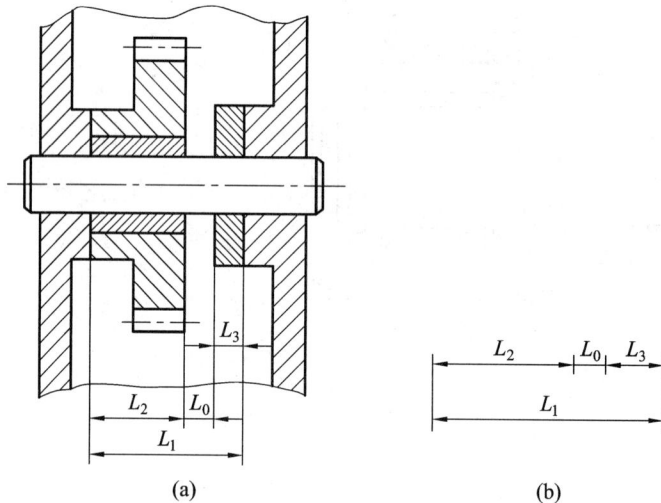

图 12-10　齿轮箱部件及尺寸链

解：（1）确定装配最后得到的间隙 $L_0 = 1~1.6$ mm 为封闭环；寻找组成环并绘制尺寸链，如图 12-10(b)所示；判断 L_1 为增环，L_2、L_3 为减环。属于直线尺寸链。

（2）计算封闭环的公称尺寸、极限偏差。

根据公式（12-1）：

$$L_0 = L_1 - (L_2 + L_3) = 81 - (60 + 20) = 1 \text{ mm}$$

根据公式（12-5）、（12-6）：

$$ES_0 = ES_1 - (EI_2 + EI_3) = +0.30 - (-0.20 - 0.10) = +0.60 \text{ mm}$$
$$EI_0 = EI_1 - (ES_2 + ES_3) = 0 - (0 + 0) = 0 \text{ mm}$$

封闭环的上、下极限尺寸分别为：1.6 mm 和 1 mm，满足间隙 1~1.6 的要求。

（3）验算。

根据公式（12-7）：

$$T_0 = T_1 + T_2 + T_3 = (0.30 + 0.20 + 0.10) = 0.60 \text{ mm}$$

根据要求：

$$T_0 = L_{0\max} - L_{0\min} = (1.60 - 1) = 0.60 \text{ mm}$$

上面计算结果表明，该设计能保证所要求的间隙。

例 12 - 3 如图 12 - 11(a)所示的圆筒，已知外圆尺寸 $A_1 = \phi\, 68_{-0.12}^{-0.04}$ mm，内孔尺寸 $A_2 = \phi\, 58_{0}^{+0.06}$ mm，内、外圆同轴度公差为 $\phi 0.02$ mm，求壁厚 A_0。

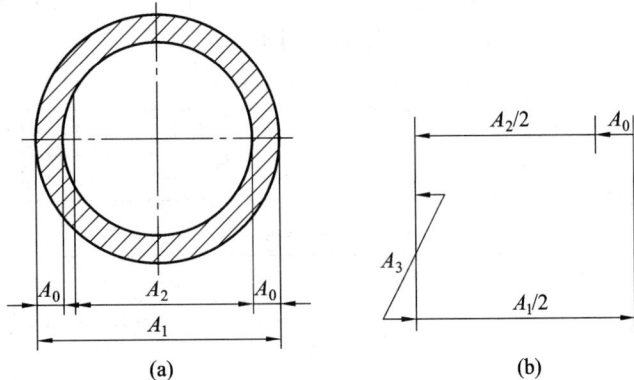

图 12 - 11　圆筒尺寸链

解：(1) 确定封闭环、组成环、画尺寸连线图。

车外圆和内孔后形成了壁厚，因此壁厚 A_0 为封闭环。

取半径组成尺寸链，A_1、A_2 的尺寸按半值计算：$A_1/2 = 34_{-0.06}^{-0.02}$ mm，$A_2/2 = 29_{0}^{+0.03}$ mm。同轴度公差 $\phi 0.02$ mm，允许内、外圆轴线偏离 0.01 mm，可正可负，故 $A_3 = 0 \pm 0.01$ mm，加入尺寸链后作为增环、减环均可，本题作为增环代入。

画尺寸连线图，如图 12 - 11(b)所示，$A_1/2$ 为增环，$A_2/2$ 为减环。

(2) 计算封闭环的公称尺寸。

根据公式(12 - 1)：

$$A_0 = \frac{A_1}{2} + A_3 - \frac{A_2}{2} = 34 + 0 - 29 = 5 \text{ mm}$$

(3) 计算封闭环的上、下极限偏差。

根据公式(12 - 5)、(12 - 6)：

$$\text{ES}_0 = (\text{ES}_1 + \text{ES}_3) - \text{EI}_2 = -0.02 + 0.01 - 0 = -0.01 \text{ mm}$$
$$\text{EI}_0 = (\text{EI}_1 + \text{EI}_3) - \text{ES}_2 = -0.06 - 0.01 - 0.03 = -0.10 \text{ mm}$$

所以，圆筒壁厚尺寸为 $A_0 = 5_{-0.1}^{-0.01}$ mm。

2. 反计算(设计计算)

反计算就是根据设计的精度要求(给定的封闭环公差 T_0)进行组成环公差分配，反计算采用等公差法或者等精度法。

当各组成环的公称尺寸相差不大时，可将封闭环的公差平均分配给各组成环，必要时可在此基础上进行适当调整。这种方法称为等公差法，即

$$T_i = \frac{T_0}{m} \tag{12 - 8}$$

实际工作中，各组成环的公称尺寸一般相差较大，按等公差法分配公差，从加工工艺上讲不合理。为此，可采用等精度法。

所谓等精度法，就是各组成环公差等级相同，即各环公差等级系数相等。设公差等级系数为 a，则

$$a_1 = a_2 = \cdots = a_m = a \tag{12-9}$$

根据国家标准规定，在 IT5～IT18 公差等级内，标准公差 $T=ai$，i 为标准公差因子。公差等级系数 a 值及标准公差因子 i 值分别见表 12-1 和表 12-2。

表 12-1　公差等级系数 a 值

公差等级	IT8	IT9	IT10	IT11	IT12	IT13	IT14	IT15	IT16	IT17	IT18
系数 a	25	40	64	100	160	250	400	640	1000	1600	2500

表 12-2　公差因子 i 值

尺寸段 D/mm	1～3	>3～6	>6 ～10	>10 ～18	>18 ～30	>30 ～50	>50 ～80	>80 ～120	>120 ～180	>180 ～250	>250 ～315	>315 ～400	>400 ～500
公差因子 i/μm	0.54	0.73	0.90	1.08	1.31	1.56	1.86	2.17	2.52	2.90	3.23	3.54	3.89

$$a = \frac{T_0}{\sum_{j=1}^{m} i_j} \tag{12-10}$$

计算出 a 值后，按标准查出与之相近的公差等级系数，进而查表确定各组成环的公差。

各组成环的极限偏差确定方法：先留一个组成上环作为调整环，其余各组成环的极限偏差按"入体原则"确定，即包容尺寸的基本偏差为 H，被包容尺寸的基本偏差为 h，一般长度尺寸为 js。

进行反计算时，最后必须进行正计算，以校核设计的正确性。

例 12-4　如图 12-12(a)所示齿轮箱部件，根据使用要求，应保证间隙 A_0 在 1～1.75 mm 之间。已知各零件的公称尺寸为：$A_1=144$ mm，$A_2=A_5=5$ mm，$A_3=105$ mm，$A_4=50$ mm。用等精度法求各环的极限偏差。

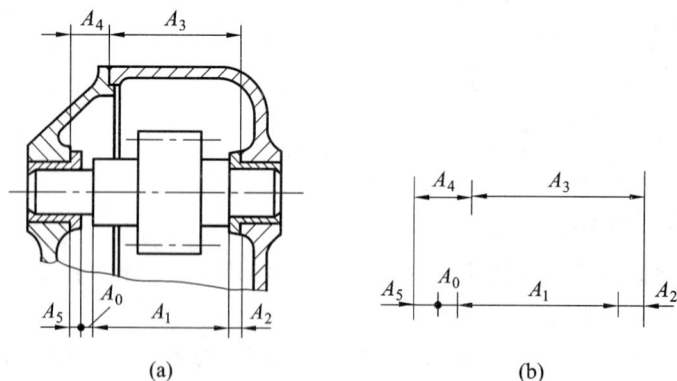

图 12-12　齿轮箱部件尺寸链

解：(1) 间隙 A_0 是装配后得到的，所以为封闭环。尺寸链图如图 12-12(b)所示，其中

A_3、A_4 为增环，A_1、A_2、A_5 为减环。

（2）计算封闭环的公称尺寸。

根据公式（12－1）

$$A_0 = (A_3 + A_4) - (A_1 + A_2 + A_5) = (105 + 50) - (144 + 5 + 5) = 1 \text{ mm}$$

故封闭环的尺寸为 $A_0 = 1$ mm，公差 $T_0 = 0.75$ mm。

（3）计算各环的公差。

由表 12－2 可查各组成环的公差因子为

$$i_1 = 2.52, i_2 = i_5 = 0.73, i_3 = 2.17, i_4 = 1.56$$

各组成环相同的公差等级系数为

$$a = 97$$

查表 12－1 得：$a = 97$ 在 IT10～IT11 级之间。

根据实际情况，箱体零件尺寸大，难加工；衬套尺寸较小，易控制。故选 A_1、A_3、A_4 为 IT11 级，A_2、A_5 为 IT10 级。

查国家标准公差表得组成环的公差：

$$T_1 = 0.25 \text{ mm}, T_2 = T_5 = 0.048 \text{ mm}, T_3 = 0.22 \text{ mm}, T_4 = 0.16 \text{ mm}$$

下面校核封闭环公差。

根据公式（12－7）

$$\begin{aligned} T_0 &= T_1 + T_2 + T_3 + T_4 + T_5 \\ &= (0.25 + 0.048 + 0.22 + 0.16 + 0.048) \\ &= 0.726 \text{ mm} < 0.75 \text{ mm} \end{aligned}$$

故设计得出封闭环尺寸为 $1^{+0.726}_{0}$ mm。

（4）确定各组成环的极限偏差。

根据"入体原则"，A_1、A_2、A_5 为包容尺寸，其上极限偏差为零，即 $A_2 = A_5 = 5^{0}_{-0.048}$ mm，$A_1 = 144^{0}_{-0.25}$ mm，A_3、A_4 均为同向平面间距离，留 A_4 为调整环，取 A_3 的下极限偏差为零，即 $A_3 = 105^{+0.22}_{0}$ mm。

根据公式（12－6）

$$0 = (0 + EI_4) - (0 + 0 + 0)$$

解得

$$EI_4 = 0$$

故

$$A_4 = 50^{+0.16}_{0} \text{ mm}$$

下面校核封闭环的上极限偏差。

根据公式（12－5）

$$\begin{aligned} ES_0 &= (ES_3 + ES_4) - (EI_1 + EI_2 + EI_5) \\ &= (+0.22 + 0.16) - (-0.25 - 0.048 - 0.048) \\ &= +0.726 \text{ mm} \end{aligned}$$

校核结果，设计的各组成环尺寸符合要求。

最后结果：$A_1 = 144^{0}_{-0.25}$ mm，$A_2 = A_5 = 5^{0}_{-0.048}$ mm，$A_3 = 105^{+0.22}_{0}$ mm，$A_4 = 50^{+0.16}_{0}$ mm。

3. 中间计算

中间计算是反计算的一种特例，它一般用于基准换算和工序尺寸计算等工艺设计。在零件加工过程中，往往所选定位基准或测量基准与设计基准不重合，则应根据工艺要求改变零件图的标注，此时需进行基准换算，求出加工时所需的工序尺寸。

例 12−5　图 12−13(a)为键槽轴剖面图，加工顺序为：车外圆 $A_1 = \phi\,70.5^{\;0}_{-0.1}$ mm，铣键槽深 A_2，磨外圆 $A_3 = \phi\,70^{\;0}_{-0.046}$ mm，并保证键槽深 $A_0 = 62^{\;0}_{0.3}$ mm，试求铣键槽的深度尺寸 A_2。

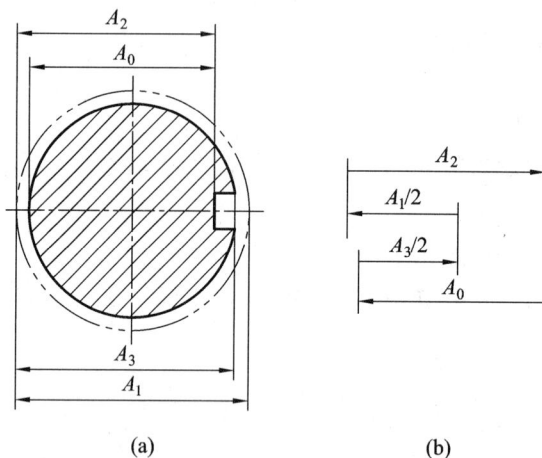

(a)　　　　　　　　　　　　(b)

图 12−13　轴的加工工艺尺寸链

解：(1) 轴上磨外圆后键槽深 A_0 是加工最后形成的，故 A_0 为封闭环；画尺寸链图，如图 12−13(b)所示(以外圆圆心为基准，依次画出 $A_1/2$、A_2、A_0、$A_3/2$)，其中 A_2、$A_3/2$ 为增环，$A_1/2$ 为减环。

(2) 计算 A_2 的公称尺寸和极限偏差。

由式(12−1)得

$$A_0 = (A_2 + A_3/2) - A_1/2$$

则

$$A_2 = A_0 - A_3/2 + A_1/2 = (62 - 35 + 35.25) = 62.25 \text{ mm}$$

由式(12−5)得

$$\text{ES}_0 = (\text{ES}_2 + \text{ES}_3/2) - \text{EI}_1/2$$

则

$$\text{ES}_2 = \text{ES}_0 - \text{ES}_3/2 + \text{EI}_1/2 = 0 - 0 + (-0.05) = -0.05 \text{ mm}$$

由式(12−6)得

$$\text{EI}_0 = (\text{EI}_2 + \text{EI}_3/2) - \text{ES}_1/2$$

则

$$\text{EI}_2 = \text{EI}_0 - \text{EI}_3/2 + \text{ES}_1/2 = -0.3 - (-0.023) + 0 = -0.277 \text{ mm}$$

槽深尺寸

$$A_2 = 62.25^{-0.05}_{-0.277} \text{ mm}$$

（3）校核计算结果。

根据公式（12-7）得

$$\frac{T_1}{2} + T_2 + \frac{T_3}{2} = 0.05 + 0.227 + 0.023 = 0.30 \text{ mm} = T_0$$

验算结果表明以上计算正确。

完全互换法解尺寸链的优点是可以实现完全互换。它的缺点是反计算时使得各组成环的公差很小，加工很不经济，故其合理的应用范围是环数较少且精度较低的尺寸链。

12.3　用不完全互换法解尺寸链

不完全互换法也称为概率法，是以保证大多数互换为出发点的。

生产实践和大量统计资料表明，一批零件加工后，所得实际尺寸均接近其极限尺寸的情况较少。而一批部件在装配（特别对多环尺寸链）时，同一部件的各组成环，恰好都接近其极值尺寸的就更为少见，在这种条件下，按完全互换法求算零件尺寸公差，显然是不经济合理的。

采用不完全互换法，不是在全部产品中，而是在绝大多数产品中，装配时各组成环不需要挑选或改变其尺寸或位置，装配后即能达到封闭环规定的公差要求。与完全互换法相比较，在相同的封闭环公差条件下，不完全互换法可使各组成环公差扩大，从而获得良好的技术经济效果，也比较科学、合理。

12.3.1　基本公式

不完全互换法解尺寸链，公称尺寸的计算与完全互换法相同，所不同的是公差和极限偏差的计算。

1. 组成环和封闭环的基本公式

在大批量生产中，由于零件加工工序充分分散，则一个零件工艺尺寸链中各组成环和封闭环可看成彼此独立的随机变量。对装配尺寸链，其组成环是由各有关零件的加工尺寸或相对位置要求等形成，组成环和封闭环也可看成彼此独立的随机变量。其尺寸按照一定统计分布曲线分布。组成环有不同的统计分布形式，常见的几种分布曲线及相对不对称系数 e、相对分布系数 k 的数值，国家标准都有具体规定。在稳定工艺过程中，大批量生产的工件尺寸趋近正态分布；在不稳定工艺过程中，当尺寸随时间近似线性变动时形成均匀分布，当尺寸变动为两个分布范围相等的均匀分布相组合时形成三角分布，偏心或径向跳动趋近瑞利分布，平行、垂直误差趋近于偏态分布。

（1）封闭环的公差。

如果组成环的实际尺寸都按正态分布，则封闭环的尺寸也按正态分布，各环公差 T 为标准偏差 σ 的 6 倍。根据概率论关于独立随机变量合成规则，封闭环的公差等于各组成环公差的平方和的平方根，即

$$\sigma_0 = \sqrt{\sum_{i=1}^{n-1} \xi_i^2 \sigma_i^2} \tag{12-11}$$

当各组成环为不同于正态分布的其他分布时，应当引入相对分布系数 k，即

$$T_0 = \frac{\sqrt{\sum_{i=1}^{n-1} \xi_i^2 k_i^2 T_i^2}}{k_0} \qquad (12-12)$$

不同形式的分布，k 值也不同，例如，正态分布时，$k=1$；偏态分布时，$k=1.17$；三角分布时，$k=1.22$ 等。

（2）封闭环的中间偏差与极限偏差。

中间偏差 Δ 等于上极限偏差与下极限偏差的平均值，即

$$\Delta = \frac{ES_i + EI_i}{2} \qquad (12-13)$$

$$\Delta = \frac{ES_0 + EI_0}{2} \qquad (12-14)$$

封闭环的中间偏差 Δ_0 为

$$\Delta_0 = \sum_{z=1}^{n} \Delta_z - \sum_{j=n+1}^{m} \Delta_j \qquad (12-15)$$

即封闭环的中间偏差等于所有增环的中间偏差之和减去所有减环的中间偏差之和。

极限偏差、中间偏差和公差的关系如下：

$$ES = \Delta + \frac{T}{2} \qquad (12-16)$$

$$EI = \Delta - \frac{T}{2} \qquad (12-17)$$

用不完全互换法计算尺寸链的步骤与完全互换法相同，只是某些计算公式不同。

12.3.2 正计算

例 12-6 用不完全互换法解例 12-1。假设各组成环按正态分布，且分布范围与公差带宽度一致，分布中心与公差带中心重合。

解：步骤（1）、（2）同例 12-1。

（3）计算封闭环公差。

根据公式（12-11）得

$$T_0 = \sqrt{0.13^2 + 0.075^2 + 0.16^2 + 0.04^2 + 0.075^2}$$
$$= 0.235 \text{ mm} < 0.35 \text{ mm}$$

计算公差符合使用要求。

（4）计算封闭环的中间偏差。

已知各组成环中间偏差为

$\Delta_1 = -0.065$ mm，$\Delta_2 = \Delta_5 = -0.0375$ mm，$\Delta_3 = +0.10$ mm，$\Delta_4 = -0.02$ mm

则封闭环中间偏差

$$\Delta_0 = \Delta_3 - (\Delta_1 + \Delta_2 + \Delta_4 + \Delta_5)$$
$$= +0.10 - (-0.065 - 0.0375 - 0.02 - 0.0375)$$
$$= +0.26 \text{ mm}$$

（5）计算封闭环的极限偏差。

$$\mathrm{ES}_0 = \Delta_0 + \frac{T}{2} = +0.26 + 0.235/2 = +0.378 \text{ mm} < 0.45 \text{ mm}$$

$$\mathrm{EI}_0 = \Delta_0 - \frac{T}{2} = +0.26 - 0.235/2 = +0.143 \text{ mm} > 0.1 \text{ mm}$$

结果表明，封闭环的极限偏差满足间隙 0.1～0.45 mm 的要求。

与例 12-1 比较，在组成环公差一定的情况下，用不完全互换法计算尺寸链，使封闭环公差范围更窄。

12.3.3 反计算

用不完全互换法进行反计算与完全互换法的目的、方法和步骤基本相同。其目的仍然是把封闭环的公差分配到各组成环上，方法也是等公差法和等精度法，只是由于封闭环的公差为各组成环公差的平方和的平方根，所以在采用等公差法时，各组成环的公差为

$$T_i = \frac{T_0}{\sqrt{m}} \tag{12-18}$$

采用等精度法时，各组成环公差等级系数为

$$a = \frac{T_0}{\sqrt{\sum_{j=1}^{m} i_j^2}} \tag{12-19}$$

例 12-7 用不完全互换法中的等精度法解例 12-4。假设各组成环按正态分布，且分布范围与公差带宽度一致，分布中心与公差带中心重合。

解：步骤(1)、(2)同例 12-4。

(3) 计算各环的公差等级系数。

根据公式(12-19)得

$$a = 196 \text{ mm}$$

查表 12-1 可知，a 在 IT12～IT13 之间。

取 A_3 为 IT13 级，其余为 IT12 级，即 $T_1 = 0.40$ mm，$T_2 = T_5 = 0.12$ mm，$T_3 = 0.54$ mm，$T_4 = 0.25$ mm。

校核封闭环的公差：

$$T_0 = \sqrt{0.40^2 + 0.12^2 + 0.54^2 + 0.25^2 + 0.12^2}$$
$$= 0.737 \text{ mm} < 0.75 \text{ mm}$$

校核结果符合要求。计算封闭环尺寸为 $1^{+0.737}_{0}$ mm。

(4) 确定各环的极限偏差。

留 A_4 为调整环，其余各环按"入体原则"确定极限偏差，即

$$A_1 = 144^{0}_{-0.40} \text{ mm}, A_2 = 5^{0}_{-0.12} \text{ mm}, A_3 = 105^{+0.54}_{0} \text{ mm}, A_5 = 5^{0}_{-0.12} \text{ mm}$$

各环的中间偏差为

$$\Delta_1 = -0.20 \text{ mm}, \Delta_2 = \Delta_5 = -0.06 \text{ mm}, \Delta_3 = +0.27 \text{ mm}, \Delta_0 = +0.369 \text{ mm}$$

因为

$$\Delta_0 = (\Delta_3 + \Delta_4) - (\Delta_1 + \Delta_2 + \Delta_5)$$

所以

$$\Delta_4 = \Delta_0 + \Delta_1 + \Delta_2 + \Delta_5 - \Delta_3$$
$$= 0.369 - 0.20 - 0.06 - 0.06 - 0.27 = -0.221 \text{ mm}$$

$$ES_4 = \Delta 4 + \frac{T4}{2} = -0.221 + 0.25/2 = -0.096 \text{ mm}$$

$$EI_4 = \Delta 4 - \frac{T4}{2} = -0.221 - 0.25/2 = -0.346 \text{ mm}$$

所以，$A_4 = 50_{-0.346}^{-0.096}$ mm。

最后结果：$A_1 = 144_{-0.40}^{0}$ mm，$A_2 = 5_{-0.12}^{0}$ mm，$A_3 = 105_{0}^{+0.54}$ mm，$A_4 = 50_{-0.346}^{-0.096}$ mm，$A_5 = 5_{-0.12}^{0}$ mm。

与例 12-4 比较，当封闭环的公差一定时，用不完全互换法解尺寸链，各组成环的公差等级可降低 1~2 级，降低了加工成本，而实际出现不合格的可能性很小，可以获得明显的经济效益。

同样，用不完全互换法进行中间计算，也可以收到同样效果，大家可以自己试验一下。

12.4　保证装配精度的其他措施

对于装配尺寸链，除了用完全互换法和不完全互换法解算以外，在许多较高精度的装配中，因为封闭环公差要求很小，用完全互换法和大数互换法算出的组成环的公差将更小，使零件的加工变得困难，故需通过某些补偿措施来解决。常用的方法有分组装配法、修配法和调整法。

12.4.1　分组装配法

分组装配法是先用完全互换法求出各组成环公差和极限偏差，再将相配合各组成环的公差扩大若干倍，扩大到经济可行的公差后制造零件，然后把相互配合的零件按测量所得的实际尺寸分为若干组。要求相配合零件的分组数和各组尺寸范围分别相同，然后按对应组分别进行装配，同组零件可以组内互换，不同组间不能互换，这样既放大了组成环公差，又保证了封闭环要求的装配精度。

例 12-8　图 12-14 所示为发动机活塞销和销孔的装配，要求常温下应有 0.0025~0.075 mm 的过盈量，试用分组装配法确定配合零件公差。

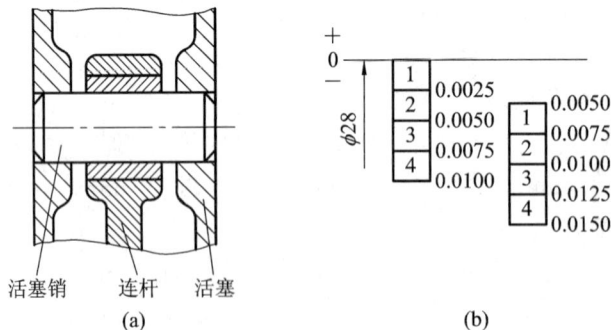

图 12-14　活塞销与销孔的装配

解：用完全互换法算得，活塞销尺寸和销孔尺寸为 $d=\phi28_{-0.0025}^{0}$，$D=\phi28_{-0.0075}^{-0.0050}$，这样，孔轴公差都为 IT2，加工难度很大。如按图 12-14(b)所示分为四组，制造尺寸公差放大 4 倍，活塞销尺寸和销孔尺寸分别为 $d=\phi28_{-0.010}^{0}$，$D=\phi28_{-0.015}^{-0.005}$，且分别按对应组进行装配。虽然公差放大 4 倍，但仍能满足过盈量 0.0025～0.0075 mm 的技术要求。各组相配尺寸见表 12-3。

表 12-3　活塞销与销孔分组尺寸　　　　mm

组别	活塞销直径	活塞销孔直径	配合情况	
			最小过盈	最大过盈
1	$\phi28_{-0.0025}^{0}$	$\phi28_{-0.0075}^{-0.0050}$	0.0025	0.0075
2	$\phi28_{-0.0050}^{-0.0025}$	$\phi28_{-0.0100}^{-0.0075}$		
3	$\phi28_{-0.0075}^{-0.0050}$	$\phi28_{-0.0125}^{-0.0100}$		
4	$\phi28_{-0.0100}^{-0.0075}$	$\phi28_{-0.0150}^{-0.0125}$		

　　分组装配法可扩大零件制造公差，保证装配精度。其主要缺点是增加了检测零件的工作量。此外，该方法仅能组内互换，每一组有可能出现零件多余和不够。因此，适用于成批生产的、高精度的、零件便于测量的、形状简单而环数较少的尺寸链。

12.4.2　调整法

　　调整法是将尺寸链各组成环按经济精度制造，这样必然导致组成环公差之和大于 T_0，为了保证装配精度，则选定一个用以调整的组成环来实现补偿作用，该组成环称为补偿环。

　　常用补偿环有固定补偿环和可动补偿环两种。

　　1. 固定补偿环

　　在尺寸链中选择一个合适的组成环为补偿环，一般可选垫片或轴套之类零件，并把补偿环根据需要按尺寸分成若干组。装配时，从合适的尺寸组中取一个尺寸固定的补偿件，装入预定位置，即可保证设计的装配精度。如图 12-15 所示，选择两个固定补偿件使圆锥齿轮处于正确的啮合位置，在选择补偿垫片时，应根据实际间隙测量结果而定。

　　2. 可动补偿环

　　设置一种位置可调的补偿环，装配时，调整其位置达到封闭环的精度要求。这种补偿方式在机械设计中广泛应用，它有多种结构形式，如镶条、锥套、调节螺旋副等常用形式。图 12-16 为机床上用螺钉调整镶条位置以满足装配精度。

　　调整法解尺寸链的优点是：可放宽组成环公差，提高制造经济性，通过补偿环可达到很高的装配精度；装配时不必修配，易于实现流水线生产；使用中精度改变的机器，可通过补偿环的更换和补偿环位置的调整恢复其原有精度。

　　调整法主要用于封闭环精度要求较高或机器使用中尺寸易变(如磨损、振动位移)的尺寸链。

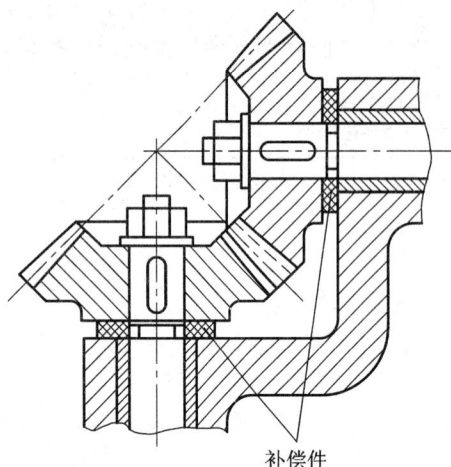

图 12-15　固定补偿环　　　　　图 12-16　可动补偿环

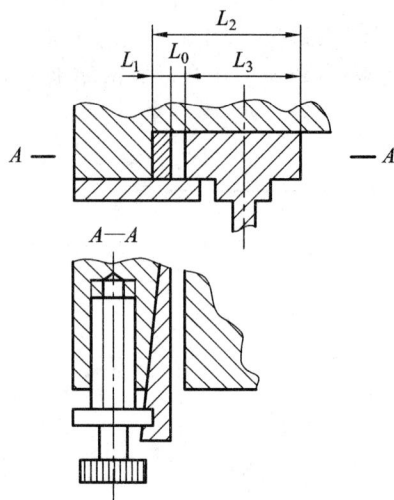

12.4.3　修配法

修配法是在装配时，按经济精度放宽各组成环公差，必然导致组成环公差之和大于 T_0，这时，直接装配不能满足封闭环所要求的装配精度；因此就在尺寸链中选定某一组成环作为修配环，通过机械加工方法改变其尺寸，或就地配制这个环，使封闭环达到规定精度。

修配过程实质上是减小零件尺寸的过程，如修配环是增环，在修配过程中封闭环尺寸变小；如修配环是减环，修配过程中封闭环尺寸反而变大。被选定为修配环的尺寸最大修配量(F)是封闭环实际尺寸变动量减去封闭环允许尺寸变动量（即封闭环原始公差 T_0）：

$$F = \sum_{i=1}^{m} T_i - T_0 \qquad (12-20)$$

其中，$\sum_{i=1}^{m} T_i$ 为放宽各组成环公差后实际封闭环的尺寸变动量。

修配法同样有扩大组成环制造公差，提高经济性的优点，但要增加修配费用和修配工作量，而且修配环完成后，其他组成环失去互换性，使用有局限性，故修配法多用于单件小批和多环高精度的尺寸链。

习题与思考题

12-1　什么叫尺寸链？有何特点？

12-2　如何确定尺寸链的封闭环？

12-3　如图 12-17 所示，加工一套筒，按尺寸 $A_1 = 16_{-0.2}^{0}$ mm，$A_2 = 10_{0}^{+0.10}$ mm，求

A_0 的公称尺寸和偏差。

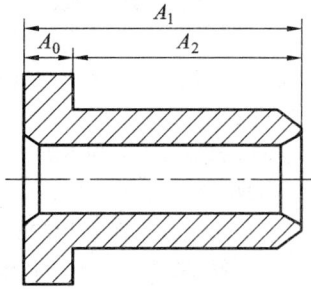

图 12-17 习题 12-3 图

12-4 如图 12-18 所示的链轮部件及其支架，要求装配后轴向间隙 $A_0=0.2\sim$ 0.5 mm，试按完全互换法和不完全互换法确定各零件尺寸的极限偏差。

12-5 如图 12-19 所示，某一装配后的曲轴部件，在调试过程中发现有曲轴肩和轴承衬套端面有划伤现象，装配图上要求轴向间隙 $A_0=0.15\sim0.25$ mm，而零件图上要求 $A_1=160^{+0.06}_{0}$ mm，$A_2=A_3=80^{-0.01}_{-0.05}$ mm，试验算零件图上所定的尺寸要求是否合理，如不合理加以改进。

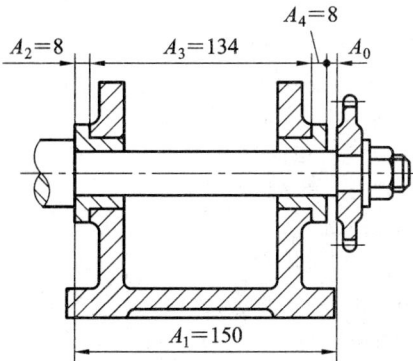

图 12-18 习题 12-4 图

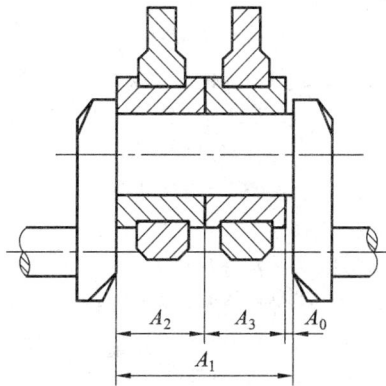

图 12-19 习题 12-5 图

参 考 文 献

[1]　韩进宏. 互换性与技术测量[M]. 北京：机械工业出版社，2004.

[2]　王伯平. 互换性与测量技术基础[M]. 4 版. 北京：机械工业出版社，2013.

[3]　魏斯亮. 互换性与技术测量[M]. 北京：北京理工大学出版社，2009.

[4]　高晓康，陈于萍. 互换性与测量技术基础[M]. 4 版. 北京：高等教育出版社，2015.

[5]　何卫东. 互换性与测量技术基础[M]. 北京：北京理工大学出版社，2014.

[6]　赵丽娟，冷岳峰. 机械几何量精度设计与检测[M]. 北京：清华大学出版社，2011.

[7]　邢闵芳. 互换性与技术测量[M]. 北京：清华大学出版社，2011.

[8]　赵丽娟，冷岳峰. 互换性与技术测量[M]. 北京：中国矿业大学出版社，2012.

[9]　毛平准. 互换性与测量技术基础[M]. 北京：机械工业出版社，2011.

[10]　景旭文. 互换性与测量技术基础[M]. 北京：中国标准出版社，2002.

[11]　何贡. 互换性与测量技术[M]. 北京：中国计量出版社，2000.

[12]　国家标准化委员会. GB/T 1800－2008 产品几何技术规范（GPS）几何公差. 北京：中国标准出版社，2008.

[13]　国家标准化委员会. GB/T 1800－2008 产品几何技术规范（GPS）公差原则. 北京：中国标准出版社，2009.

[14]　杨好学. 互换性与技术测量 [M]. 西安：西安电子科技大学出版社，2013.

[15]　张帆. 互换性与几何测量技术[M]. 西安：西安电子科技大学出版社，2007.

[16]　朱定见，等. 互换性与测量技术[M]. 大连：大连理工大学出版社，2010.

[17]　张远平. 互换性与测量技术[M]. 西安：西安电子科技大学出版社，2012.

[18]　吕天玉. 公差配合与测量技术[M]. 3 版. 大连：大连理工大学出版社，2008.

[19]　屈波. 互换性与技术测量[M]. 西安：西安电子科技大学出版社，2007.

[20]　张皓阳. 公差配合与技术测量[M]. 北京：人民邮电出版社，2012.

[21]　陆亦工. 公差配合与测量技术[M]. 2 版. 北京：中国传媒大学出版社，2015.

[22]　孔庆华，等. 极限配合与测量技术基础[M]. 2 版. 上海：同济大学出版社，2008.

[23]　韩进宏，王长春. 互换性与测量技术基础[M]. 北京：中国林业出版社，2006.